速効! ポケットマニュアル
Sokko! Pocket Manual

ビジネスこれだけ! Excel データ分析・資料作成 & PowerPoint

エクセル

2016 & 2013 & 2010

本書の使い方

◎1項目1～2ページで、みんなが必ずつまづくポイントを解説。
◎タイトルを読めば、具体的に何が便利かがわかる。
◎操作手順だけを読めばササッと操作できる。
◎もっと知りたい方へ、補足説明とコラムで詳しく説明。

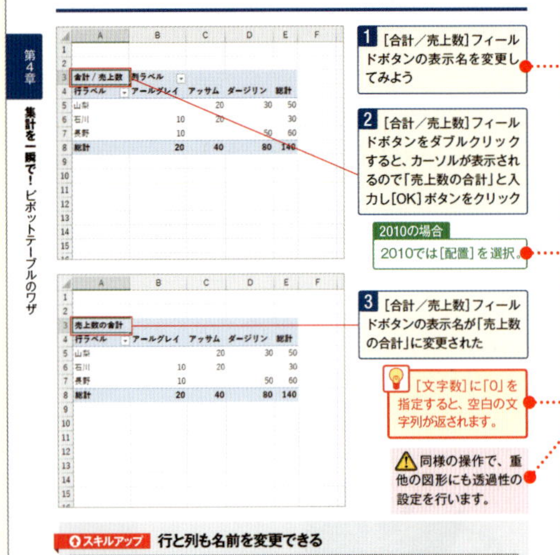

No. 082 フィールドボタンの表示名は自分で簡単に変更できる

フィールドボタンに表示されている名前は、既定では「(計算方法)／(フィールド名)」となっています。フィールドボタンをダブルクリックして、セル内にカーソルが移動するので[名前]で変更できます。

第4章 集計を一瞬で！ピボットテーブルのワザ

	A	B	C	D	E
3	合計／売上数	列ラベル			
4	行ラベル	アールグレイ	アッサム	ダージリン	総計
5	山梨		20	30	50
6	石川	10	20		30
7	長野	10		50	60
8	総計	20	40	80	140

1 [合計／売上数]フィールドボタンの表示名を変更してみよう

2 [合計／売上数]フィールドボタンをダブルクリックすると、カーソルが表示されるので「売上数の合計」と入力し[OK]ボタンをクリック

2010の場合
2010では[配置]を選択。

	A	B	C	D	E
3	売上数の合計				
4	行ラベル	アールグレイ	アッサム	ダージリン	総計
5	山梨		20	30	50
6	石川	10	20		30
7	長野	10		50	60
8	総計	20	40	80	140

3 [合計／売上数]フィールドボタンの表示名が「売上数の合計」に変更された

[文字数]に「0」を指定すると、空白の文字列が返されます。

同様の操作で、他の図形にも透過性の設定を行います。

スキルアップ 行と列も名前を変更できる

「行ラベル」「列ラベル」も上と同じ要領で変更できます。また、2016バージョンでは列ラベルには列見出しの内容は自動反映されません。

098

タイトルと解説
具体的にどう活用するか、どう便利なのかがわかります。

操作手順
番号順にこれだけ読めば1～2分で理解できます。

バージョン解説
Excelのバージョンによって操作が違う場合、その手順を紹介します。

補足説明
知っておくと便利なことや注意点を説明します。

コラム スキルアップ トラブル解決
もっと詳しく知りたい方へ、スキルアップやトラブル解決の知識を紹介します。

※ここに掲載している紙面はイメージです。実際のページとは異なります。

本書は、『速効！ポケットマニュアル Excel基本ワザ＆仕事ワザ』『速効！ポケットマニュアル ビジネスこれだけ！ Excel 集計・分析・マクロ』『速効！ポケットマニュアルExcel関数 便利ワザ』『逆引き小事典 Excelグラフ・表デザイン』『速効！ポケットマニュアル PowerPoint 魅せるプレゼンワザ』『速効！ポケットマニュアル PowerPoint基本ワザ＆仕事ワザ』を改訂・再編集したものです。

サンプルデータのダウンロード

URL：https://book.mynavi.jp/supportsite/detail/9784839967543.html

※以下の手順通りにブラウザーのアドレスバーに入力してください。

Windows 10の場合

1 ブラウザー（ここではMicrosoft Edge）を起動

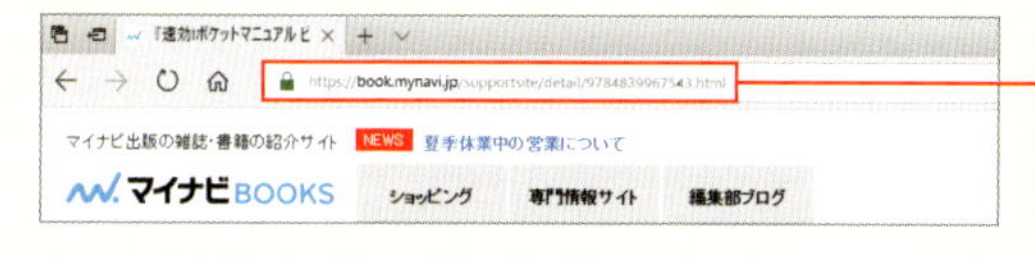

2 ここをクリックして上記URLを入力し、Enterキーを押す

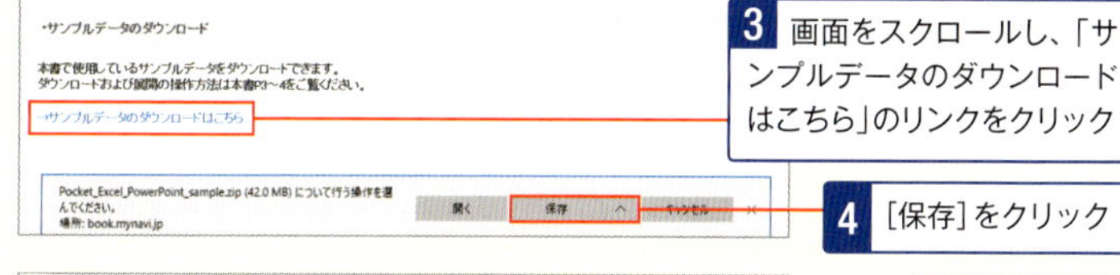

3 画面をスクロールし、「サンプルデータのダウンロードはこちら」のリンクをクリック

4 ［保存］をクリック

5 ダウンロードが終了したら［開く］をクリック

6 フォルダーウインドウが開くので、ファイルをクリック

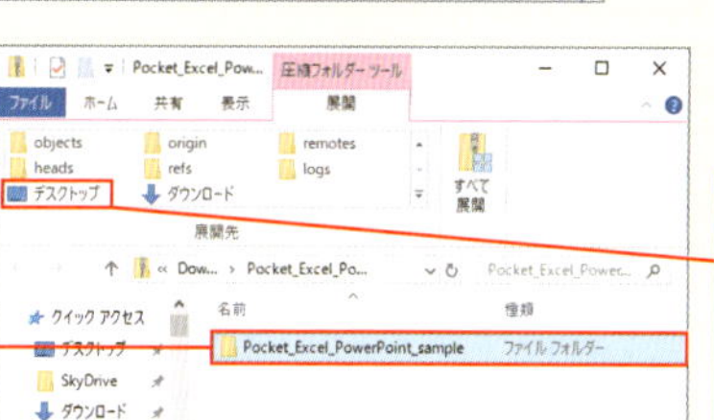

7 展開したい場所（ここでは［デスクトップ］）をクリックすると展開が始まる

8 ファイルが展開された。ダブルクリックすると、

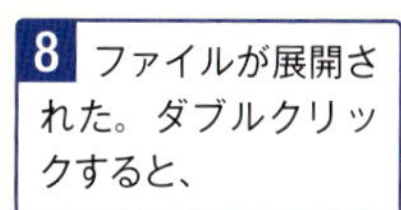

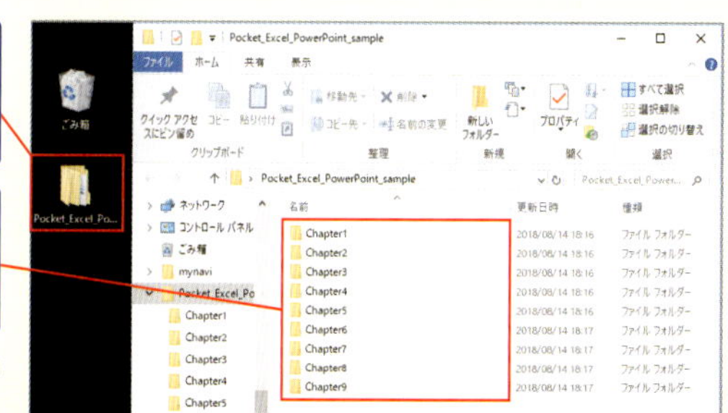

9 章ごとに分かれたサンプルデータが表示される

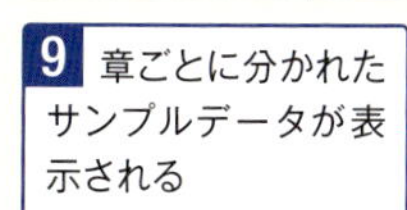

※次ページの下の2つのコラムもお読みください

Windows 8.1/8/7/Vistaの場合

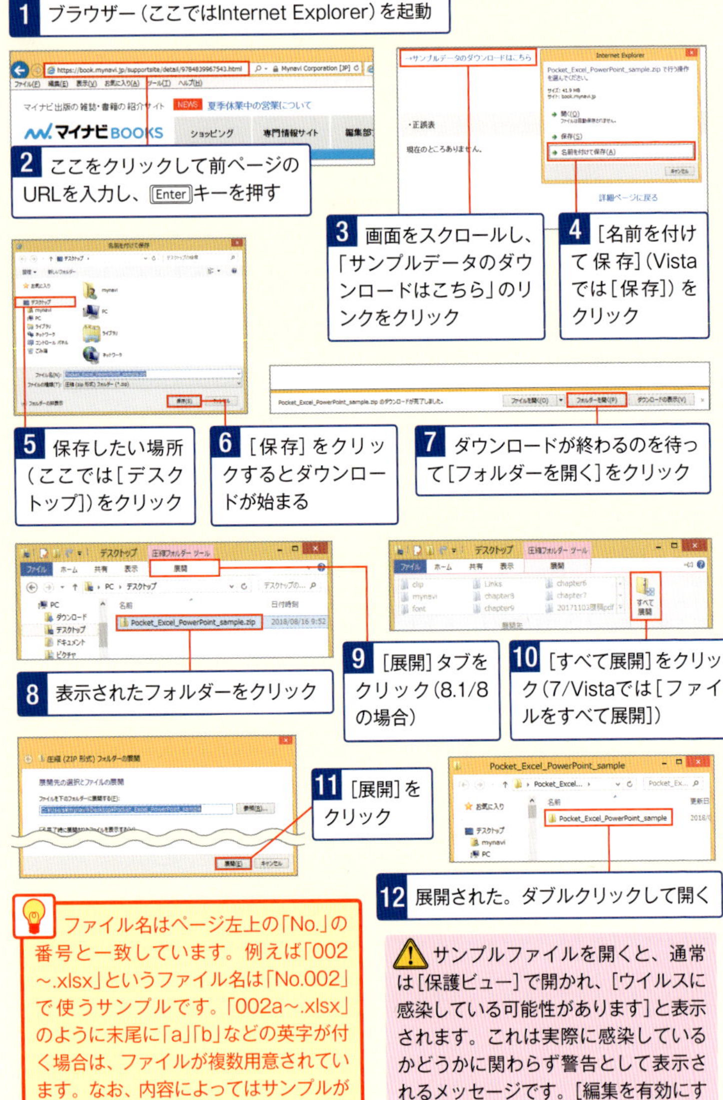

ファイル名はページ左上の「No.」の番号と一致しています。例えば「002～.xlsx」というファイル名は「No.002」で使うサンプルです。「002a～.xlsx」のように末尾に「a」「b」などの英字が付く場合は、ファイルが複数用意されています。なお、内容によってはサンプルがないものもあります。

サンプルファイルを開くと、通常は［保護ビュー］で開かれ、［ウイルスに感染している可能性があります］と表示されます。これは実際に感染しているかどうかに関わらず警告として表示されるメッセージです。［編集を有効にする］をクリックしてご使用ください。

CONTENTS ◎目次

本書の使い方 …… 002

ダウンロードデータの使い方 …… 003

第1章
Excelをスイスイ操作する基本ワザ …… 013

No.001 Excelを使いこなす前に画面や「ブック」「シート」を理解! …… 014
No.002 セルの構造を知っておくことがデータ入力の第一歩 …… 015
No.003 「001」といった3桁の数字がうまく入力できない…… …… 016
No.004 「4月1日」のような日付を入力するにはどうする? …… 017
No.005 Excelを使いこなすなら必須! 連続したデータを入力する …… 018
No.006 オリジナルの連続データを登録するには? …… 019
No.007 セルへの入力を確定したあとは右のセルへ移動したい! …… 020
No.008 列の幅や行の高さを任意のサイズに調整したい! …… 021
No.009 作成したあとでも大丈夫! 表の行と列を瞬時に入れ替え …… 022
No.010 非表示にした行や列はコピーしない …… 023
No.011 資料作成の仕上げは罫線を引いて表を見やすく! …… 024
No.012 セル内では文字列を改行して読みやすくするのが鉄則 …… 025
No.013 数値にはカンマや円記号を付けるのがセオリー …… 026
No.014 「4月1日(月)」のように曜日付きの日付を表示したい …… 027
No.015 「○台」といった独自の単位を自動的に追加するテクニック …… 028
No.016 データはデータベース形式にすると超便利! …… 029
No.017 3000行のデータベースを一瞬で選択できるワザ …… 030

No.018 名前で範囲選択すると効率めちゃアップ↑ ………… 031
No.019 フォーム形式で社内の誰でもラクラク入力・編集・検索 ………… 032
No.020 フォーム形式でのデータ検索→修正は簡単3ステップ ………… 033
No.021 スクロールすると見出しが見えない!? 見出し固定ワザ ………… 034

第2章
並び替えや抽出、集計でデータを活用するワザ ………… 035

No.022 売上金額順に並べ替えるには「昇順」「降順」ボタンで一発 ………… 036
No.023 並べ替えのキーは一度にいくつでも設定できる！ ………… 037
No.024 会社の支店名順に並べ替えるには［並べ替えオプション］でOK … 038
No.025 合計行を抜かして一部のデータを並べ替えたい！ ………… 039
No.026 商品名の見出しなど列そのものを並べ替えるってできる？ ………… 040
No.027 aとAを区別して並べ替えたい！［大文字と小文字を区別する］オプション … 041
No.028 「株式会社」など指定の文字列を除いて会社名を並べ替えるテク … 042
No.029 データの抜き出しに最適な「オートフィルター」を知りたい！ …… 043
No.030 1つの条件でサクッと抜き出すには［▼］ボタンでチェックを付ける … 044
No.031 2つ以上の条件でも同じように［▼］ボタンでチェックを付ける … 045
No.032 入力漏れを探すには［▼］ボタンから［(空白セル)］で一発！ ………… 046
No.033 「○○以上」を一発で抜き出せる数値フィルター「指定の値より大きい」 … 047
No.034 「4/1～4/15」を一発で抜き出せる日付フィルター「指定の範囲内」 … 048
No.035 2つの条件を同時に満たす抜き出しは「AND」を設定 ………… 049
No.036 複雑な抜き出し設定はフィルターオプションにおまかせ！ ………… 050
No.037 「『田』がつく住所」を抜き出すには「？」「＊」のワイルドカード活用 … 051
No.038 重複データの非表示はオプション一発でOK ………… 052
No.039 集計行を一瞬で追加するにはテーブルの書式設定が便利 ………… 053
No.040 「合計」を「平均」に変更するにはドロップダウンリストから選ぶだけ … 054
No.041 総計だけでなく小計も一瞬で求められる！ ………… 055
No.042 オートフィルターで抽出したデータだけを対象に集計するワザ … 056

No.043 条件に合うデータの個数を求めるCOUNTIF関数 …… 057
No.044 条件に合うデータの合計を求めるSUMIF関数 …… 058
No.045 空白のセルの個数を求めるCOUNTBLANK関数 …… 059
No.046 手動での小計行と総計行の作成は［オートSUM］ボタンを利用 …… 060

第3章 面倒な計算を一瞬で終わらせる関数ワザ

面倒な計算を一瞬で終わらせる関数ワザ …… 061
No.047 再確認！ 関数のしくみやメリットを理解すればもっとワカル …… 062
No.048 関数の入力方法① 引数を確認しながら［関数の引数］ダイアログで…… 063
No.049 関数の入力方法② 手動で入力すると大幅スピードアップ…… 064
No.050 関数のコピーも普通のコピーと同じくドラッグでOK …… 065
No.051 関数をコピーしたらエラーになった！ 参照がズレている？ …… 066
No.052 引数に別に関数を入れたい！ 関数をネストすればOK …… 067
No.053 検索したセルと同じ行または列にある数値を合計するには …… 068
No.054 税込価格の小数点を切り捨てて整数にするには…… 069
No.055 好きな桁数になるように四捨五入・切り上げするには …… 070
No.056 好きな桁数になるように切り捨てるには …… 071
No.057 該当する商品コードに対応する商品名を別の表から検索したい …… 072
No.058 行・列の交差する位置にあるデータを抽出したい …… 073
No.059 今日の日付を表示するには…… 074
No.060 「2018年4月1日」のように年・月・日を表示したい…… 075
No.061 「9月1日」などの日付から曜日を表示させる …… 076
No.062 混ざった全角と半角を半角に統一したい …… 077
No.063 英文字を小文字に変換するには …… 078
No.064 セルが分かれた文字列を結合するには…… 079
No.065 文字列の右端から指定の文字数だけ取り出すには …… 080
No.066 文字列の指定の位置から指定の文字数だけ取り出すには …… 081
No.067 開始位置と文字数を指定して指定の文字列に置き換えるには …… 082

No.068 文字列の余分な空白文字を削除するには …… 083
No.069 2つの文字列を比較して同じかどうか調べるには …… 084

第4章
集計を一瞬で！ ピボットテーブルのワザ …… 085

No.070 ピボットテーブルってどんな表なの？ …… 086
No.071 ピボットテーブルの作成は各エリアにフィールドを置いていくため … 087
No.072 表を作り終わってからでもOK！ 行や列をカンタン入れ変え …… 088
No.073 ピボットテーブルにフィールドをドラッグ＆ドロップで追加 …… 089
No.074 ピボットテーブルのフィールドの順番を変更したい …… 090
No.075 ピボットテーブルのレイアウトを整えて見やすくしよう …… 091
No.076 金額の桁区切りなど数値の表示形式を変更したい …… 092
No.077 月別にまとめて集計したい …… 093
No.078 フィールドの集計方法は［指定］で別々に指定OK …… 094
No.079 ピボットテーブルから必要な集計結果を取り出すワザ …… 095
No.080 「手数料」などオリジナルの集計フィールドを追加したい …… 096
No.081 全体の構成比を出すには［総計に対する比率］から選択！ …… 097
No.082 フィールドボタンの表示名は自分で簡単に変更できる …… 098
No.083 数値データをオリジナルの区間ごとに集計するには …… 099
No.084 ピボットテーブルの集計結果は手動で更新すべし …… 100
No.085 空白セルに「0」を表示させるワザ …… 101
No.086 ピボットテーブルを元にグラフを作成するには …… 102

第5章
説得力のあるグラフで魅せる実践ワザ …… 103

No.087 資料の説得力をアップ！ グラフ作成のキホンを覚えよう …… 104
No.088 内容に合った種類を選ぼう！ 棒グラフを折れ線グラフに変更 …… 105
No.089 グラフを作成したあとにデータの対象範囲を変えたい！ …… 106

No.090 必要に応じて**新しいデータ**をグラフに**追加**するには …… 107
No.091 グラフは必ず**タイトルをつけて**説明不足を回避する …… 108
No.092 グラフを**別のシートに移動**してグラフだけを表示したい …… 109
No.093 文書のデザインに合わせてグラフの**スタイルを最適化**する …… 110
No.094 情報をしっかり伝えるためにグラフの**外観をまとめて設定** …… 111
No.095 グラフの**縦軸と横軸が示す内容**をわかりやすく伝えたい …… 112
No.096 グラフの**凡例は見やすい位置**に移動しておこう …… 113
No.097 編集時に欠かせない基本操作！ グラフの**要素を選択**するには …… 114
No.098 グラフエリアの**文字のサイズ**を一度の操作ですべて変更する！ …… 115
No.099 日本語は縦で見せたい！ **横軸の見出しを縦書き**にする …… 116
No.100 細かい目盛は見にくいことも。縦軸の**目盛間隔を広く**したい！ …… 117
No.101 **目盛線を破線**にして、もっとグラフを目立たせたい！ …… 118
No.102 **縦軸の最小値**を変えて、変化をはっきり見せよう！ …… 119
No.103 大きい数字は見やすさ優先！ 縦軸の**単位を100万**にしよう …… 120
No.104 数値も一緒に見せたい！ **グラフと表を合わせて**表示する …… 121
No.105 **特定の系列の色**を好みの色に変更したい！ …… 122
No.106 **棒グラフの幅**を調整して、そこだけ目立たせたい！ …… 123
No.107 縦軸の**目盛に単位**をつけて、伝わりやすさをアップする！ …… 124
No.108 横軸の見出しを**「年」や「月」で**表示する …… 125
No.109 横軸の見出しを**グループごと**に表示する …… 126
No.110 グラフの棒に**直に数値を表示**してわかりやすく …… 127
No.111 棒の上の数値が見にくい?! **数値の背景を白**にして見やすく …… 128
No.112 **項目間を線でつないで**要素の増減をはっきり示す …… 129
No.113 折れ線グラフの**マーカーを見やすい大きさ**にする …… 130
No.114 棒グラフと折れ線グラフの**2軸グラフ**を作成したい！ …… 131
No.115 円グラフのラベルの**引き出し線を非表示に**したい！ …… 132
No.116 円グラフの**ラベルを独自の形式に**したい！ …… 133
No.117 数値データが欠けている際に**折れ線グラフをつなぐ**には？ …… 134

第6章
PowerPointをスイスイ操作する基本ワザ …………… 135

No.118 企画立案には「3W+T」分析を行うべし …………………………… 136
No.119 覚えておけば操作がスムーズ！ PowerPointの画面構成………… 138
No.120 プレゼンの流れをつかむには［スライド一覧］が便利……………… 140
No.121 対面でパソコンを覗きながらのプレゼンには［閲覧表示］モード … 141
No.122 プレースホルダーって何？ どう使うの？……………………………… 142
No.123 スライドマスターを使わないと二度手間三度手間 ………………… 143
No.124 1クリックで新しいスライドを追加するには …………………… 144
No.125 スライドのレイアウトは標準で11種類も！ ……………………… 145
No.126 スライドの移動はスライドの流れに合わせて …………………… 146
No.127 似たようなスライド作成はコピーが効率的 ……………………… 147
No.128 タイトルはセンター揃え、長文は両端揃えが見やすい ………… 148
No.129 箇条書きの階層を自由自在に操る…………………………………… 149
No.130 箇条書きの行頭文字は「●」だけじゃない！ 記号もOK …………… 150
No.131 段落が増えると勝手にフォントが小さくなるのはヤメテ～！ …… 151
No.132 行頭文字のサイズや色を変更するワザ………………………………… 152
No.133 行の途中で文字位置を揃えたい …………………………………… 153
No.134 段落の前後は行間隔を空けぎみが見やすい…………………………… 154
No.135 キーワードは書式のコピーで瞬時に強調 ………………………… 155
No.136 構成を作るには「アウトライン」が便利 …………………………… 156
No.137 プレゼンの原稿を書いておく専用の場所がある ………………… 157
No.138 タイトルスライドの背景に画像を入れたら効果的 ……………… 158
No.139 スライド番号を入れておくと万一のときに役立つ ……………… 159
No.140 タイトルスライドには番号は入れたくない！ …………………… 160
No.141 全スライドに会社のロゴマークを入れるには？ ………………… 161
No.142 タイトルスライドだけロゴマークを非表示にしたい …………… 162

第7章
図形でカンタン視覚化ワザ ………… 163

No.143 シンプルな図形でスッキリ！ 複雑な図形は絞ってポイントに …… 164
No.144 サイズと配置は必ず揃えて！ バラバラな図形は「雑」な印象 …… 166
No.145 図形の整列は「等間隔」がキモ 整列機能で整然と並べる ………… 168
No.146 すべては基本図形の組み合わせ！ 四角形、丸、線を描く ………… 170
No.147 同じ図形は Ctrl ＋ Shift ＋ドラッグで水平・垂直コピー………… 171
No.148 吹き出しの飛び出た部分や矢印の軸の太さを変えたい ………… 172
No.149 矢印の向きを変えるなど、図形を自由に回転するには？ ………… 173
No.150 一瞬で右矢印を左矢印に！ 図形を上下左右に反転 ………… 174
No.151 複数の図形を目立たせるワザ！ 背景を描いて重なり順を変更 …… 175
No.152 情報の視覚化の基本！ 図形内に文字を入力 ………… 176
No.153 図をある程度完成させたらグループ化は必須………… 177
No.154 図形を一瞬で洗練された印象にする半透明ワザ ………… 178
No.155 プレゼンといえば図解！ 一瞬で図表を作成するワザ………… 179
No.156 箇条書きはとにかくいったんSmartArtに変換してみる ………… 180

第8章
伝達性をアップ！ 表とグラフを魅せるワザ………… 181

No.157 「比較」を見せるには一覧性を高めた表が最適………… 182
No.158 キーワードは中央、文章は左、数字は右が配置の鉄則！ ………… 184
No.159 ExcelやWordの表を使ったらその後の「魅せる編集」は必須 …… 186
No.160 視覚化のスタンダード「表」をカンタン作成………… 188
No.161 プレースホルダーがない場所でも表を挿入………… 189
No.162 タイトル行や最初の列は強調が鉄則………… 190
No.163 表の罫線には意味が隠れている ………… 191
No.164 セルの斜線ってどうやって引くの？ ………… 192
No.165 表のこの罫線だけをどうしても消したい！ ………… 193

No.166 表を作った後から行や列を挿入するには？ …… 194
No.167 複数セルの見出しはていねいに結合しよう …… 195
No.168 同じグループの行や列の境界線は点線で弱める …… 196
No.169 見出しの色は行と列で変えたほうがベター …… 197
No.170 結合したセル内の文字は中央に配置すべし …… 198
No.171 文字を縦書きにするだけで見やすさアップ …… 199
No.172 棒グラフの最小値は「0」禁止　変化をダイナミックに見せる …… 200
No.173 折れ線グラフは線種がキモ！ 主役は太い実線、脇役点線 …… 202
No.174 帯グラフがない…!? 100%積み上げ横棒で代用 …… 204
No.175 数値の表は一歩進んでグラフにしよう …… 206
No.176 グラフ作成後にデータを編集するには …… 207
No.177 グラフのタイトル付けは忘れちゃならない …… 208
No.178 合計も同じグラフに含めるには複合グラフ …… 209
No.179 Excelグラフはそのまま貼り付けOK …… 210

第9章
スマートにキメよう！ プレゼンワザ …… 211

No.180 発表者ビューでスマートに！ ジャンプや別アプリ起動もOK …… 212
No.181 説明箇所を大きく見せたい！ 発表者ビューで簡単ズーム …… 214
No.182 プレゼンはスタートが肝心！ スライドショーの実行 …… 216
No.183 トラブル後の再開時には、選択したスライドから実行 …… 217
No.184 スライドショーを途中で終了するワザはトラブル時に役立つ …… 218
No.185 ショートバージョン作成に便利！ 目的別スライドショー …… 219

索引 …… 220

第1章

Excelをスイスイ操作する基本ワザ

この章では、Excelの基本操作のおさらいと、ビジネス上よくある用途に沿った操作方法、知っておくと操作時間が短縮できるやり方などを紹介します。便利な方法を覚えて、仕事の効率を上げていきましょう！

No.001 Excelを使いこなす前に画面や「ブック」「シート」を理解！

Excelを便利に活用したいなら、まずExcelの基本的な画面構成を把握しておきましょう（ここではExcel 2016の画面を例に解説）。また「ブック」「シート」の関係についてもしっかりと理解しておきたいところです。

Excelの基本画面をチェックしよう

［ファイル］タブ
複数あるタブの中でもファイルの保存、印刷、設定が行える特別なタブです。

クイックアクセスツールバー
よく行う操作をボタンとして登録できます。

タイトルバー
ここにブックのファイル名が表示されます。

リボン
Excelで行う操作を選択できます。

タブ
各タブごとに操作が目的別にまとめられています。

グループ
各タブで行える操作はグループ別に配置されています。

ステータスバー
操作の説明やシートの状態を確認できます。

画面表示ボタン
画面の表示方法を［標準］［ページレイアウト］［改ページプレビュー］から選べます。

ズームスライダー
シートを拡大・縮小表示できます。

シート
表やグラフなどをここに作成します。

ブックとシートの関係とは？

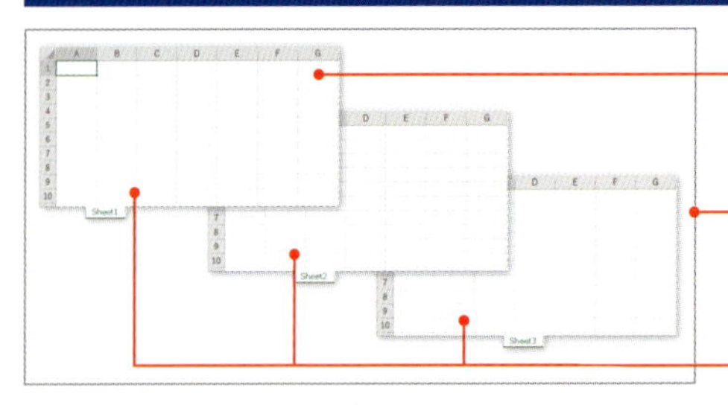

表の1枚1枚をシート（Sheet）またはワークシートと呼びます。

Excelファイルのことをブック（Book）と呼びます。

1枚あるいは複数のシートをブックでまとめられます。

No. 002 セルの構造を知っておくことがデータ入力の第一歩

Excelでは「セル」(マス目)にデータを入力して情報を管理することになります。その構造を理解しておくことはExcelを活用する第一歩といえるでしょう。特に「行」「列」の関係は間違えないようにしてください。

セルの構造を知っておこう

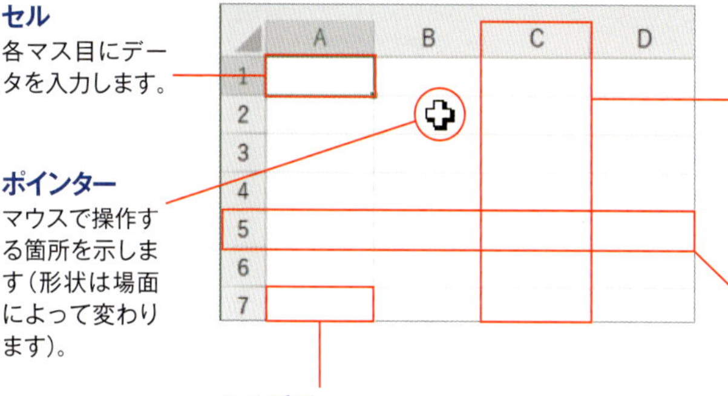

セル
各マス目にデータを入力します。

ポインター
マウスで操作する箇所を示します(形状は場面によって変わります)。

セル番地
行番号と列番号でセルの位置を示します(この場合は「A7」になります)。

列
縦方向の並びのことで、「A」「B」「C」といった「列番号」でセルの位置を示します。

行
横方向の並びのことで、「1」「2」「3」といった「行番号」でセルの位置を示します。

アクティブセルと入力データ

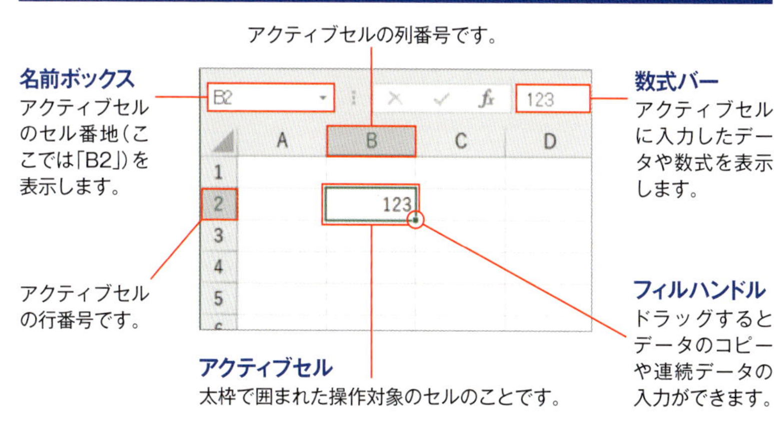

アクティブセルの列番号です。

名前ボックス
アクティブセルのセル番地(ここでは「B2」)を表示します。

アクティブセルの行番号です。

アクティブセル
太枠で囲まれた操作対象のセルのことです。

数式バー
アクティブセルに入力したデータや数式を表示します。

フィルハンドル
ドラッグするとデータのコピーや連続データの入力ができます。

No.003 「001」といった3桁の数字がうまく入力できない……

セルに「001」と入力しても通常は「1」と表示されます。3桁数字にしたい場合、先頭に「'」(アポストロフィ)を入力し、文字列として扱いましょう。数字のまま3桁にしたいときは、下のコラムを参照してください。

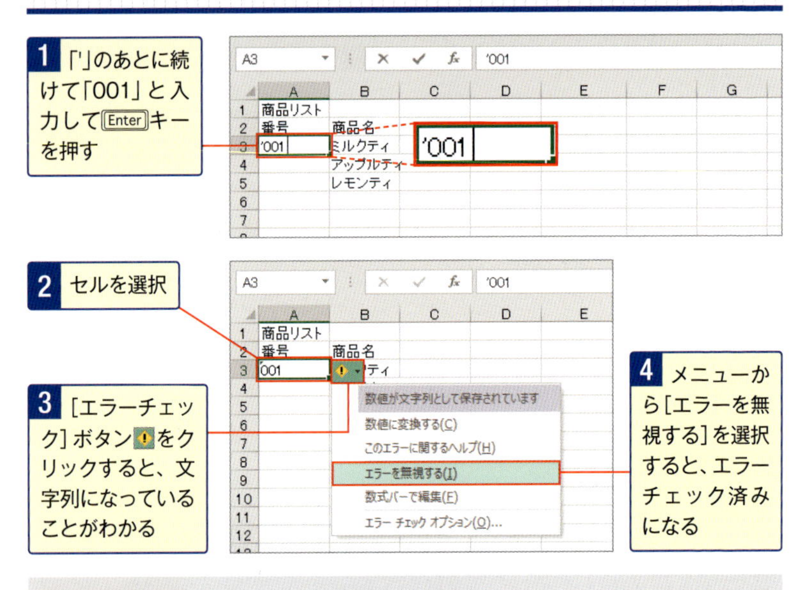

スキルアップ
「001」を数値として表示させたい

数値のまま「001」と表示させるには、「1」と入力したセルを選択します。[ホーム]タブの[数値]グループ右下にある[ダイアログボックス起動ツール]をクリックします。[表示形式]タブで❶、[ユーザー定義]を選択します❷。[種類]に「000」と入力して❸、[OK]ボタンをクリックします❹。

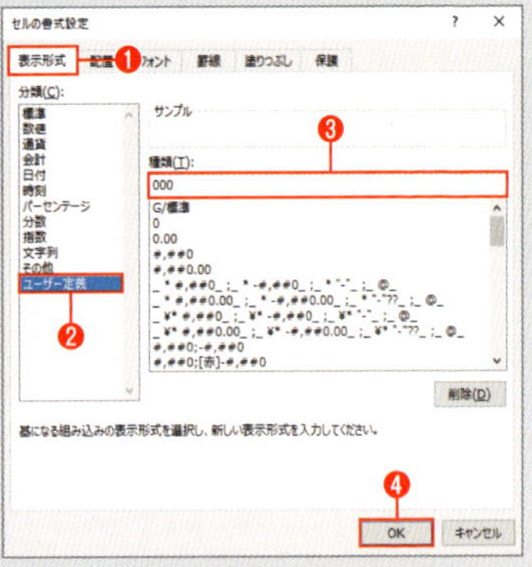

No. 004 「4月1日」のような日付を入力するにはどうする?

資料作成で日付を入力する場面は数多くありますが、「○月○日」の形式でカンタンに入力する方法があります。「4/1」または「4-2」のように入力すると「4月1日」と表示されるほか、現在の西暦情報も追加されます。

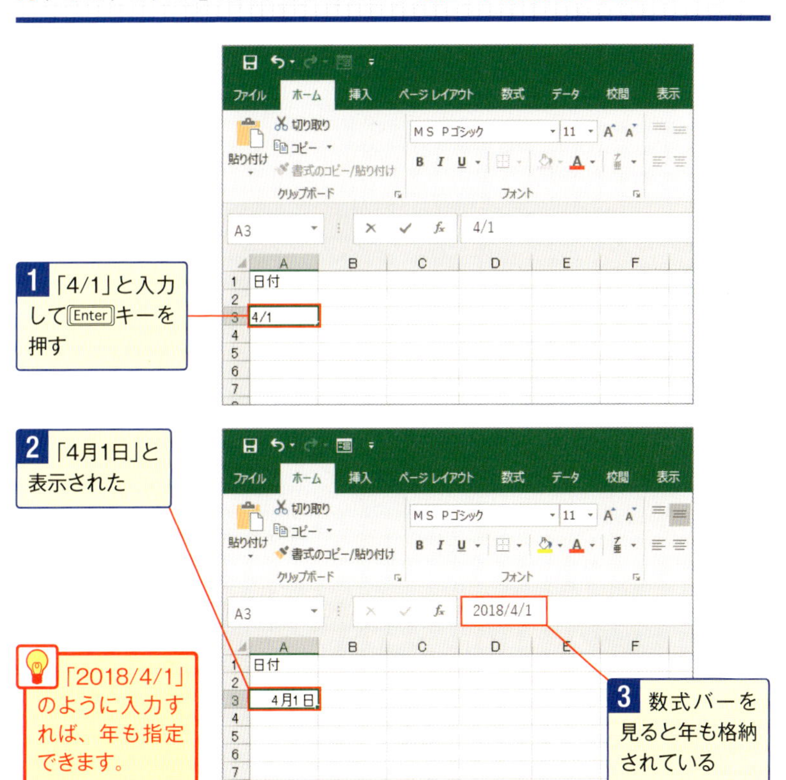

スキルアップ 日付はシリアル値

日付を入力すると自動的に「○月○日」のような表示形式が設定されますが、Excel内部で日付はシリアル値という数値で処理されます。1900年1月1日を表すシリアル値が「1」で、1日ごとにシリアル値が「1」ずつ増えます。

No. 005 Excelを使いこなすなら必須！連続したデータを入力する

選択中のセルの右下を見ると「フィルハンドル」と呼ばれる小さな■があります。これをドラッグすればデータを連続して入力できます。これは「オートフィル」と呼ばれる機能で、必ず覚えておきたいテクニックです。

基本的な連番の入力を行う

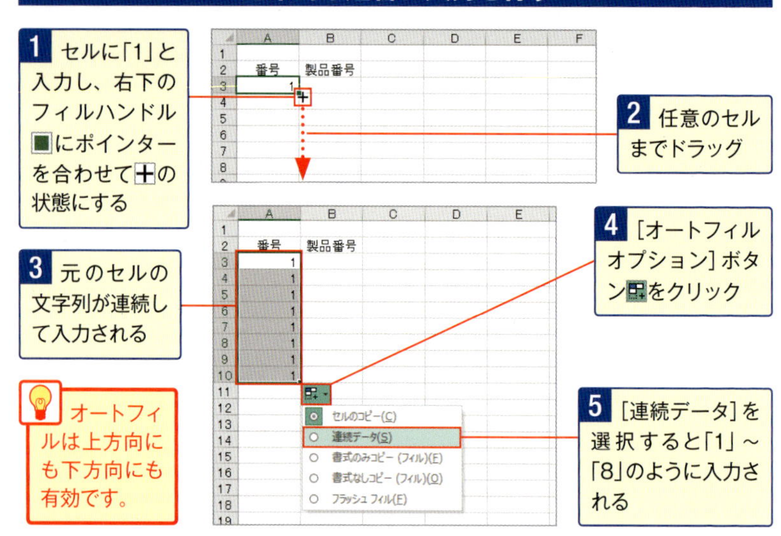

オートフィルは上方向にも下方向にも有効です。

2つの数値に差がある場合でもOK

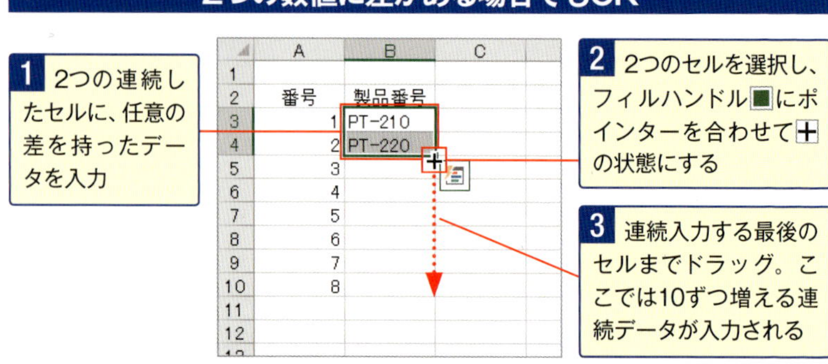

No.006 オリジナルの連続データを登録するには?

前ページで「オートフィル」について解説しましたが、このテクニックでは曜日や干支といった連続データも入力できます。ほかに仕事などでよく入力する連続データがあるようなら、登録してみてはいかがでしょうか。

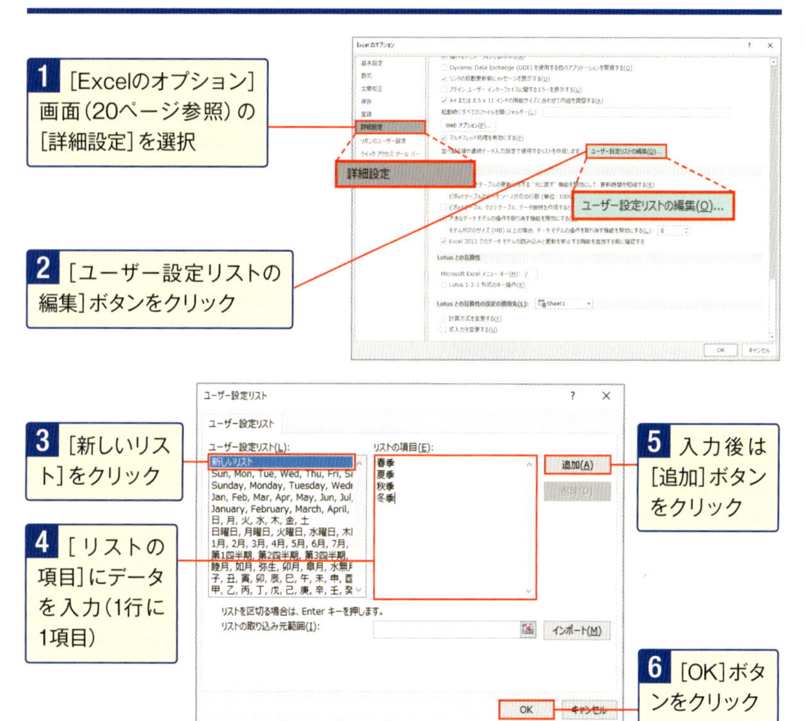

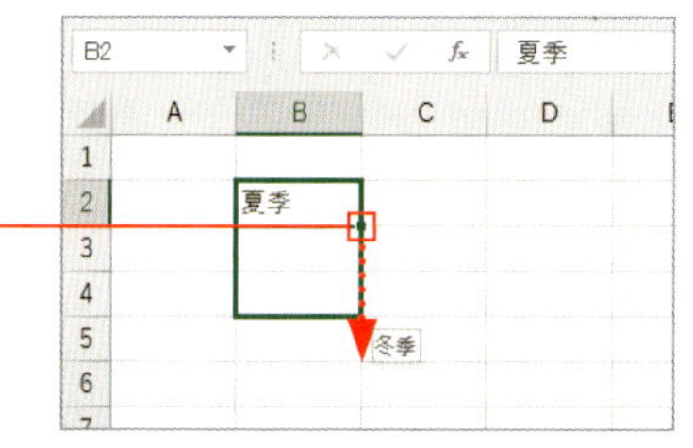

オートフィルは、リスト内のどの項目から開始しても有効です。

No. 007 セルへの入力を確定したあとは右のセルへ移動したい!

上から下へとデータを入力しているならともかく、左から右へとデータを入力することが多いなら、入力の確定後に選択セルが右へ移動すると便利です。設定で移動先を変更できるので、試してみるとよいでしょう。

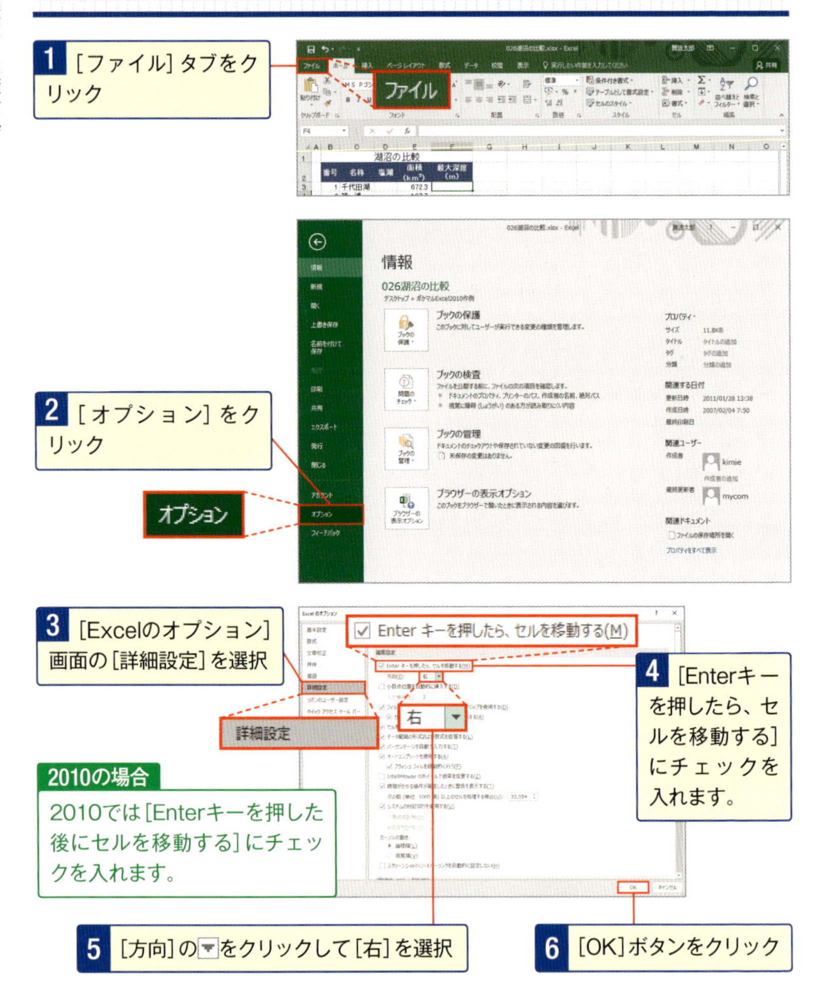

No. 008 列の幅や行の高さを任意のサイズに調整したい！

セルのサイズが小さすぎると、入力した文字列の一部が隠れてしまいます。そのような場合は列の幅や行の高さを調整するといいでしょう。ドラッグして広げる方法と、ダブルクリックして自動調整する方法があります。

列の幅を広げる

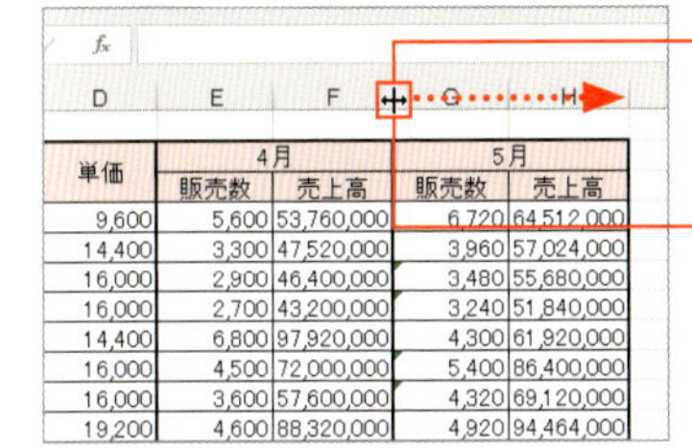

1 列番号の右端にポインターを合わせる

2 ✢になったら右にドラッグ

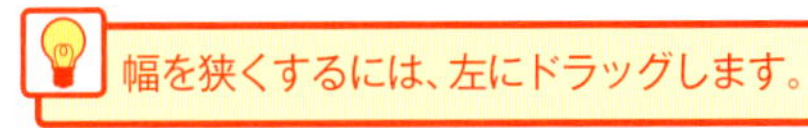

幅を狭くするには、左にドラッグします。

列の幅を自動調整する

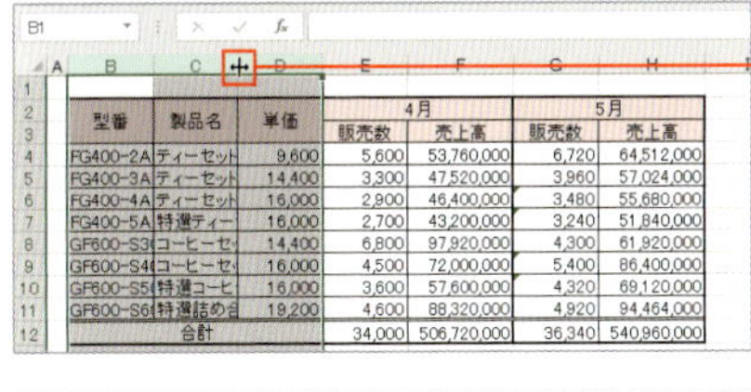

1 列番号の右端でポインターが✢になったらダブルクリック

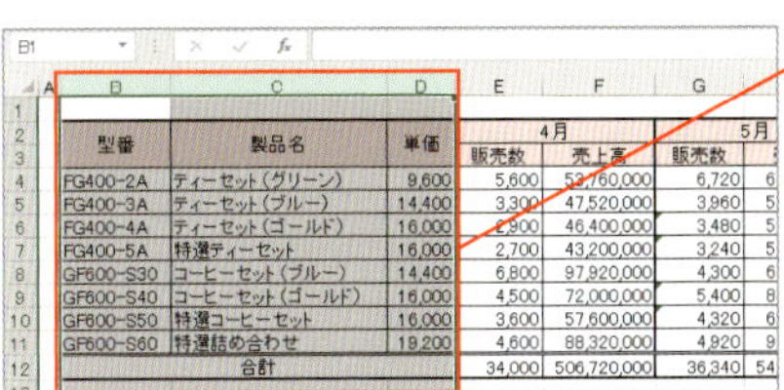

2 その列の一番文字数の多いセルに合わせて幅が自動調整される

ここではB列からD列までの3列を選択しているので、3列同時に幅が自動調整されました。

スキルアップ 行の高さは行番号の下端をドラッグして変更

行の高さはフォントのサイズに合わせて自動調整されますが、任意の高さに変更するには行番号の下端をドラッグします。

No.009 作成したあとでも大丈夫！表の行と列を瞬時に入れ替え

表の作成後に「行と列を逆にすればよかった……」と気付くことがあります。そんなときでも再作成する必要はありません。ここではコピーした表の行と列を入れ替えて貼り付けるテクニックを紹介しましょう。

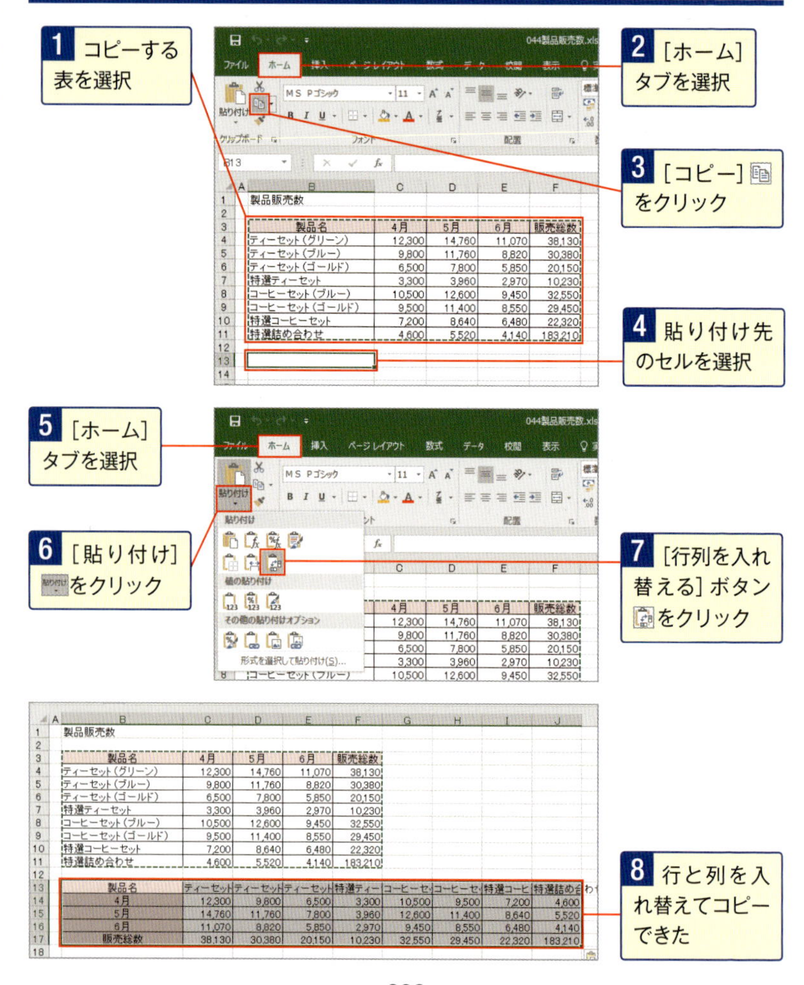

No. 010 非表示にした行や列はコピーしない

行や列を非表示にした状態でコピー→貼り付け操作を行うと非表示の部分も含めてデータが複製されてしまいます。非表示の部分をコピーしたくない場合はひと手間が必要です。

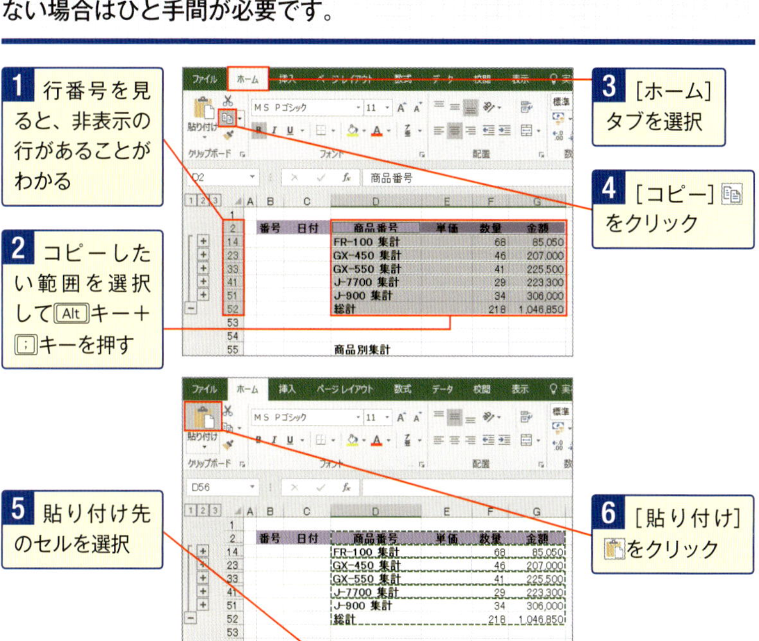

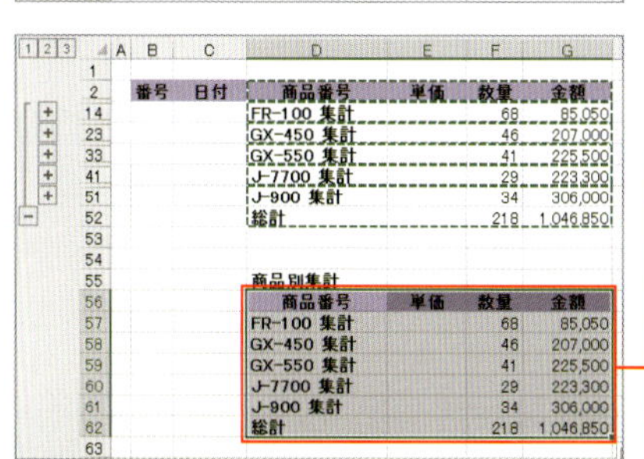

No. 011 資料作成の仕上げは罫線を引いて表を見やすく!

表に罫線を引けば、セル同士の境界が明らかになるため、見やすくなります。ここでは表全体に格子状の罫線を引く方法と、外枠を太くする方法を解説しましょう。この機能はよく使うので、基本操作を押さえてください。

表全体に格子状の罫線を引く

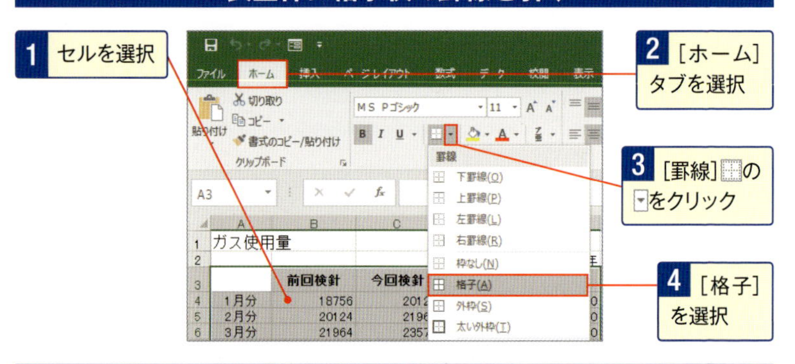

外枠を太くする

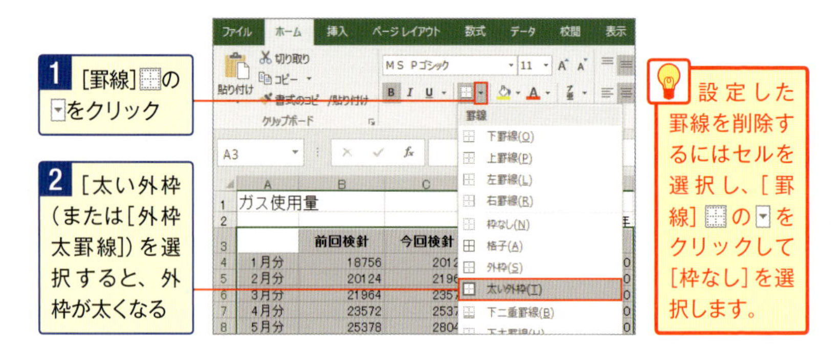

スキルアップ 罫線の設定をまとめて行う

[罫線]の▼をクリックして[その他の罫線]を選択すると[セルの書式設定]画面が表示されます。[罫線]タブで色、線のスタイル、斜線などをまとめて設定できます。

No.012 セル内では文字列を改行して読みやすくするのが鉄則

セル内の情報量が多すぎると、セルの幅を広げただけではすべて表示しきれません。そうしたときはセル内で文字列を折り返すようにしましょう。内容によっては区切りのいいところで改行すると、読みやすくなります。

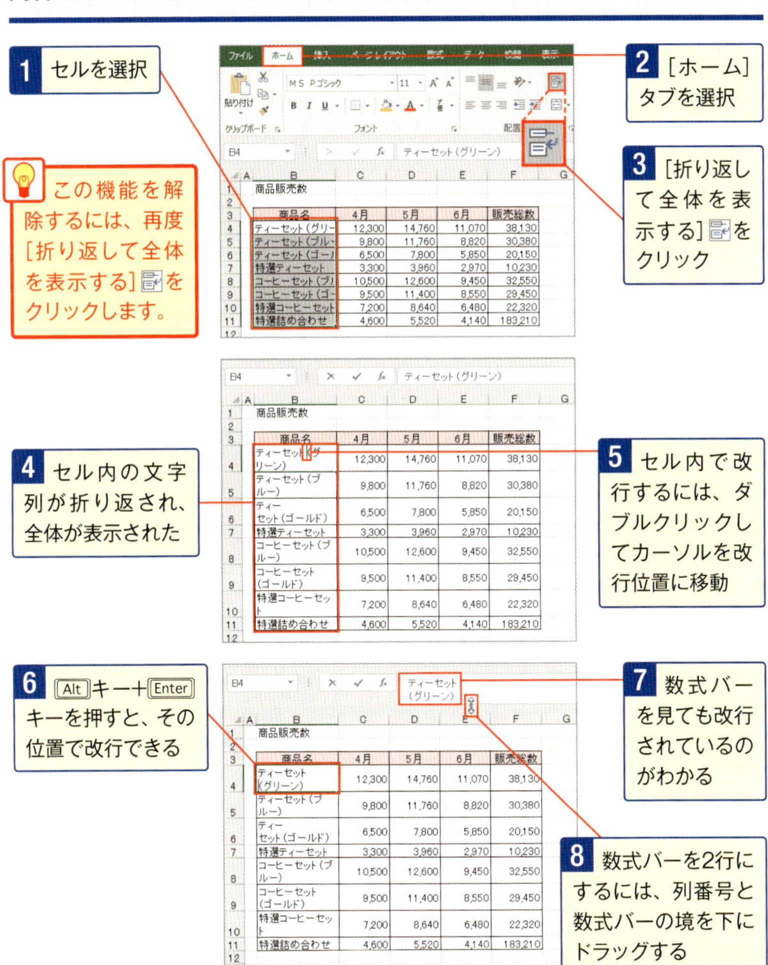

No.013 数値にはカンマや円記号を付けるのがセオリー

数値計算に威力を発揮するExcelですが、その数字には桁区切りのカンマや、場合によっては円の通貨記号を加えると見やすくなります。その際は手動で「,」「¥」の記号を入力するのではなく、Excelの機能を使います。

桁区切りのカンマを付ける

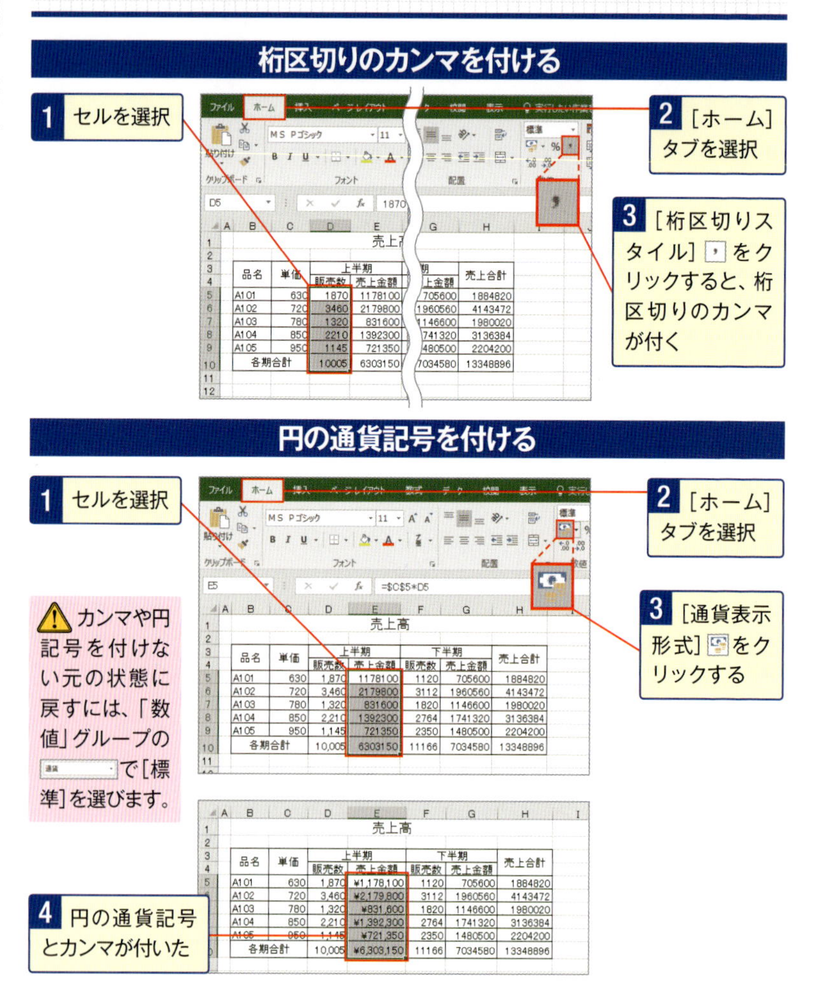

No. 014 「4月1日(月)」のように曜日付きの日付を表示したい

セルに「4月1日(月)」と表示するには、その表示形式を変えればいいだけですが、ユーザー定義の設定が必要になります。それさえ行えば、ただ「4/1」と入力したセルに「4月1日(月)」と表示できます。

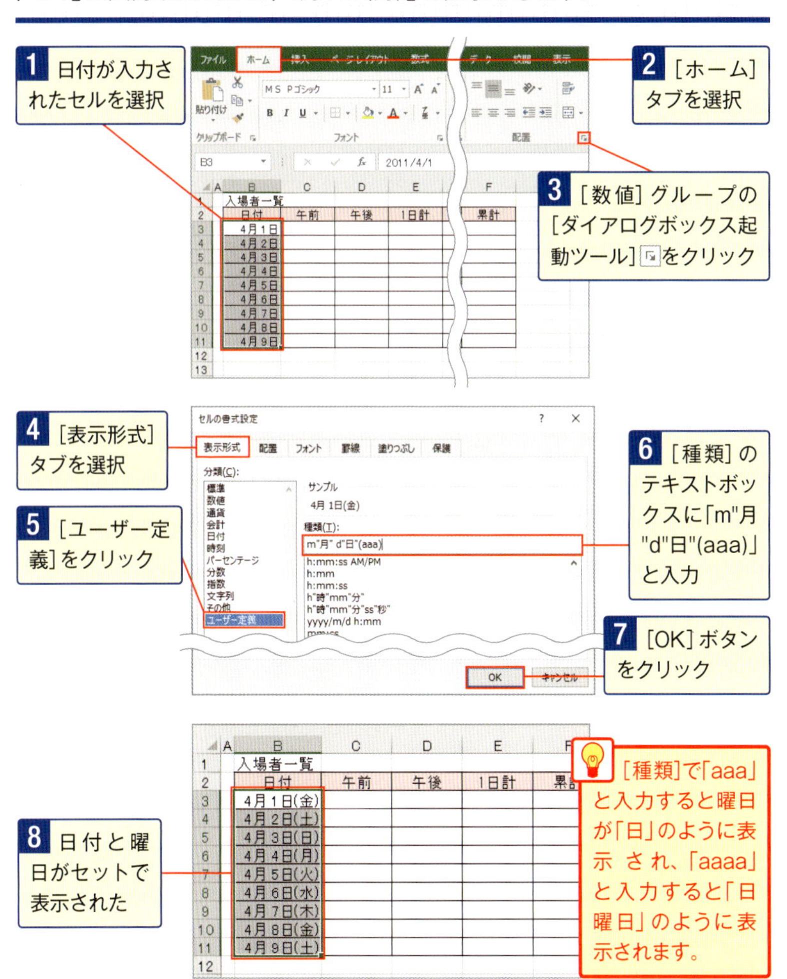

[種類]で「aaa」と入力すると曜日が「日」のように表示され、「aaaa」と入力すると「日曜日」のように表示されます。

No. 015 「○台」といった独自の単位を自動的に追加するテクニック

クルマの販売数をまとめた際に「○台」のように表示すると、表のわかりやすさが増します。ただし自分で「台」を追加するとデータが正しく数字として扱われません。独自の単位を自動で補完する方法があります。

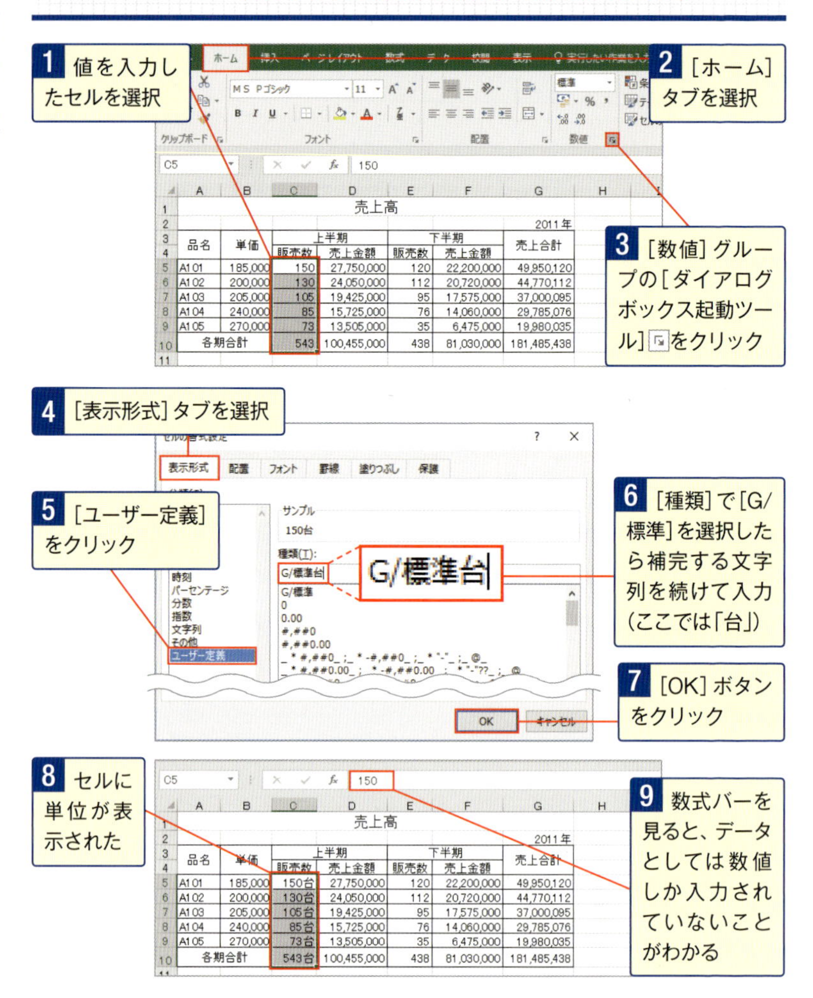

品名	単価	上半期 販売数	上半期 売上金額	下半期 販売数	下半期 売上金額	売上合計
A101	185,000	150台	27,750,000	120	22,200,000	49,950,120
A102	200,000	130台	24,050,000	112	20,720,000	44,770,112
A103	205,000	105台	19,425,000	95	17,575,000	37,000,095
A104	240,000	85台	15,725,000	76	14,060,000	29,785,076
A105	270,000	73台	13,505,000	35	6,475,000	19,980,035
各期合計		543台	100,455,000	438	81,030,000	181,485,438

No. 016 データはデータベース形式にすると超便利！

並べ替え、抽出や集計などに適したデータベース形式とは、フィールド名（項目名）、フィールド（列）、レコード（行）から構成されます。1行目にフィールド名を、2行目以降に各フィールドから構成される1組の情報を1レコードとして順に入力します。

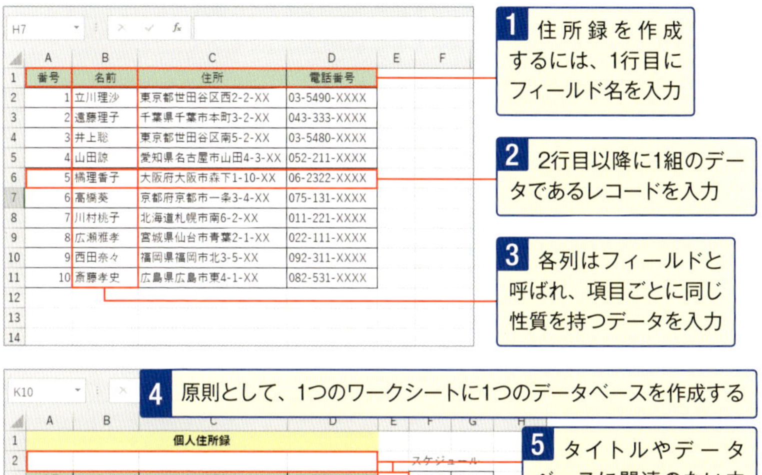

番号	名前	住所	電話番号
1	立川理沙	東京都世田谷区西2-2-XX	03-5490-XXXX
2	遠藤理子	千葉県千葉市本町3-2-XX	043-333-XXXX
3	井上聡	東京都世田谷区南5-2-XX	03-5480-XXXX
4	山田諒	愛知県名古屋市山田4-3-XX	052-211-XXXX
5	橋理香子	大阪府大阪市森下1-10-XX	06-2322-XXXX
6	高橋葵	京都府京都市一条3-4-XX	075-131-XXXX
7	川村桃子	北海道札幌市南6-2-XX	011-221-XXXX
8	広瀬雅孝	宮城県仙台市青葉2-1-XX	022-111-XXXX
9	西田奈々	福岡県福岡市北3-5-XX	092-311-XXXX
10	斎藤孝史	広島県広島市東4-1-XX	082-531-XXXX

4 原則として、1つのワークシートに1つのデータベースを作成する

個人住所録			
番号	名前	住所	電話番号
1	立川理沙	東京都世田谷区西2-2-XX	03-5490-XXXX
2	遠藤理子	千葉県千葉市本町3-2-XX	043-333-XXXX
3	井上聡	東京都世田谷区南5-2-XX	03-5480-XXXX
4	山田諒	愛知県名古屋市山田4-3-XX	052-211-XXXX
5	橋理香子	大阪府大阪市森下1-10-XX	06-2322-XXXX
6	高橋葵	京都府京都市一条3-4-XX	075-131-XXXX
7	川村桃子	北海道札幌市南6-2-XX	011-221-XXXX
8	広瀬雅孝	宮城県仙台市青葉2-1-XX	022-111-XXXX
9	西田奈々	福岡県福岡市北3-5-XX	092-311-XXXX
10	斎藤孝史	広島県広島市東4-1-XX	082-531-XXXX

スケジュール	
1日目	東京
2日目	名古屋
3日目	京都
4日目	大阪
5日目	広島
6日目	福岡

5 タイトルやデータベースに関連のない内容を入力する場合は、データベースの周りに空白行、空白列を挿入、データベースと区別

フィールド名にはセルに色を付けるなどして、レコードと区別させます。

スキルアップ データベース内に空白行を作らない

Excelには、空白行、空白列で囲まれた範囲をデータベース範囲として自動的に認識する機能があります。データベース内に空白行を作ってしまうと、そこまでがデータベース範囲と誤認識されるので注意が必要です。

No.017 3000行のデータベースを一瞬で選択できるワザ

データベース範囲は広範囲になる場合が多く、マウスで範囲を選択するには手間がかかります。そこで、データベース範囲に名前を定義すると、簡単に範囲を選択できるようになります。

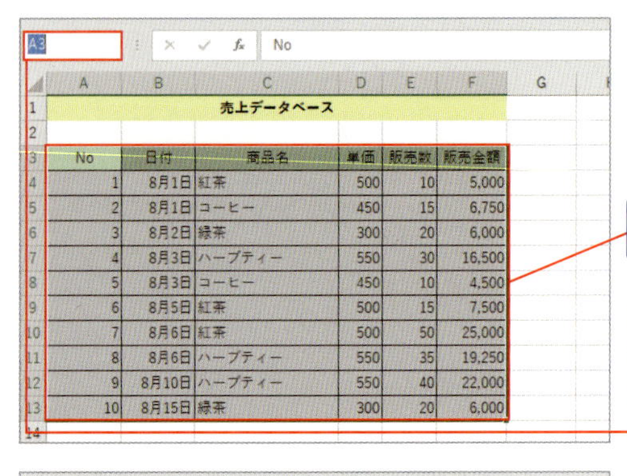

No	日付	商品名	単価	販売数	販売金額
1	8月1日	紅茶	500	10	5,000
2	8月1日	コーヒー	450	15	6,750
3	8月2日	緑茶	300	20	6,000
4	8月3日	ハーブティー	550	30	16,500
5	8月3日	コーヒー	450	10	4,500
6	8月5日	紅茶	500	15	7,500
7	8月6日	紅茶	500	50	25,000
8	8月6日	ハーブティー	550	35	19,250
9	8月10日	ハーブティー	550	40	22,000
10	8月15日	緑茶	300	20	6,000

1 データベース範囲A3:F13に「売上一覧」と名前を定義しよう

2 データベース範囲を選択

3 名前ボックスをクリックして、「売上一覧」と入力し、Enterキーを押す

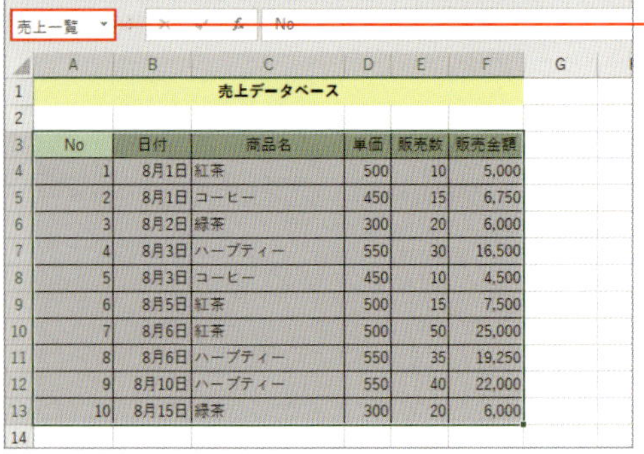

4 名前ボックスに定義した名前が表示された

スキルアップ 定義した名前を削除するには

定義した名前を削除するには、[数式]タブから[名前の管理]を選択します。次に[名前の管理]ダイアログボックスの定義された名前の一覧から、削除したい名前を選択し、[削除]ボタンをクリックします。

No. 018

名前で範囲選択すると効率めちゃアップ↑

指定した範囲に名前が定義されていると、名前ボックスから定義した名前を選択するだけで、範囲を選択することができます。これにより、作業を効率よく進めることができます。

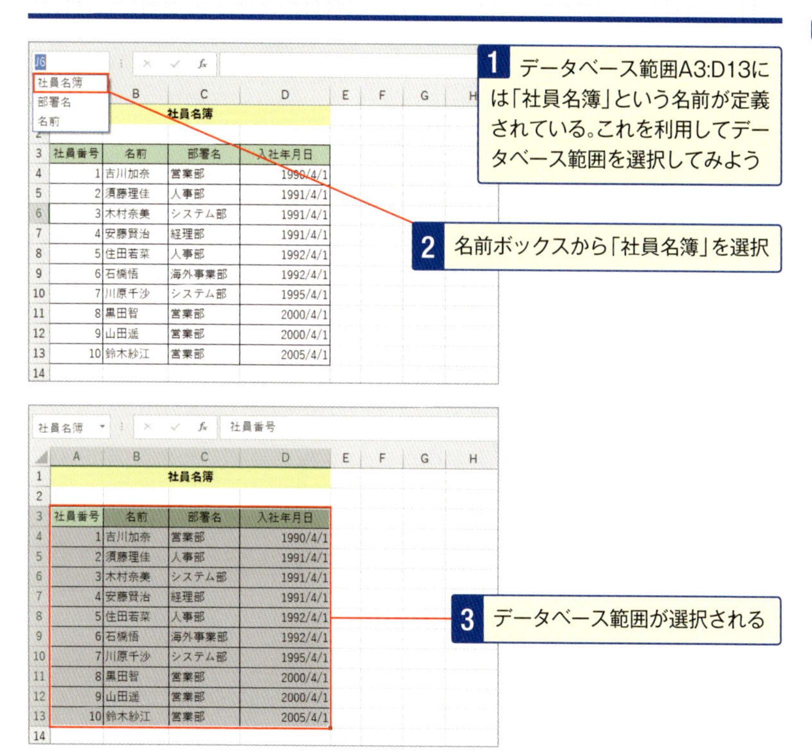

スキルアップ 定義した名前は関数の引数や印刷範囲にも利用可能

定義した名前は、範囲選択だけでなく、関数の引数にも利用できます。

セル番地を使って引数を指定	定義した名前を使って引数を指定
=SUM (A2:A10)	=SUM (合計範囲)

また、印刷範囲に名前を定義すれば、ページ設定時の印刷範囲としても利用できます。

No.019 フォーム形式で社内の誰でもラクラク入力・編集・検索

フォームを使用すると、レコードの内容が単票形式で表示され、レコードの新規入力・編集・削除・検索が簡単に行えます。まずは[ファイル]タブの[オプション]を選択して、[Excelのオプション]ダイアログを表示します。

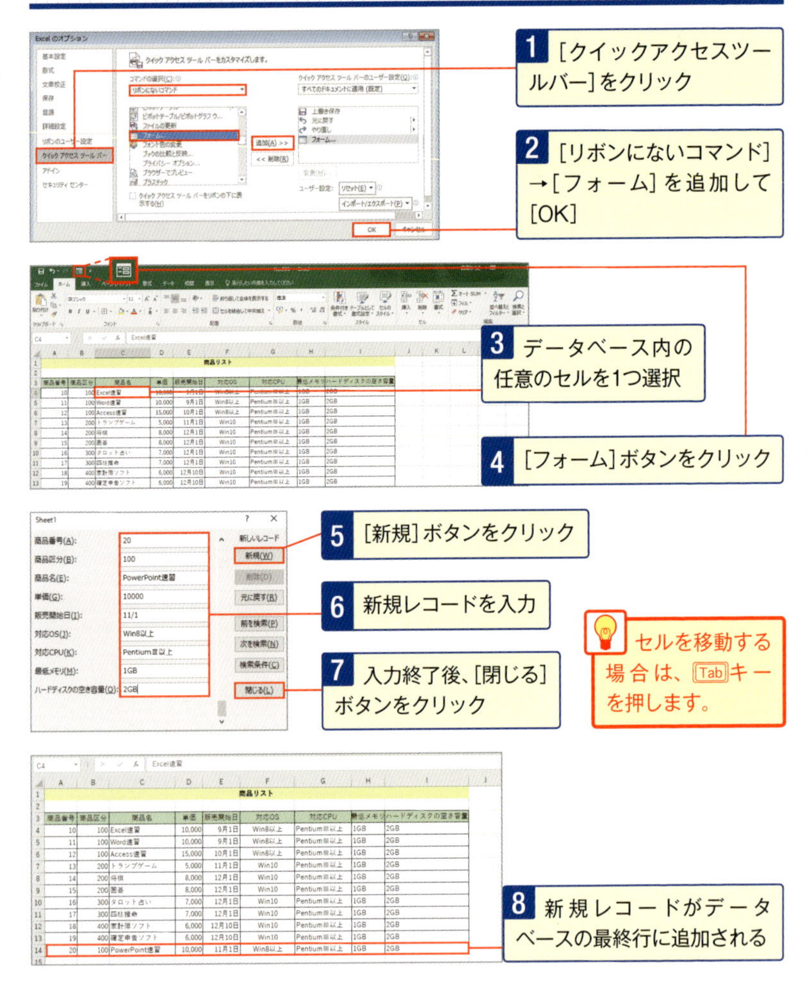

No.020 フォーム形式でのデータ検索→修正は簡単3ステップ

フォームを使用して目的のレコードを探すには、[検索条件]ボタンを使用します。検索結果が複数ある場合は、[次を検索]ボタンや[前を検索]ボタンをクリックして表示します。

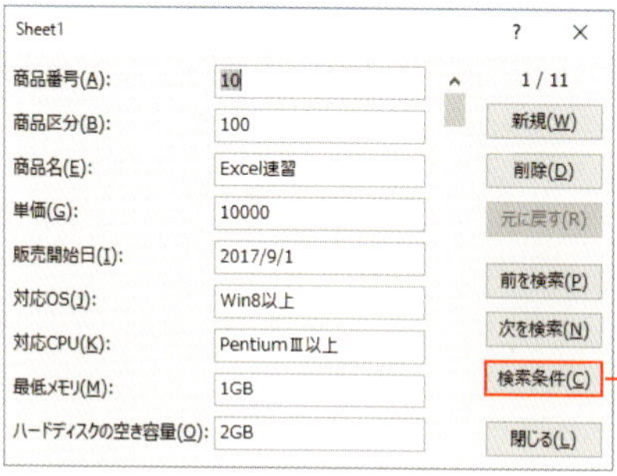

Sheet1

商品番号(A):	10	1 / 11
商品区分(B):	100	新規(W)
商品名(E):	Excel速習	削除(D)
単価(G):	10000	元に戻す(R)
販売開始日(I):	2017/9/1	前を検索(P)
対応OS(J):	Win8以上	次を検索(N)
対応CPU(K):	PentiumⅢ以上	検索条件(C)
最低メモリ(M):	1GB	
ハードディスクの空き容量(O):	2GB	閉じる(L)

1 データベース内の任意のセルを1つ選択し、[クイックアクセスツールバー]の[フォーム]を選択(32ページの4)

2 [検索条件]ボタンをクリック

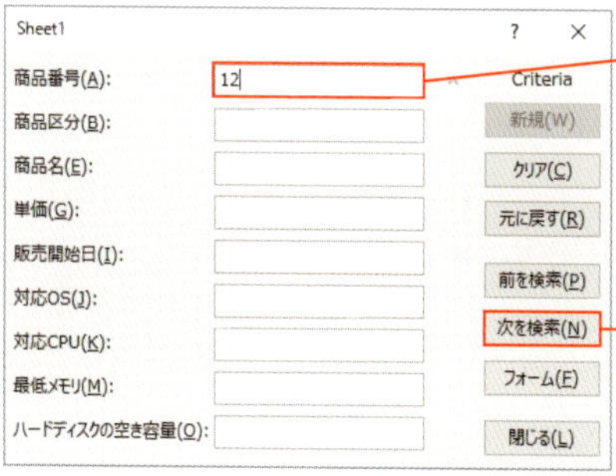

Sheet1

商品番号(A):	12	Criteria
商品区分(B):		新規(W)
商品名(E):		クリア(C)
単価(G):		元に戻す(R)
販売開始日(I):		前を検索(P)
対応OS(J):		次を検索(N)
対応CPU(K):		フォーム(F)
最低メモリ(M):		
ハードディスクの空き容量(O):		閉じる(L)

3 検索条件を入力

4 [次を検索]ボタンをクリック

Sheet1

商品番号(A):	12	3 / 11
商品区分(B):	100	新規(W)
商品名(E):	Access速習	削除(D)
単価(G):	20000	元に戻す(R)
販売開始日(I):	2017/10/1	前を検索(P)
対応OS(J):	Win8以上	次を検索(N)
対応CPU(K):	PentiumⅢ以上	検索条件(C)
最低メモリ(M):	1GB	
ハードディスクの空き容量(O):	2GB	閉じる(L)

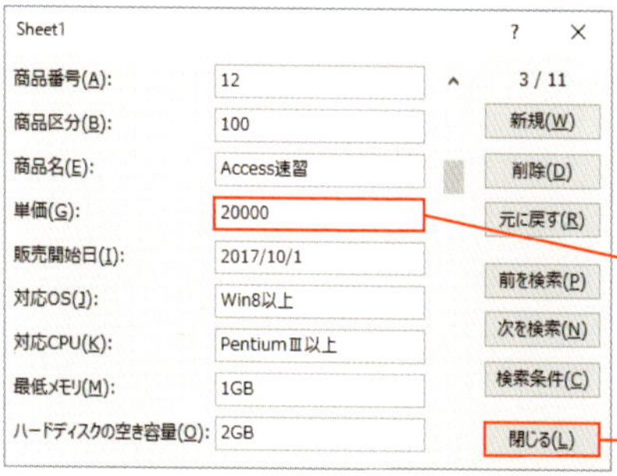

修正した内容は、他のレコードに移動したり、フォーム画面を閉じたりしたときに反映されます。

5 指定したレコードが表示されるので、単価を修正

6 [閉じる]ボタンをクリック

No.021 スクロールすると見出しが見えない!? 見出し固定ワザ

下や右に画面をスクロールするとフィールド名や、レコードを区別するための特定のフィールドなどが見えなくなることがあります。常にフィールド名や特定のフィールドを表示するには、ウィンドウ枠を固定します。

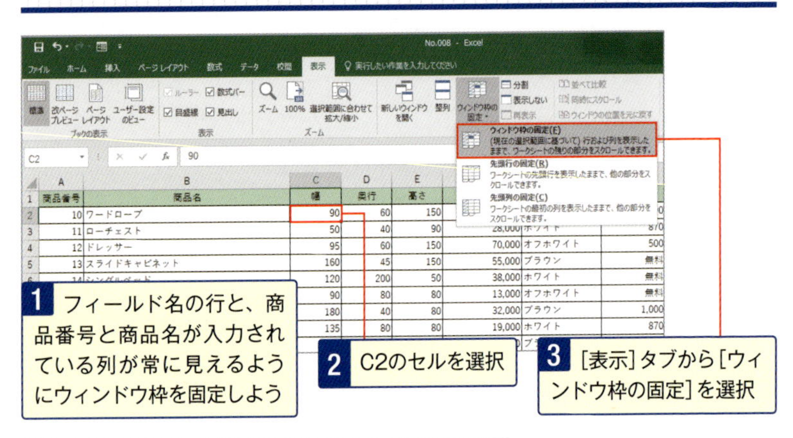

C2 | 90

	A	B	H	I	J	K
1	商品番号	商品名	送料	在庫数		
12	20	デンマーク調テーブル	無料	5		
13	21	デンマーク調コーヒーテーブル	870	5		
14	22	デンマーク調サイドテーブル	500	10		
15	23	押入れワゴン	無料	19		
16	24	衣装ダンス	無料	20		
17	25	スライド引き出し付食器棚	無料	10		
18	26	天然木食器棚	無料	5		
19	27	隙間収納	無料	5		
20	28	レンジキャビネット	1,100	10		
21	29	DVDキャビネット	無料	5		
22	30	手作りチェスト	500	20		
23	31	家具調こたつ	600	15		
24	32	トリップトラップチェア	無料	5		
25						

4 下や右に画面をスクロールしてもフィールド名や特定のフィールドが表示されている

トラブル解決 ウィンドウ枠の固定とその解除方法

ウィンドウ枠の固定は、固定したい行と列が交差するセルの右下のセルを選択して設定します。行、列のみを固定する場合は、固定する行の下の行、固定する列の右の列を選択して設定します。設定を解除するには、[表示]タブから[ウィンドウ枠固定の解除]を選択します。

第2章

並び替えや抽出、集計でデータを活用するワザ

Excelでデータを扱うとき、並び替えや抽出、集計は必ずと言っていいほど行う操作です。Excelの機能を活用して、**なるべく少ない操作で思い通りの結果にたどり着ける**ようにしておきましょう。

No. 022 売上金額順に並べ替えるには「昇順」「降順」ボタンで一発

データベース内で並べ替えたい列内の任意のセルを1つ選択して、[データ] タブの [昇順で並べ替え] ボタン、または [降順で並べ替え] ボタンをクリックすると、一瞬でレコードが並べ替えられます。

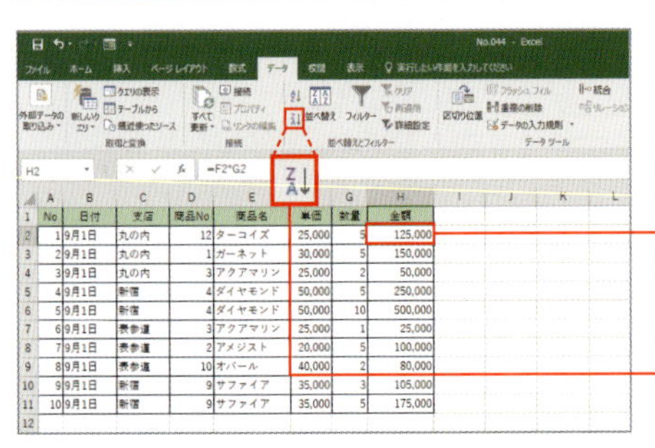

1 「No」順に並んでいるデータを「金額」の高い順に並べ替えるには、「金額」のフィールド内の任意のセルを1つ選択

2 [データ] タブの [降順で並べ替え] ボタンをクリック

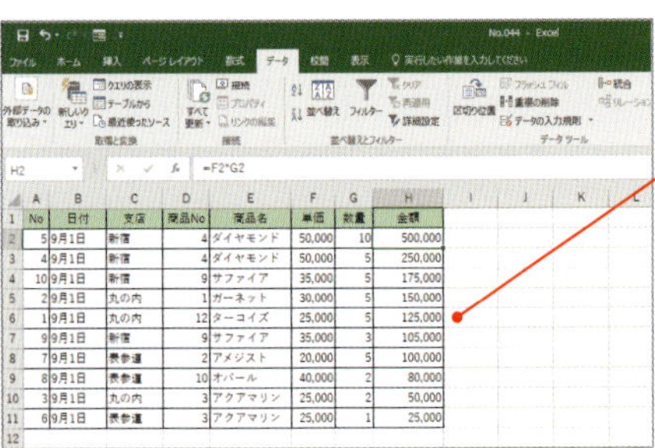

3 「金額」の高い順に並べ替えられた

並べ替える前に通し番号を入力しておくと、もとの順番に戻すことができます。

スキルアップ

データの種類による並び替えの順序の違い

データの種類による並び替えの順序の違いは次の通りです。

データの種類	昇順	降順
数値	負の最小値→0→正の最大値の順	昇順の逆
日付	日付の古い順	昇順の逆
文字列	記号類(コード順)→1文字目に数字をもつ文字列(0~9)→アルファベット(A~Zの順)→日本語(50音順)の順	昇順の逆
論理値	FALSE、TRUEの順	昇順の逆

※空白データは昇順、降順にかかわらず最後になります。

No.023 並べ替えのキーは一度にいくつでも設定できる！

データベース内のセルを1つ選択して［データ］タブの［並べ替え］をクリックすると並べ替える範囲が認識され、［並べ替え］ダイアログボックスで複数のレコードを並べ替えることができます。

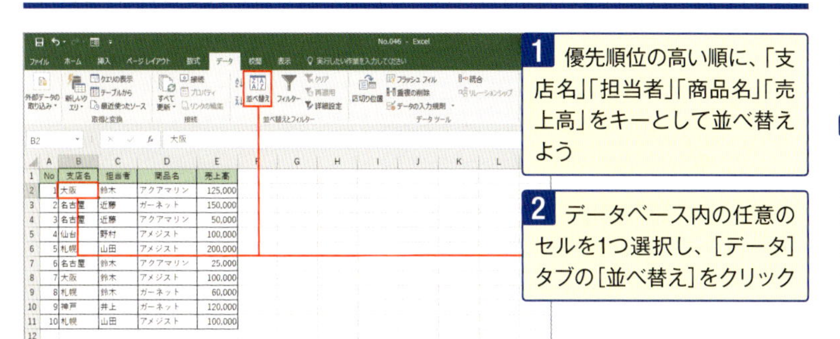

No	支店名	担当者	商品名	売上高
1	大阪	鈴木	アクアマリン	125,000
2	名古屋	近藤	ガーネット	150,000
3	名古屋	近藤	アクアマリン	50,000
4	仙台	野村	アメジスト	100,000
5	札幌	山田	アメジスト	200,000
6	名古屋	鈴木	アクアマリン	25,000
7	大阪	鈴木	アメジスト	100,000
8	札幌	鈴木	ガーネット	60,000
9	神戸	井上	ガーネット	120,000
10	札幌	山田	アメジスト	100,000

1 優先順位の高い順に、「支店名」「担当者」「商品名」「売上高」をキーとして並べ替えよう

2 データベース内の任意のセルを1つ選択し、［データ］タブの［並べ替え］をクリック

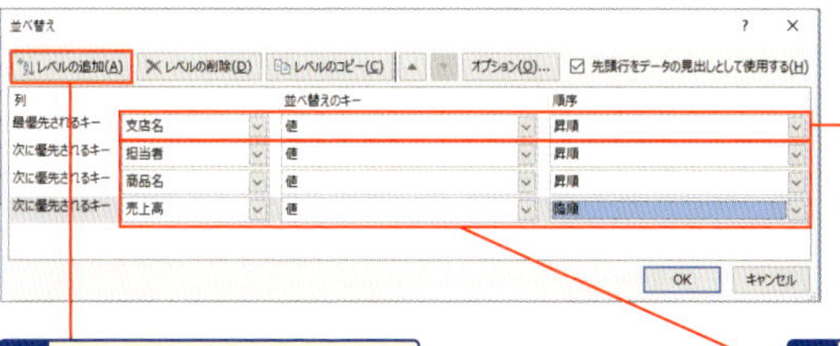

3 表示される［並べ替え］ダイアログボックスで、［最優先されるキー］に「支店名」［昇順］を指定

4 ［レベルの追加］ボタンをクリック

5 その他のキーも入力する

	A	B	C	D	E
1	No	支店名	担当者	商品名	売上高
2	1	大阪	鈴木	アクアマリン	125,000
3	7	大阪	鈴木	アメジスト	100,000
4	9	神戸	井上	ガーネット	120,000
5	8	札幌	鈴木	ガーネット	60,000
6	5	札幌	山田	アメジスト	200,000
7	10	札幌	山田	アメジスト	100,000
8	4	仙台	野村	アメジスト	100,000
9	3	名古屋	近藤	アクアマリン	50,000
10	2	名古屋	近藤	ガーネット	150,000
11	6	名古屋	鈴木	アクアマリン	25,000
12					
13					

6 「支店名」「担当者」「商品名」が昇順に並んだ

「降順」「昇順」は「大きい順」「小さい順」と表示されることもあります。

No.024 会社の支店名順に並べ替えるには[並べ替えオプション]でOK

オリジナルのルールでレコードを並べ替えるには、ユーザー設定リストを利用します。[並べ替え]ダイアログボックスの[オプション]ボタンをクリックして[並べ替えオプション]ダイアログを表示し、作成したリストを並べ替え順序に指定します。

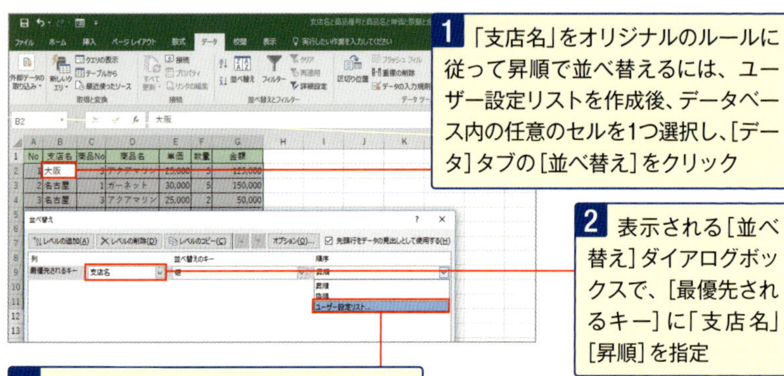

1 「支店名」をオリジナルのルールに従って昇順で並べ替えるには、ユーザー設定リストを作成後、データベース内の任意のセルを1つ選択し、[データ]タブの[並べ替え]をクリック

2 表示される[並べ替え]ダイアログボックスで、[最優先されるキー]に「支店名」[昇順]を指定

3 [ユーザー設定リスト]ボタンをクリック

新しいユーザー定義リストの作成方法は、19ページを参照してください。

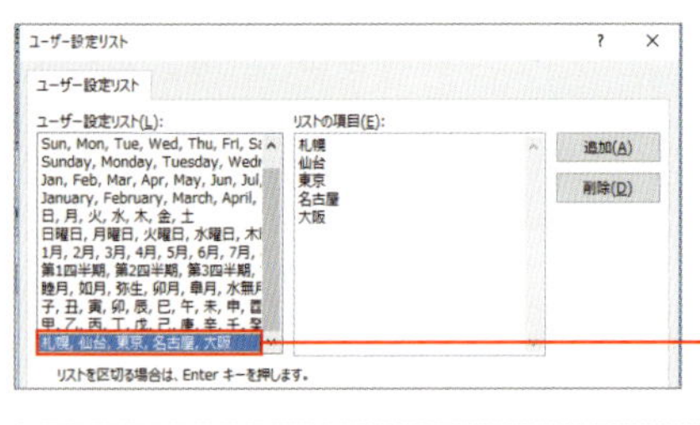

4 作成したユーザー設定リストを選択

No	支店名	商品No	商品名	単価	数量	金額
5	札幌	2	アメジスト	20,000	10	200,000
8	札幌	1	ガーネット	30,000	2	60,000
10	札幌	2	アメジスト	20,000	5	100,000
4	仙台	2	アメジスト	20,000	5	100,000
9	東京	1	ガーネット	30,000	4	120,000
2	名古屋	1	ガーネット	30,000	5	150,000
3	名古屋	3	アクアマリン	25,000	2	50,000
6	名古屋	3	アクアマリン	25,000	1	25,000
1	大阪	3	アクアマリン	25,000	5	125,000
7	大阪	2	アメジスト	20,000	5	100,000

5 「支店名」が作成したユーザー設定リストの昇順で並べ替えられる

No.025 合計行を抜かして一部のデータを並べ替えたい！

並べ替えたい範囲の最後に合計行があるような場合には、並べ替える範囲を指定してから並べ替えを実行します。なお、並べ替える範囲にタイトル行が含まれている場合、タイトル行は自動的に認識されます。

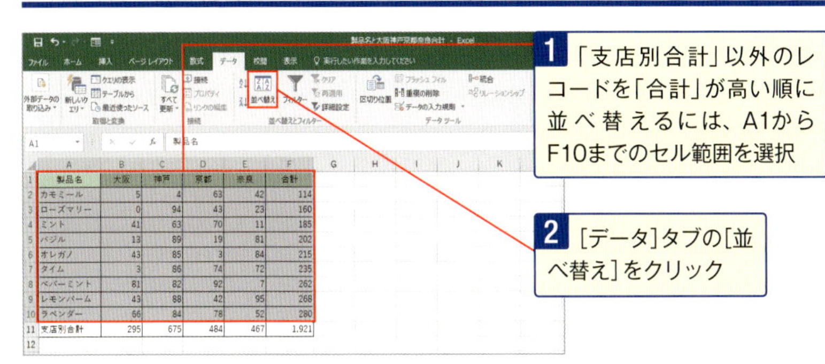

	A	B	C	D	E	F
1	製品名	大阪	神戸	京都	奈良	合計
2	カモミール	5	4	63	42	114
3	ローズマリー	0	94	43	23	160
4	ミント	41	63	70	11	185
5	バジル	13	89	19	81	202
6	オレガノ	43	85	3	84	215
7	タイム	3	86	74	72	235
8	ペパーミント	81	82	92	7	262
9	レモンバーム	43	88	42	95	268
10	ラベンダー	66	84	78	52	280
11	支店別合計	295	675	484	467	1,921
12						

1 「支店別合計」以外のレコードを「合計」が高い順に並べ替えるには、A1からF10までのセル範囲を選択

2 [データ]タブの[並べ替え]をクリック

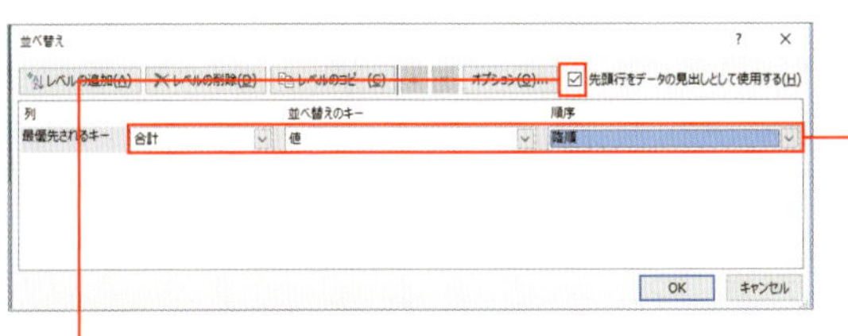

3 表示される[並べ替え]ダイアログボックスで[最優先されるキー]に「合計」[降順]を指定

4 [先頭行をデータの見出しとして使用する]にチェック

	A	B	C	D	E	F	G
1	製品名	大阪	神戸	京都	奈良	合計	
2	ラベンダー	66	84	78	52	280	
3	レモンバーム	43	88	42	95	268	
4	ペパーミント	81	82	92	7	262	
5	タイム	3	86	74	72	235	
6	オレガノ	43	85	3	84	215	
7	バジル	13	89	19	81	202	
8	ミント	41	63	70	11	185	
9	ローズマリー	0	94	43	23	160	
10	カモミール	5	4	63	42	114	
11	支店別合計	295	675	484	467	1,921	
12							
13							

5 「支店別合計」以外のレコードが「合計」の高い順で並べ替えられた

No. 026 商品名の見出しなど列そのものを並べ替えるってできる?

フィールド単位でデータを並べ替えるには、並べ替える単位を[列単位]に設定します。フィールド名が日付や名前である場合に、フィールドを日付順や名前順に並べ替えることができます。

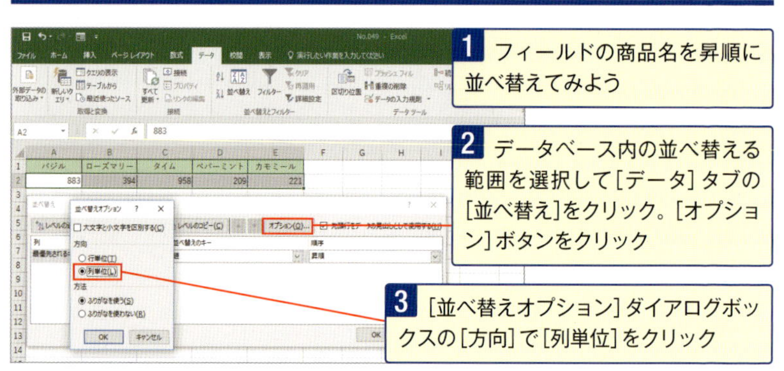

1 フィールドの商品名を昇順に並べ替えてみよう

2 データベース内の並べ替える範囲を選択して[データ]タブの[並べ替え]をクリック。[オプション]ボタンをクリック

3 [並べ替えオプション]ダイアログボックスの[方向]で[列単位]をクリック

4 [並べ替え]ダイアログボックスの[最優先されるキー]で「行1」、[昇順]を指定

左端に各レコードの項目名がある場合は、並べ替える範囲を指定して、並べ替えを実行します。

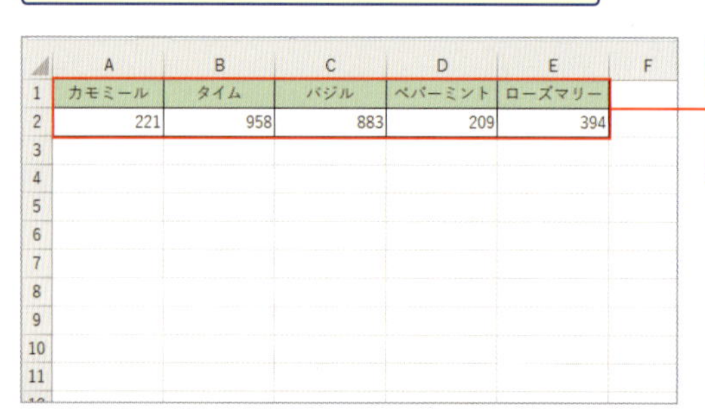

5 フィールド名が商品名の昇順に左から並べ替えられた

No. 027

aとAを区別して並べ替えたい！[大文字と小文字を区別する]オプション

Excelでは、英字の大文字と小文字は区別されません。区別して並べ替えをするには、[並べ替えオプション]ダイアログボックスで[大文字と小文字を区別する]にチェックを付けて並べ替えます。小文字の次に大文字を並べるには、昇順を指定します。

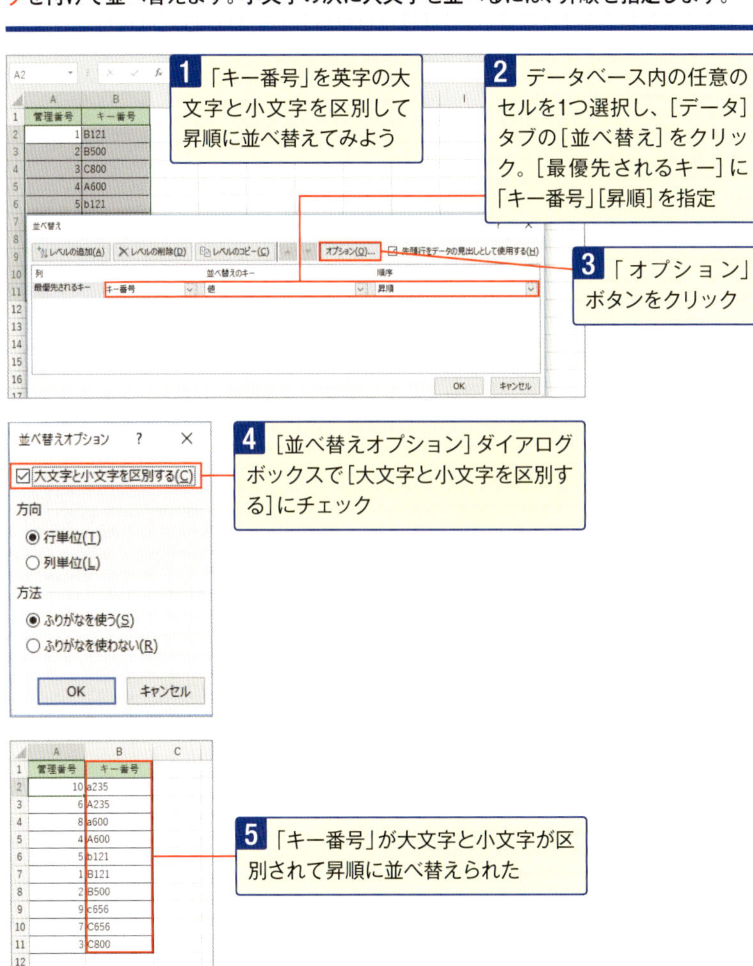

No.028 「株式会社」など指定の文字列を除いて会社名を並べ替えるテク

「株式会社」などの文字列を取り除いた会社名でデータを並べ替えたい場合は、SUBSTITUTE関数を使用してその文字列を取り除いたデータを別の列に用意し、その列で並べ替えを実行します。

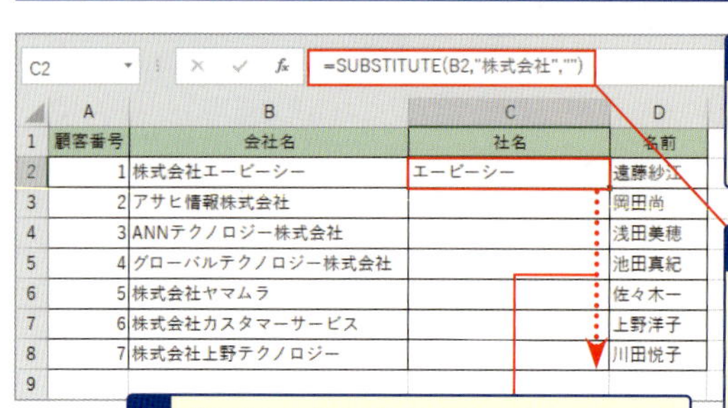

1 「会社名」から「株式会社」を取り除いて昇順に並べ替えてみよう

2 B列の右側に列を挿入し、C1のセルに「社名」と入力。C2のセルに「=SUBSTITUTE (B2,"株式会社","")」と入力

3 C2のセルをC8のセルまでオートフィル

	A	B	C	D
1	顧客番号	会社名	社名	名前
2	3	ANNテクノロジー株式会社	ANNテクノロジー	浅田美穂
3	2	アサヒ情報株式会社	アサヒ情報	岡田尚
4	1	株式会社エービーシー	エービーシー	遠藤紗江
5	6	株式会社カスタマーサービス	カスタマーサービス	上野洋子
6	4	グローバルテクノロジー株式会社	グローバルテクノロジー	池田真紀
7	5	株式会社ヤマムラ	ヤマムラ	佐々木一
8	7	株式会社上野テクノロジー	上野テクノロジー	川田悦子

4 C列の任意のセルを1つ選択し、[データ]タブの[昇順で並べ替え]ボタンをクリックすると、「株式会社」を取り除いた会社名で並べ替えられる

並べ替えたあとは、作成した列を、必要に応じて非表示にします。

スキルアップ SUBSTITUTE関数(文字列操作)

=SUBSTITUTE(文字列,検索文字列,置換文字列,置換対象)
文字列の中の検索文字列を置換文字列に置き換える

引数	説明
文字列	文字列、または置き換えたい文字列が入力されているセルを指定する
検索文字列	置き換える前の文字列を指定する
置換文字列	置き換え後の文字列を指定する
置換対象	文字列の中に検索文字列が複数あった場合に、左から何番目の文字列を置き換えるかを指定する。省略した場合はすべて置き換えられる

No. 029 データの抜き出しに最適な「オートフィルター」を知りたい！

オートフィルターを使用すると、▼をクリックし、抽出する条件を指定するだけでレコードの抽出結果が表示されます。フィルターオプションの設定を使用すると、複雑な条件を設定したり、抽出結果を指定した場所に表示したりできます。

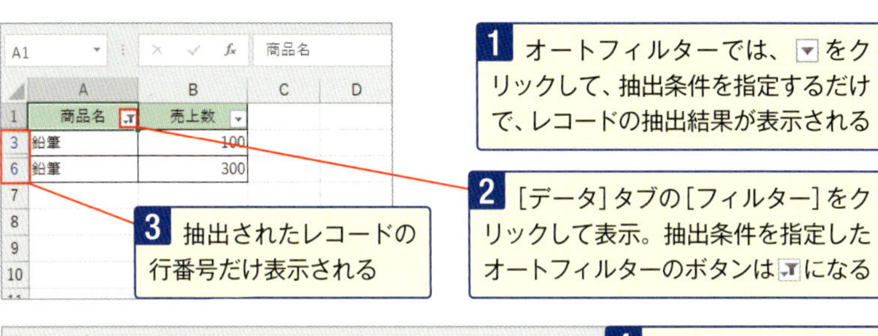

1 オートフィルターでは、▼をクリックして、抽出条件を指定するだけで、レコードの抽出結果が表示される

2 ［データ］タブの［フィルター］をクリックして表示。抽出条件を指定したオートフィルターのボタンはになる

3 抽出されたレコードの行番号だけ表示される

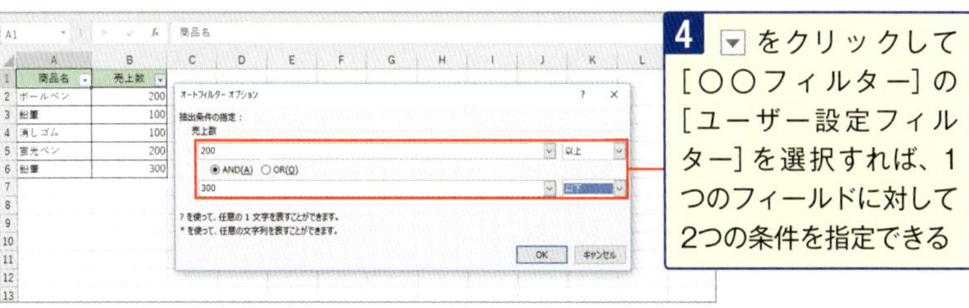

4 ▼をクリックして［○○フィルター］の［ユーザー設定フィルター］を選択すれば、1つのフィールドに対して2つの条件を指定できる

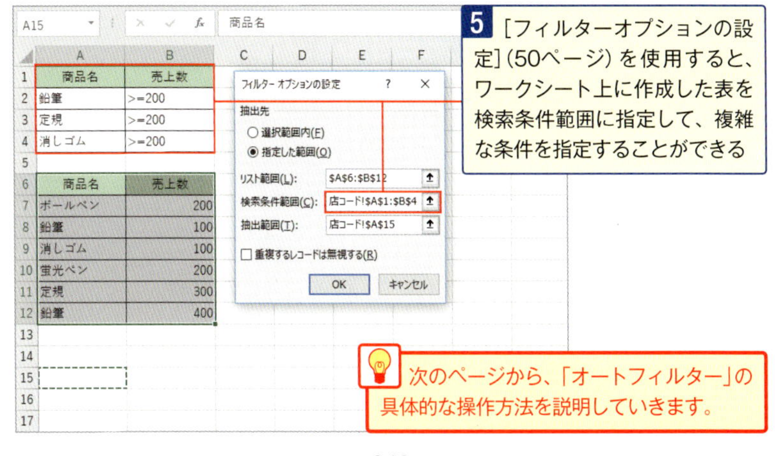

5 ［フィルターオプションの設定］（50ページ）を使用すると、ワークシート上に作成した表を検索条件範囲に指定して、複雑な条件を指定することができる

次のページから、「オートフィルター」の具体的な操作方法を説明していきます。

No. 030 1つの条件でサクッと抜き出すには [▼]ボタンでチェックを付ける

[データ]タブの[フィルター]をクリックすると、各フィールド名に▼が表示されます。抽出条件を指定したいフィールドの▼をクリックして条件を指定すると、条件に合うレコードだけが表示され、その他のレコードは非表示になります。

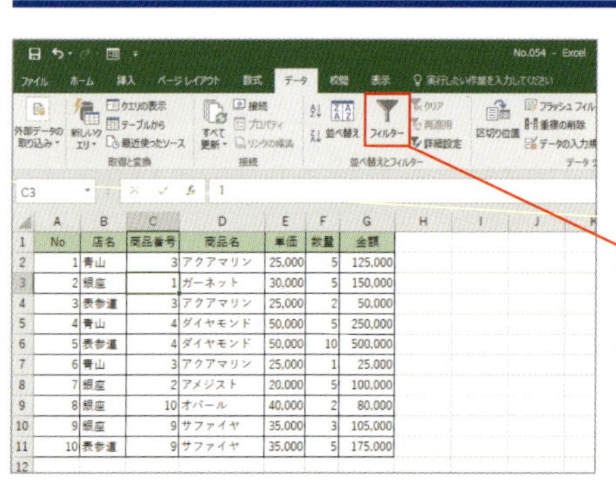

1 「店名」が「青山」のレコードを抽出してみよう

2 データベース内の任意のセルを1つ選択し、[データ]タブの[フィルター]をクリック

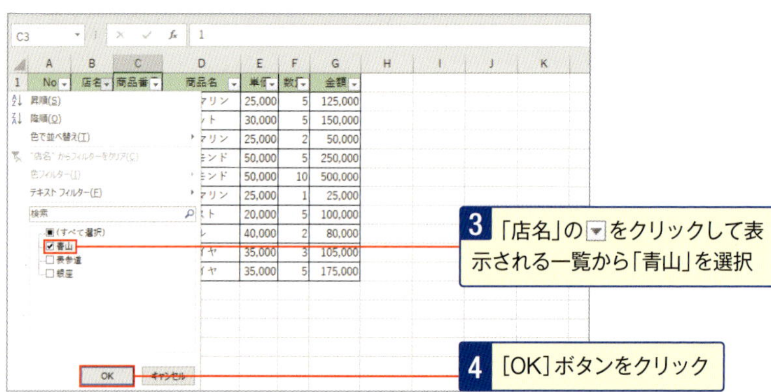

3 「店名」の▼をクリックして表示される一覧から「青山」を選択

4 [OK]ボタンをクリック

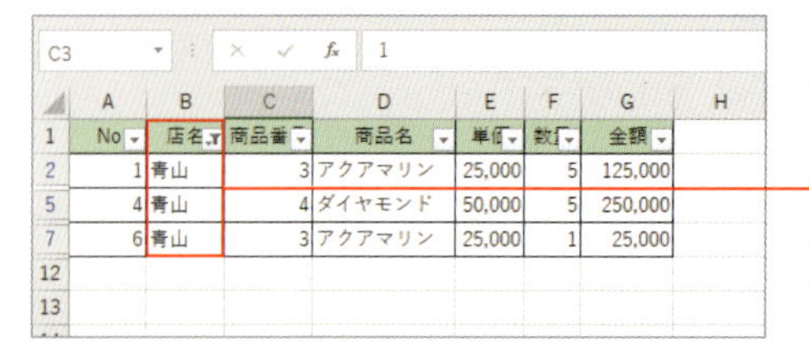

5 「店名」が「青山」のレコードだけが抽出された。「店名」フィールド▼のが青色になり、条件に合わないレコードは非表示になる

No. 031 2つ以上の条件でも同じように[▼]ボタンでチェックを付ける

各フィールドの▼から条件を指定していくと、レコードが絞り込まれていきます。優先順位順にこの作業を繰り返すことで、必要なレコードを抽出することができます。

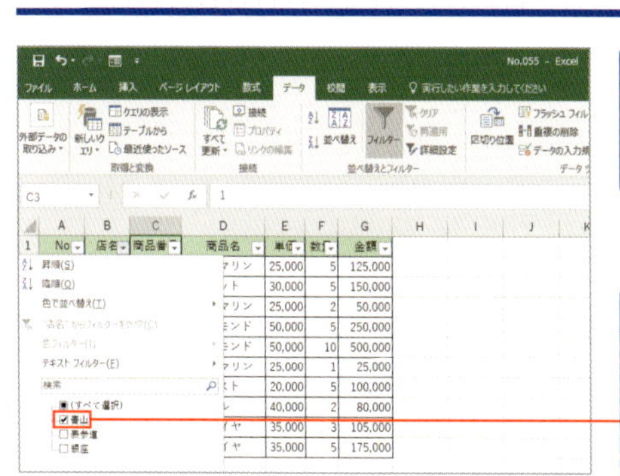

1 「店名」が「青山」で「商品名」が「アクアマリン」のレコードを抽出してみよう

2 セルを1つ選択し、[データ]タブの[フィルター]をクリック。「店名」の▼をクリックして表示される一覧から「青山」を選択

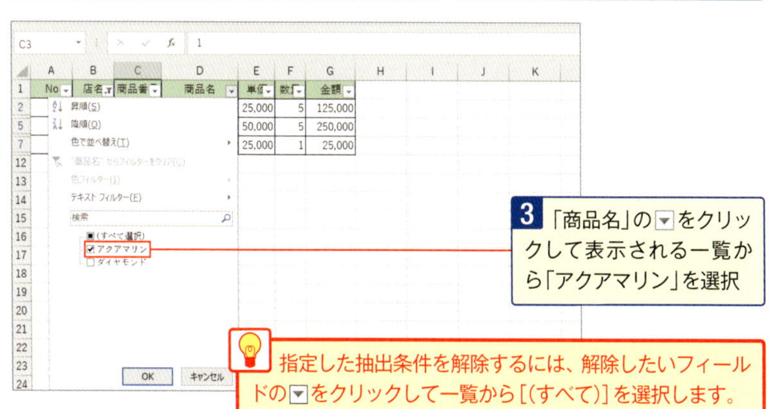

3 「商品名」の▼をクリックして表示される一覧から「アクアマリン」を選択

指定した抽出条件を解除するには、解除したいフィールドの▼をクリックして一覧から[(すべて)]を選択します。

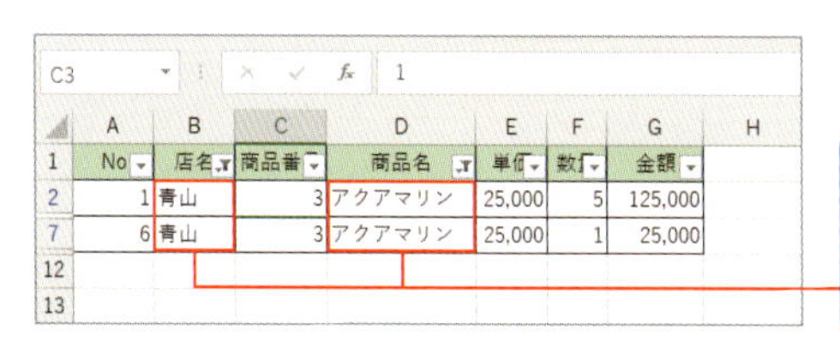

4 「店名」が「青山」で、「商品名」が「アクアマリン」のレコードが抽出された

No.032 入力漏れを探すには［▼］ボタンから［(空白セル)］で一発！

オートフィルターの［(空白セル)］を選択すると、指定したフィールドが空白セルのレコードを抽出できます。未入力のセルや入力漏れのセルを探す場合に役立ちます。なお、オートフィルターの［(空白セル)］は、フィールドに空白セルがある場合のみ表示されます。

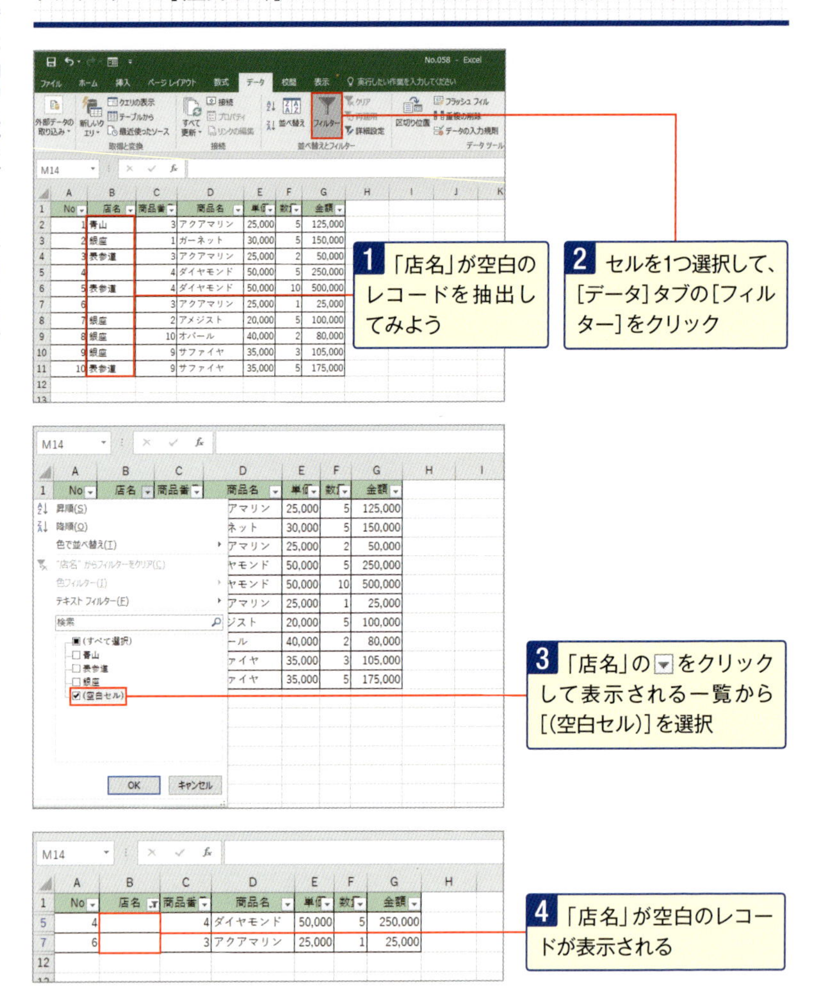

No. 033 「○○以上」を一発で抜き出せる数値フィルター「指定の値より大きい」

[オートフィルターオプション] ダイアログボックスの [抽出条件の指定] を使うと、指定した値より大きい値を持つレコードを抽出できます。検索条件はドロップダウンリストから選択します。

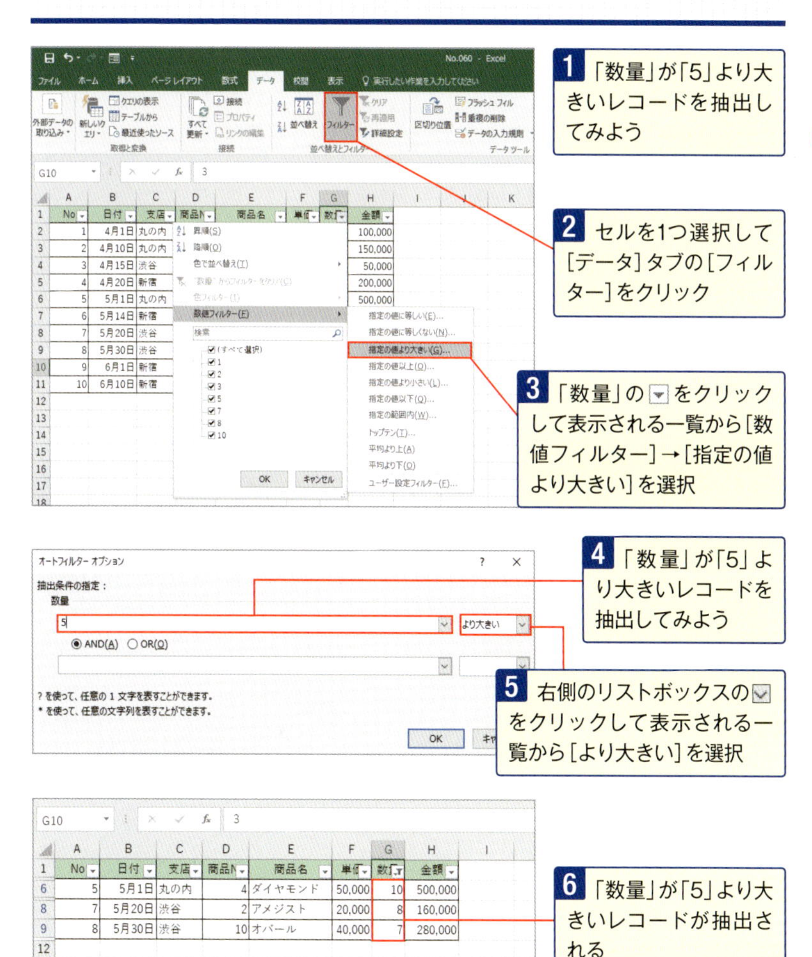

No. 034 「4/1～4/15」を一発で抜き出せる日付フィルター「指定の範囲内」

[オートフィルターオプション] ダイアログボックスの [抽出条件の指定] を使うと、抽出条件に範囲を指定してレコードを抽出できます。1つのフィールドに対して2つまで抽出条件を指定できます。

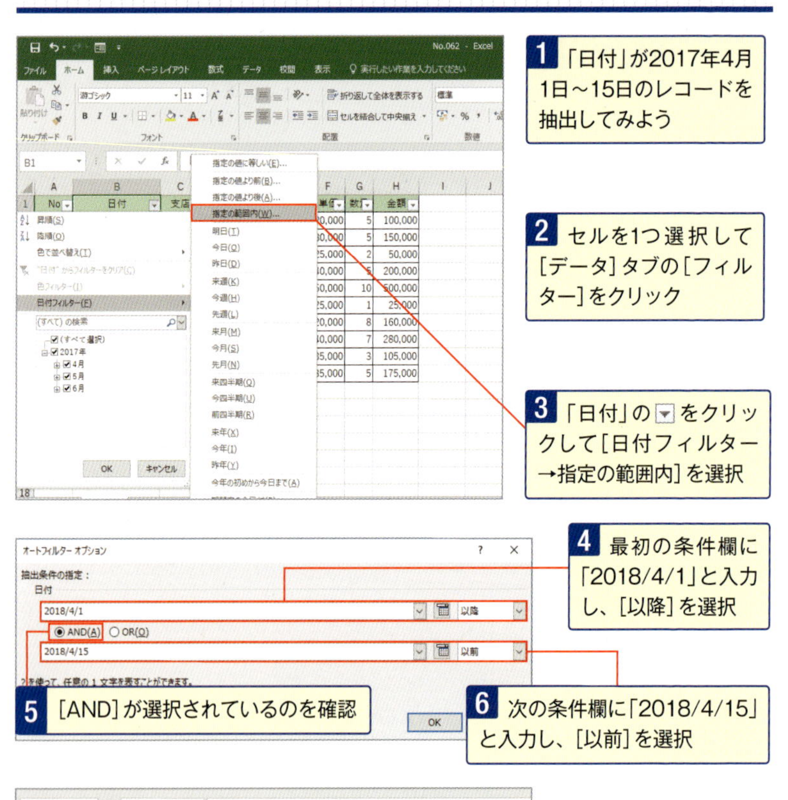

	A	B	C	D	E	F	G	H
1	No	日付	支店	商品N	商品名	単価	数量	金額
2	1	2018年4月1日	丸の内	2	アメジスト	20,000	5	100,000
3	2	2018年4月10日	丸の内	1	ガーネット	30,000	5	150,000
4	3	2018年4月15日	渋谷	3	アクアマリン	25,000	2	50,000
12								
13								

7 [OK]ボタンをクリックすると、2018年4月のレコードが抽出される

No.035

2つの条件を同時に満たす抜き出しは「AND」を設定

[オートフィルターオプション] ダイアログボックスでは、1つのフィールドに対して2つまで抽出条件を指定できます。2つの抽出条件をともに満たすレコードを抽出するには、[抽出条件の指定] で [AND] を選択します。

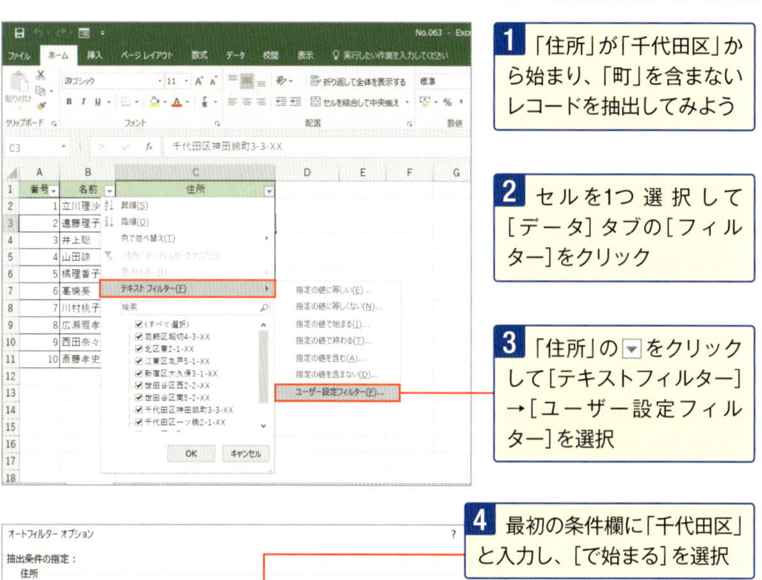

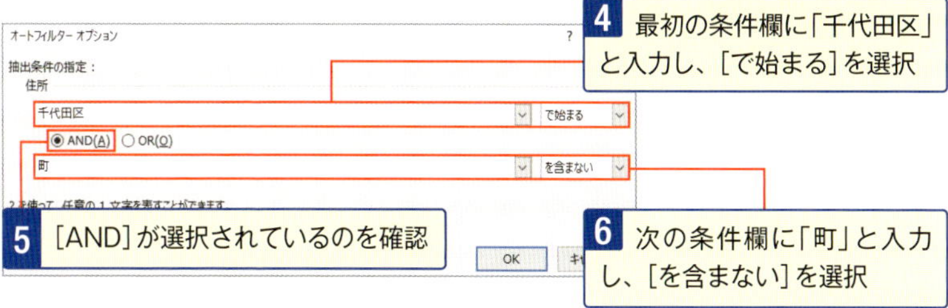

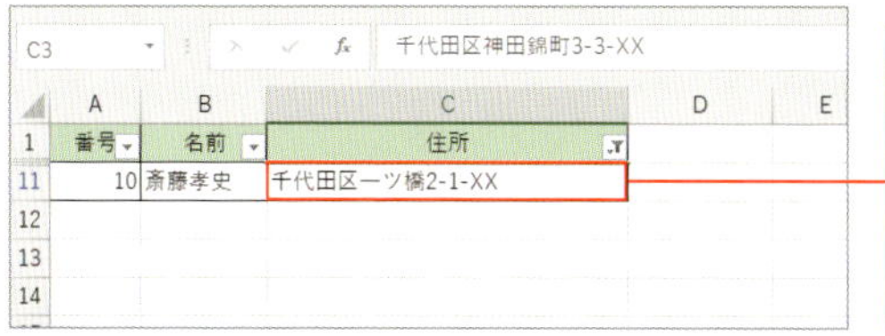

No.036 複雑な抜き出し設定は フィルターオプションにおまかせ!

[フィルターオプションの設定]では、「オートフィルター」では設定が不可能な複雑な検索条件を指定して、指定した場所にレコードの抽出結果を表示することができます。検索条件を記述する範囲は、自分で作成する必要があります。

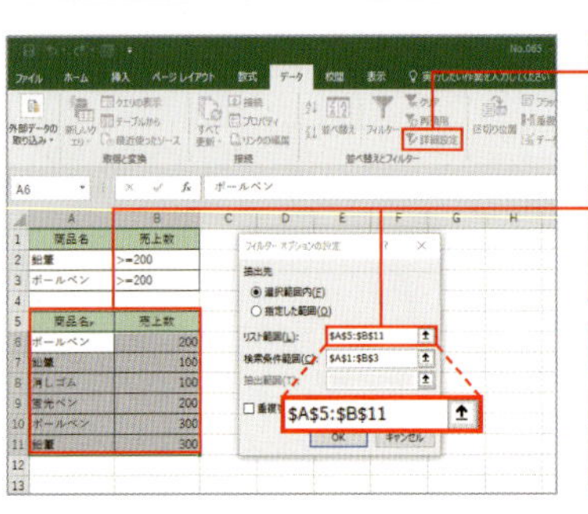

1 [データ]タブの[詳細設定]をクリック

2 [リスト範囲]は、抽出元になるデータベースの範囲のこと。1行目にフィールド名、2行目以降にレコードが続く

3 [検索条件範囲]は、[リスト範囲]で指定した範囲からレコードを抽出するための検索条件を指定する範囲

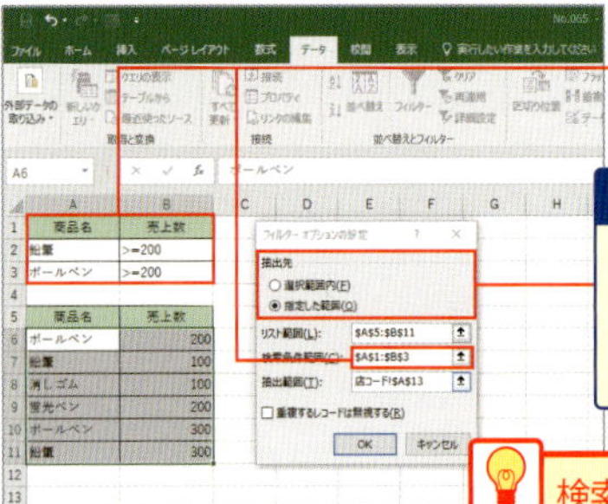

4 検索条件範囲には、検索するフィールド名、2行目以降に検索条件を指定

5 [抽出先]は、[リスト範囲]から抽出した結果を表示する範囲。[選択範囲内]か[指定した範囲]を選択できる。[選択範囲内]を指定すると、[リスト範囲]に結果が表示される

検索条件範囲を作成する際、データベースの見出しをコピーして検索条件範囲の見出しを作成すると間違いが少なくなります。また、検索範囲とデータベースの範囲の間には最低1行の空白行が必要です。

	A	B	C	D
1	商品名	売上数		
2	鉛筆	>=200		
3	ボールペン	>=200		
4				
5	商品名	売上数		
6	ボールペン	200		
7	鉛筆	100		
8	消しゴム	100		
9	蛍光ペン	200		
10	ボールペン	300		
11	鉛筆	300		
12				
13	商品名	売上数		
14	ボールペン	200		
15	ボールペン	300		
16	鉛筆	300		
17				
18				

6 [指定した範囲]を選択する場合は、[抽出範囲]に抽出先の左上端のセルを指定。例はA13のセルを「抽出範囲」に指定した結果

No.037 「『田』がつく住所」を抜き出すには「?」「*」のワイルドカード活用

指定した文字を含む文字列を抽出するには、**ワイルドカードを使用して検索条件を入力**します。「田*」と入力すると「田」から始まる文字列、「="=*田"」と入力すると「田」で終わる文字列、「*田*」と入力すると「田」を含む文字列を検索できます。

1 「住所」に「田」が含まれるレコードを抽出してみよう

2 検索条件範囲のC2のセルに「*田*」と入力

3 セルを1つ選択し、[データ]タブの[詳細設定]をクリックして[フィルターオプションの設定]ダイアログボックスを表示

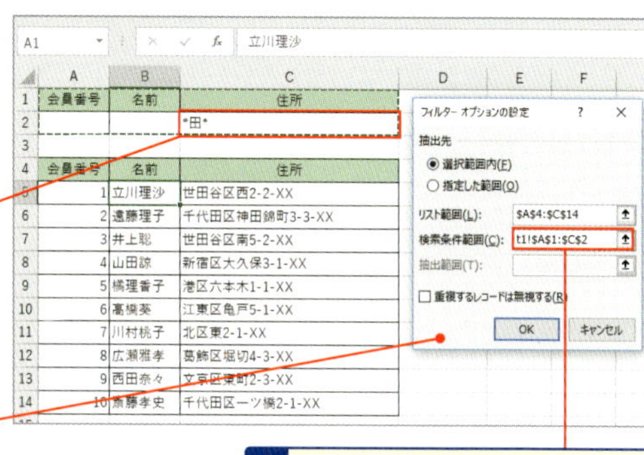

4 [検索条件範囲]に、A1からC2までのセル範囲を選択

5 [OK]ボタンをクリックすると、「住所」に「田」が含まれるレコードが抽出される

会員番号	名前	住所
		田
1	立川理沙	世田谷区西2-2-XX
2	遠藤理子	千代田区神田錦町3-3-XX
3	井上聡	世田谷区南5-2-XX
10	斎藤孝史	千代田区一ツ橋2-1-XX

スキルアップ 検索条件設定で使用できるワイルドカード

代表的なワイルドカードは次のとおりです。

ワイルドカード	ワイルドカードの意味	例	例の意味	例の結果例
*	任意の数の文字	*県	任意の数の文字に「県」が続く	神奈川県 千葉県
?	任意の1文字	??県	任意の2文字に「県」が続く	千葉県 埼玉県

※Excelで「～で終わる」条件を記述する場合は、="=条件"となります。例えば、「県」で終わる条件は、「="=*県"」と入力します。

No. 038 重複データの非表示はオプション一発でOK

[フィルターオプションの設定]で[重複するレコードは無視する]を指定すると、抽出された結果で重複するレコードを非表示にできます。検索条件を空白にすると、データベース全体のレコードについて重複データを非表示にできます。

1 データベース全体のレコードについて重複データを非表示にしてみよう

2 検索条件範囲の条件欄を空白にする

3 セルを1つ選択して[フィルターオプションの設定]ダイアログボックスを表示

4 [検索条件範囲]にA1からC2までのセル範囲を選択

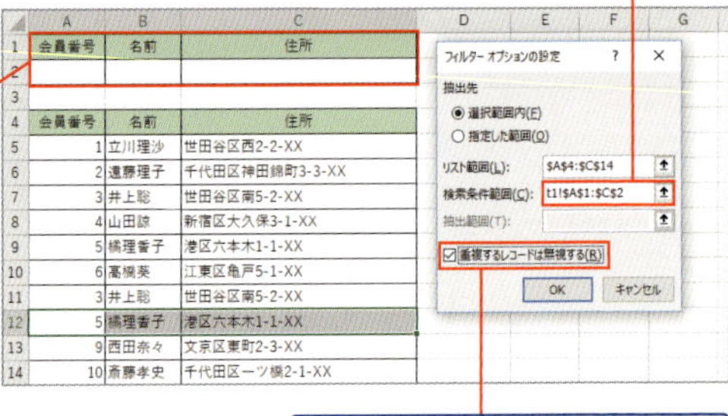

	A	B	C
1	会員番号	名前	住所
2			
3			
4	会員番号	名前	住所
5	1	立川理沙	世田谷区西2-2-XX
6	2	遠藤理子	千代田区神田錦町3-3-XX
7	3	井上聡	世田谷区南5-2-XX
8	4	山田諒	新宿区大久保3-1-XX
9	5	橋理香子	港区六本木1-1-XX
10	6	高橋英	江東区亀戸5-1-XX
11	3	井上聡	世田谷区南5-2-XX
12	5	橋理香子	港区六本木1-1-XX
13	9	西田奈々	文京区東町2-3-XX
14	10	斎藤孝史	千代田区一ツ橋2-1-XX

5 [重複するレコードは無視する]にチェックを付ける

6 [OK]ボタンをクリックすると、重複しているデータが非表示になる

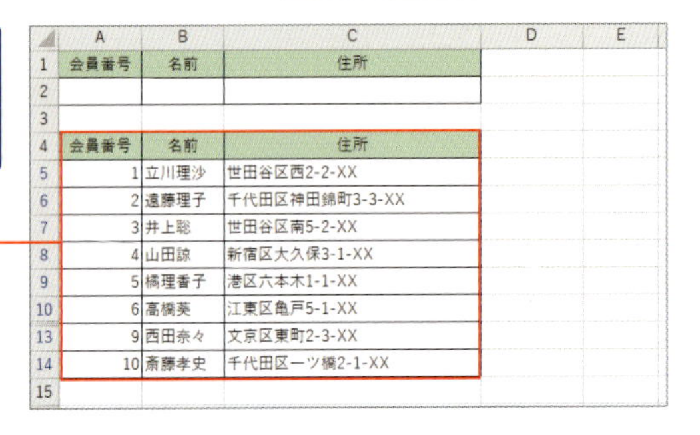

	A	B	C
1	会員番号	名前	住所
2			
3			
4	会員番号	名前	住所
5	1	立川理沙	世田谷区西2-2-XX
6	2	遠藤理子	千代田区神田錦町3-3-XX
7	3	井上聡	世田谷区南5-2-XX
8	4	山田諒	新宿区大久保3-1-XX
9	5	橋理香子	港区六本木1-1-XX
10	6	高橋英	江東区亀戸5-1-XX
13	9	西田奈々	文京区東町2-3-XX
14	10	斎藤孝史	千代田区一ツ橋2-1-XX
15			

スキルアップ データベース内の重複するデータを削除するには

検索条件を空白にしてデータベース全体の重複データを非表示にするときに、[抽出先]を[指定した範囲]に設定して[抽出範囲]を指定します。そして、抽出を実行したあとに、もとのデータベースの内容を削除して、抽出結果を貼り付けます。

No.039 集計行を一瞬で追加するにはテーブルの書式設定が便利

[テーブルの書式設定] 機能を使えば、集計の行を簡単に追加することができます。多少、デザインが変更されてしまいますが、手軽に集計行を追加することができるので便利です。

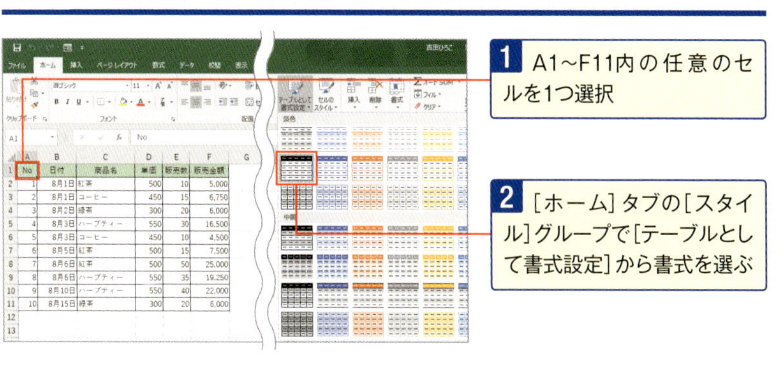

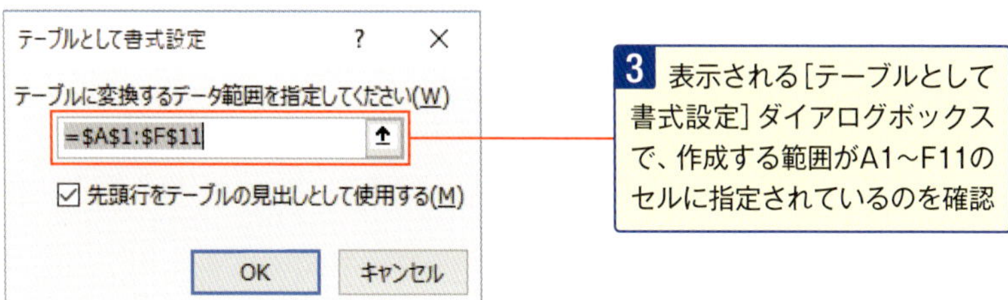

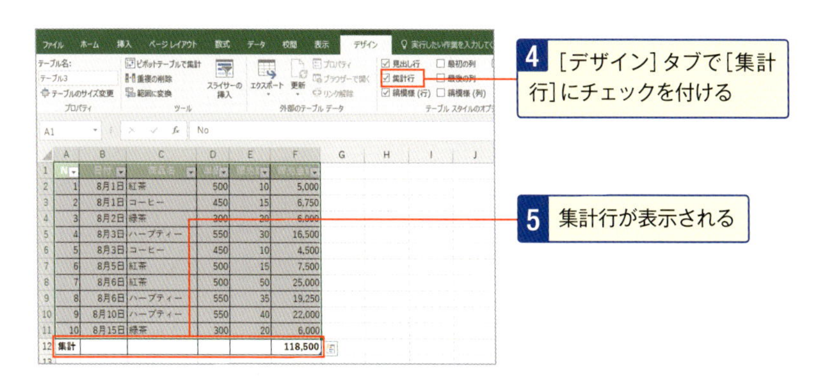

No.040 「合計」を「平均」に変更するには ドロップダウンリストから選ぶだけ

リストの集計方法を変更するには、集計結果が表示されているセルを選択し、▼をクリックして表示される一覧から集計方法を選択します。既定ではデータの合計が表示されます。

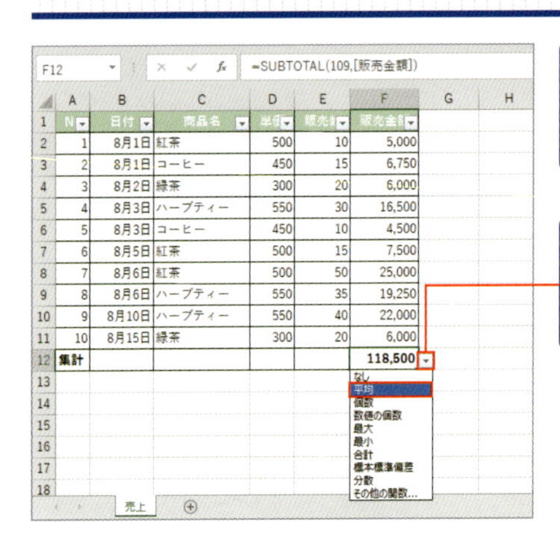

F12 =SUBTOTAL(109,[販売金額])

	A	B	C	D	E	F
1	No	日付	商品名	単価	販売数	販売金額
2	1	8月1日	紅茶	500	10	5,000
3	2	8月1日	コーヒー	450	15	6,750
4	3	8月2日	緑茶	300	20	6,000
5	4	8月3日	ハーブティー	550	30	16,500
6	5	8月3日	コーヒー	450	10	4,500
7	6	8月5日	紅茶	500	15	7,500
8	7	8月6日	紅茶	500	50	25,000
9	8	8月6日	ハーブティー	550	35	19,250
10	9	8月10日	ハーブティー	550	40	22,000
11	10	8月15日	緑茶	300	20	6,000
12	集計					118,500

1 F12のセルの集計方法を[合計]から[平均]に変更してみよう

2 F12のセルを選択し、▼をクリックして表示される一覧から[平均]を選択

F12 =SUBTOTAL(101,[販売金額])

	A	B	C	D	E	F
1	No	日付	商品名	単価	販売数	販売金額
2	1	8月1日	紅茶	500	10	5,000
3	2	8月1日	コーヒー	450	15	6,750
4	3	8月2日	緑茶	300	20	6,000
5	4	8月3日	ハーブティー	550	30	16,500
6	5	8月3日	コーヒー	450	10	4,500
7	6	8月5日	紅茶	500	15	7,500
8	7	8月6日	紅茶	500	50	25,000
9	8	8月6日	ハーブティー	550	35	19,250
10	9	8月10日	ハーブティー	550	40	22,000
11	10	8月15日	緑茶	300	20	6,000
12	集計					11,850

3 F12のセルに「販売金額」の平均が表示される

スキルアップ 集計結果のセルが空欄の場合

集計方法の一覧で[なし]が選択されていると、集計結果のセルは空欄になります。上記の例で、「販売数」や「単価」などの集計結果のセルが空欄になっていますが、選択すると集計方法の一覧が表示されて、集計結果を表示することができます。

No. 041 総計だけでなく小計も一瞬で求められる!

[データ] タブの [小計] を使用すると、特定の項目の小計と総計を求めることができます。小計を求めるにはデータの種類ごとに並んでいる必要があるため、項目のデータを昇順、または降順に並び替えておきます。

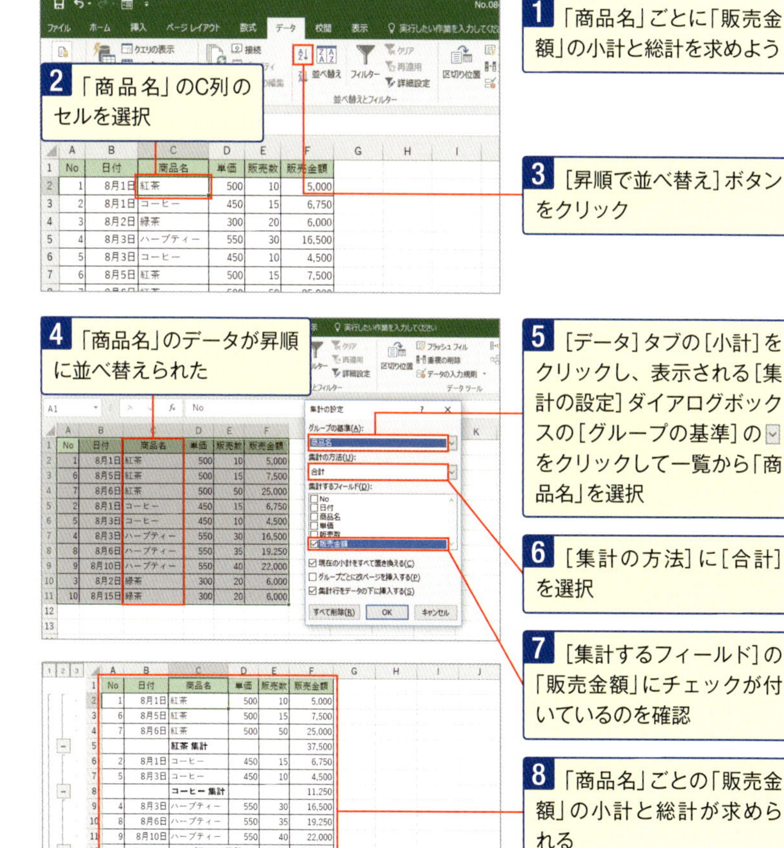

No.042 オートフィルターで抽出したデータだけを対象に集計するワザ

SUBTOTAL関数を使用すると、**指定した集計方法で指定した範囲の集計**ができます。集計方法には、表示されているデータのみを集計する方法とすべてのデータを集計する方法の2種類があります。

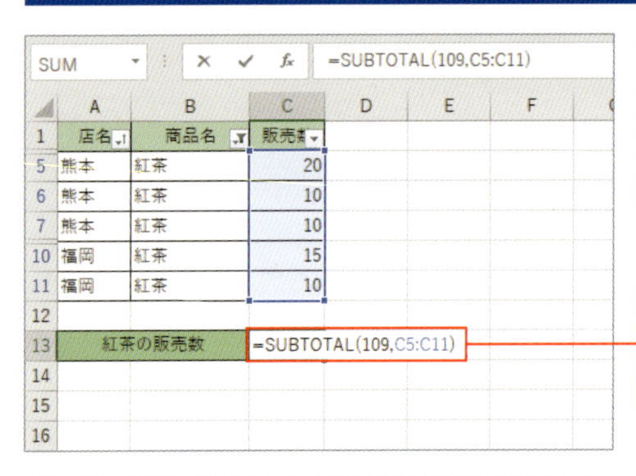

1 オートフィルターで抽出した「紅茶」の「販売数」の合計をC13のセルに表示してみよう

2 C13のセルを選択し、「=SUBTOTAL(109,C5:C11)」と入力

	A	B	C
1	店名	商品名	販売数
5	熊本	紅茶	20
6	熊本	紅茶	10
7	熊本	紅茶	10
10	福岡	紅茶	15
11	福岡	紅茶	10
12			
13	紅茶の販売数		65

3 「紅茶」の「販売数」の合計が表示された

用語の解説 SUBTOTAL関数（数学／三角）

集計方法についての詳細は、ヘルプを参照してください。

=SUBTOTAL（集計方法,範囲,…）
指定した範囲に対して、指定した集計方法による集計を行う

引数	説明
集計方法	用意されている集計方法を数値で指定する 非表示のデータを除いた合計・・・109 非表示のデータも含めた合計・・・9
範囲	集計するデータの範囲を指定する（29個まで指定可）

No.043 条件に合うデータの個数を求めるCOUNTIF関数

指定した条件に合うデータが入力されているセルの個数を求めるには、COUNTIF関数を使用します。例えば、「性別」のデータが入力されているセル範囲で「男」が入力されているセルの個数を求めることができます。

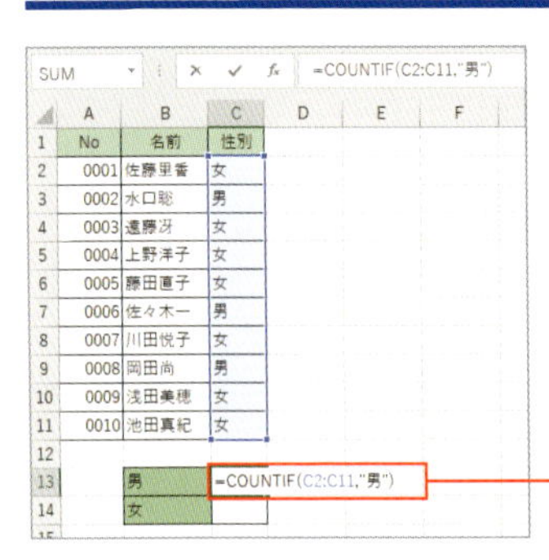

1 C13のセルに男性の人数を表示してみよう

2 C13のセルに「=COUNTIF(C2:C11, "男")」と入力

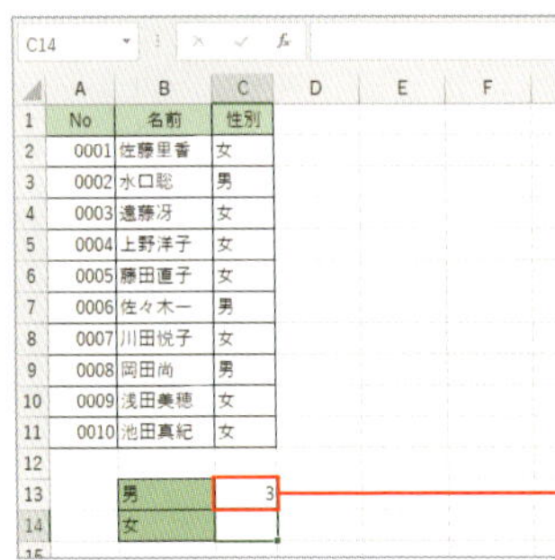

条件には、文字列の他、値や式を指定できます。

3 C13のセルに男性の人数が表示される

スキルアップ COUNTIF関数(統計)

=COUNTIF(範囲,検索条件)	
指定した範囲の中から、検索条件と一致するセルの個数を求める	
範囲	セルの個数を求めるセル範囲を指定する
検索条件	検索する条件を数値、式、または文字列で指定する 文字列や式を指定する場合は半角の二重引用符「"」で囲む (セル番地を指定するときは不要) <例> "東京" ">30"

No. 044 条件に合うデータの合計を求めるSUMIF関数

指定した条件に合うデータの合計を求めるには、SUMIF関数を使用します。指定できる条件は1つです。2つ以上の条件を指定する場合は、条件付合計式ウィザードやDSUM関数などを使用します。

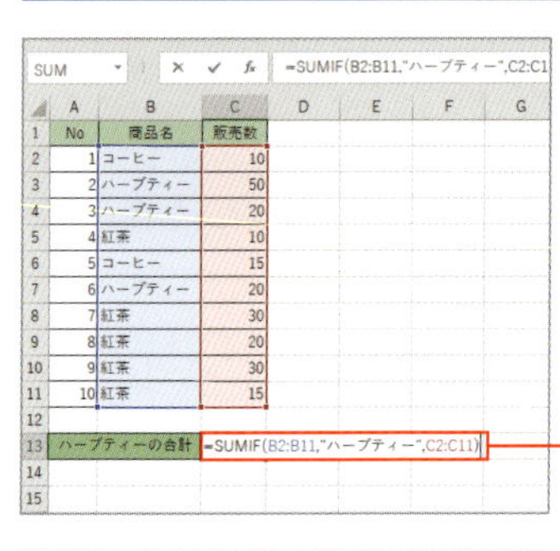

1 C13のセルに「ハーブティー」の「販売個数」の合計を求めてみよう

2 C13のセルを選択し、「=SUMIF(B2:B11, "ハーブティー",C2:C11)」と入力

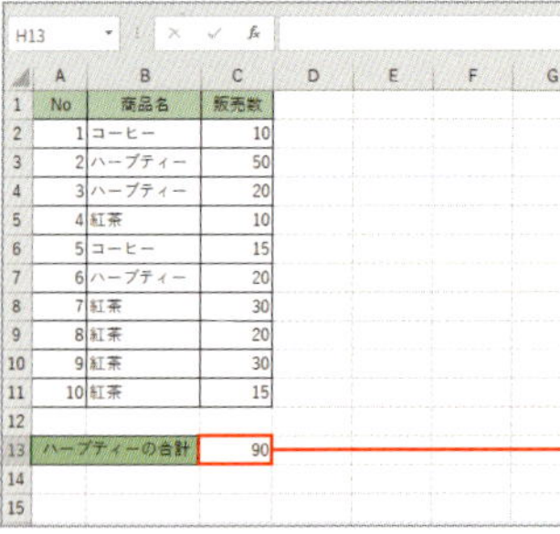

単純にすべてのセルを合計したい場合はSUM関数を使います。

3 C13のセルに「ハーブティー」の販売個数の合計が表示される

スキルアップ SUMIF関数（数学／三角）

=SUMIF（範囲,検索条件,合計範囲） 範囲内の検索条件に一致するデータについて、合計範囲内の数値を合計する	
範囲	検索の対象となるデータ範囲
検索条件	計算の対象となるセルを検索する条件を、数値、式、または文字列で指定する 文字列や数式を指定する場合は半角の二重引用符「"」で囲む （セル番地を指定するときは不要） <例>　"東京"　">30"
合計範囲	合計したいデータが入力されている範囲

No. 045 空白のセルの個数を求める COUNTBLANK関数

指定したセル範囲内で、何も入力されていないセルの個数を求めるには、COUNTBLANK関数を使用します。「0」や「""」が入力されているセルは空白のセルとして認識されません。アンケートなどで無回答数を求めるのに使用できます。

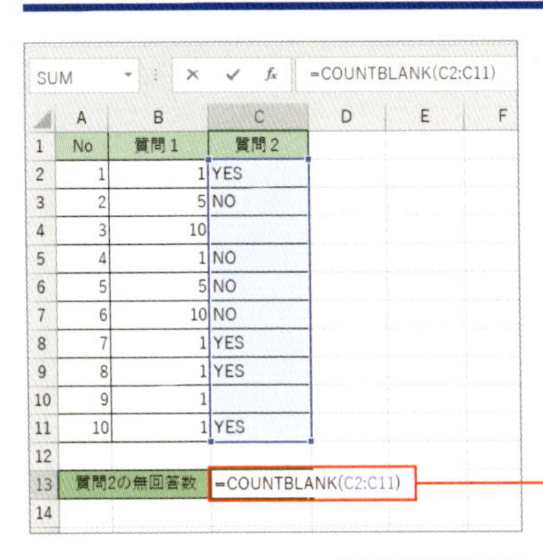

SUM　=COUNTBLANK(C2:C11)

	A	B	C
1	No	質問1	質問2
2	1	1	YES
3	2	5	NO
4	3	10	
5	4	1	NO
6	5	5	NO
7	6	10	NO
8	7	1	YES
9	8	1	YES
10	9	1	
11	10	1	YES
12			
13	質問2の無回答数		=COUNTBLANK(C2:C11)
14			

1 C13のセルに「質問2」の列の空白セルの個数を表示してみよう

2 C13のセルを選択し、「=COUNTBLANK(C2:C11)」と入力

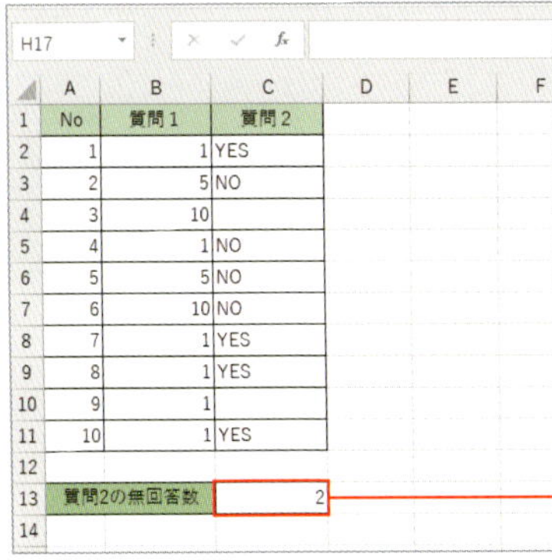

H17

	A	B	C
1	No	質問1	質問2
2	1	1	YES
3	2	5	NO
4	3	10	
5	4	1	NO
6	5	5	NO
7	6	10	NO
8	7	1	YES
9	8	1	YES
10	9	1	
11	10	1	YES
12			
13	質問2の無回答数		2
14			

3 C13のセルに「質問2」の列の空白セルの個数が表示される

スキルアップ COUNTBLANK関数（統計）

=COUNTBLANK（範囲）

範囲内の空白のセルの個数を求める

範囲	空白のセルを求めるセル範囲を指定する

No. 046 手動での小計行と総計行の作成は[オートSUM]ボタンを利用

[データ]タブの[小計]を使用すれば簡単に小計や総計のある表を作成できますが、標準ツールバーの[オートSUM]ボタンを利用することもできます。小計や総計の計算範囲が自動的に認識されるので手間をかけずに作成できます。

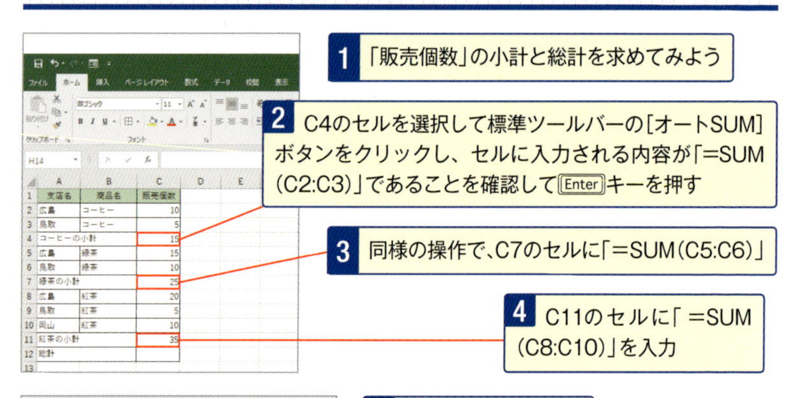

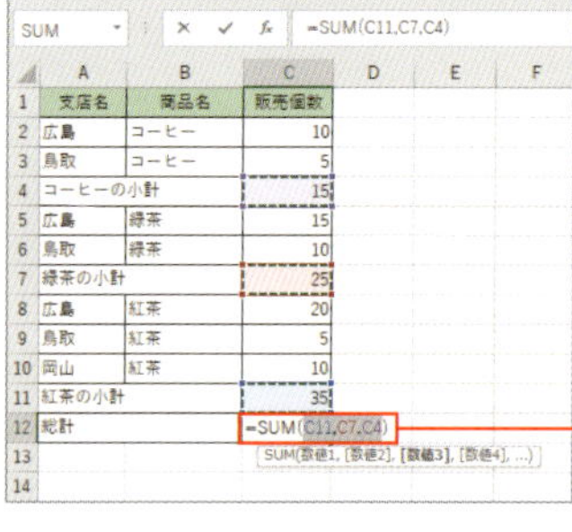

5 「商品名」ごとに小計が表示された

6 C12のセルを選択して標準ツールバーの[オートSUM]ボタンをクリックし、セルに表示される内容が「=SUM(C11,C7,C4)」であることを確認してEnterキーを押す

	A	B	C
1	支店名	商品名	販売個数
2	広島	コーヒー	10
3	鳥取	コーヒー	5
4	コーヒーの小計		15
5	広島	緑茶	15
6	鳥取	緑茶	10
7	緑茶の小計		25
8	広島	紅茶	20
9	鳥取	紅茶	5
10	岡山	紅茶	10
11	紅茶の小計		35
12	総計		75

7 C12のセルに総計が表示された

第3章

面倒な計算を一瞬で終わらせる関数ワザ

関数は細かな計算を一瞬で終わらせることができるものです。「Excelの魅力の1つは関数」と言ってもよいほど強力な機能です。2章最後でもいくつか関数を紹介しましたが、さらにここではビジネスでよく使うものを中心に紹介していきます。

No.047 再確認！関数のしくみやメリットを理解すればもっとワカル

関数を利用すると、通常の計算式に比べてどんなメリットがあるのか最初に理解しておくとスムーズです。

関数のしくみ

=AVERAGE (B4:D4)

1 関数は頭に「=」を付けて「=関数名(○○)」と入力する

2 関数の後ろにつく(○○)のことを「引数」と呼び、この範囲を関数計算する。「：」はセルの範囲を表す

・関数を使わない場合

G4 =(B4+C4+D4+E4+F4)/5

	A	B	C	D	E	F	G
1	期末テスト成績						
2							
3	名前	国語	数学	英語	理科	社会	平均
4	木村	80	80	86	90	56	78.4
5	松田	75	90	59	70	77	74.2
6	山田	62	95	100	99	80	87.2
7	合計	217	265	245	259	213	239.8
8							
9							
10							
11							

例えば、木村さんの教科の平均点を出す場合。B4~F4までのセルの数値を足して、教科数（5）で割るため、このような長い数式を手で入力する必要がある

・関数を使った場合

G4 =AVERAGE(B4:F4)

	A	B	C	D	E	F	G
1	期末テスト成績						
2							
3	名前	国語	数学	英語	理科	社会	平均
4	木村	80	80	86	90	56	78.4
5	松田	75	90	59	70	77	74.2
6	山田	62	95	100	99	80	87.2
7	合計	217	265	245	259	213	239.8
8							

平均を出すための「AVERAGE」関数を使えば、セルの範囲を指定するだけで平均点を表示してくれる。スッキリと明確に計算を補助してくれるのが「関数」の利点だ

2章の最後でも、いくつかの関数を紹介しています。

No. 048

関数の入力方法① 引数を確認しながら[関数の引数]ダイアログで

関数名と「(」をキーボードから手入力してから、[関数の挿入]ボタンをクリックすると[関数の引数]ダイアログボックスを表示できます。

1 ローン計算に使うPMT関数の引数がわからない場合、関数を設定するセルを選択して「=PMT(」と、関数名と「(」を入力

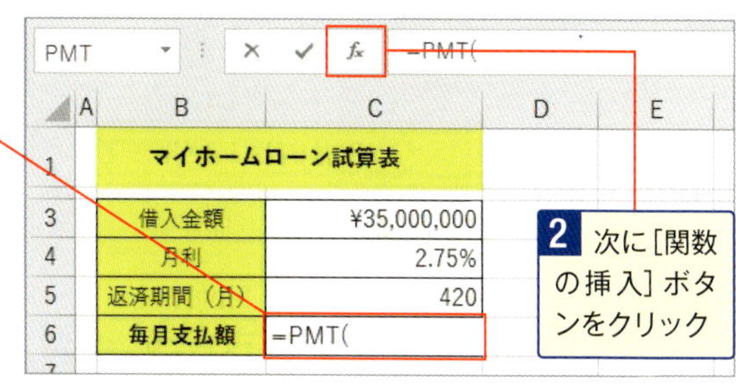

2 次に[関数の挿入]ボタンをクリック

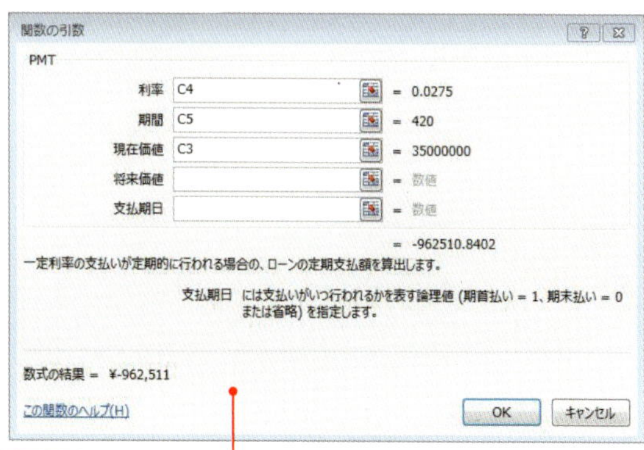

3 PMT関数の[関数の引数]ダイアログボックスが表示される。関数を呼び出すときに関数名の後の「(」から「)」の間に「引数」を記述する。引数には値や値が格納された変数、または式などを入れる

スキルアップ

さらに詳しい情報を調べるには

設定する関数についてさらに詳しい情報を調べたいときには、[関数の引数]ダイアログボックスの[この関数のヘルプ]をクリックします。すると、選択している関数のヘルプ画面が表示されるので、引数の内容や指定方法などを確認することができます。

No. 049

関数の入力方法② 手動で入力すると大幅スピードアップ

引数に入力する内容が大まかにわかっていれば、関数を直接手入力することもできます。

1 関数を入力したいセルを選択して「=PMT (」のように関数名と「(」を入力

2 入力した関数の引数がヒントで表示され、入力中の引数が太字で表示される

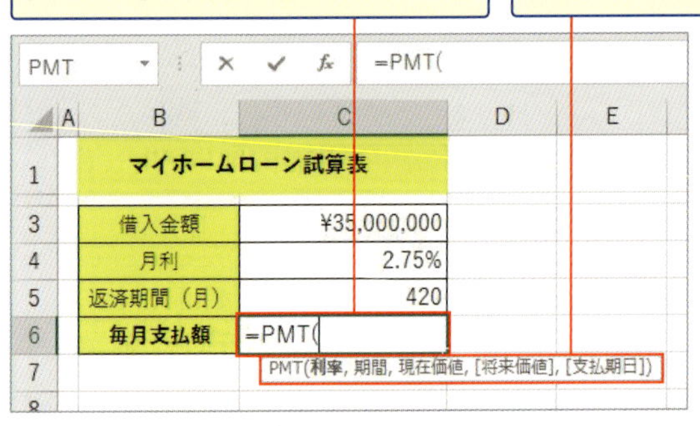

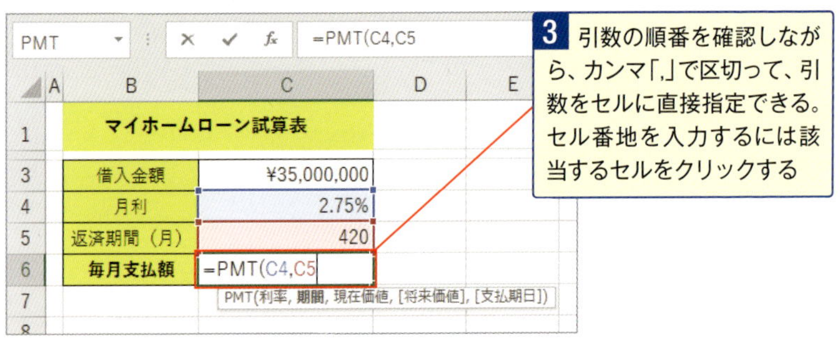

3 引数の順番を確認しながら、カンマ「,」で区切って、引数をセルに直接指定できる。セル番地を入力するには該当するセルをクリックする

スキルアップ

関数のヘルプを参照するには

ヒントの左端に表示された関数名をクリックすると❶、その関数のヘルプ画面が表示されます。引数についてのより詳しい情報や関数の使い方をその場で調べたいときに役立ちます。

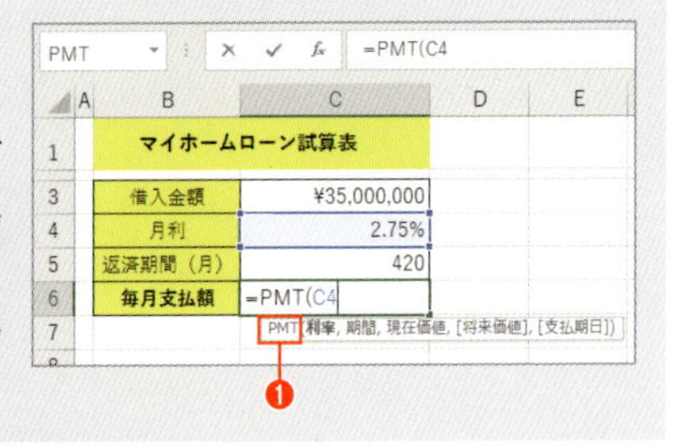

No.050 関数のコピーも普通のコピーと同じくドラッグでOK

複数のセルに同じ関数を入力する場合、最初のセルに関数を入力しておき、設定した数式を別のセルにコピーします。

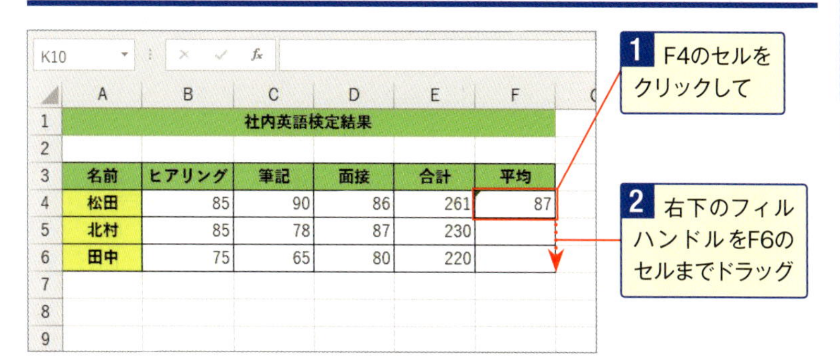

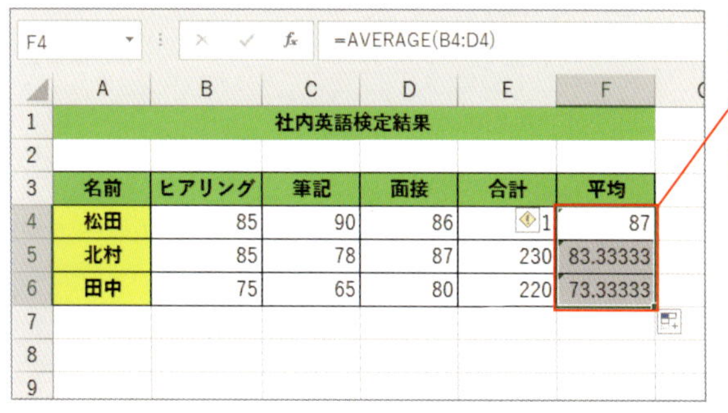

3 F4のセルに入力した関数がF5からF6までのセル範囲にコピーされる

トラブル解決

書式が消えてしまったら

関数をコピーすると、コピー先のセルに設定していた書式が変更されてしまいます。罫線やセルの背景色などを元のまま残しておきたい場合には、オートフィルしたあとに表示される［オートフィルオプション］スマートタグ をクリックして❶、表示される選択肢から［書式なしコピー（フィル）］を選択します❷。

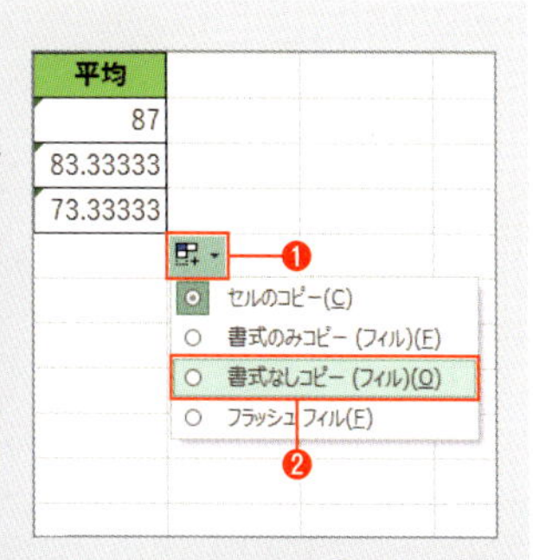

No.051 関数をコピーしたらエラーになった！ 参照がズレている？

参照先セルがずれないようにするには、セルを絶対参照にします。セル番地を指定したあとでF4キーを押します。セル番地には「$」が表示されます。

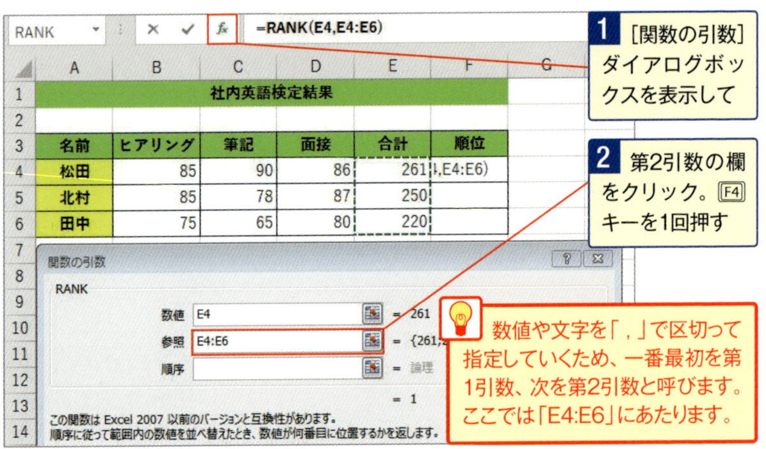

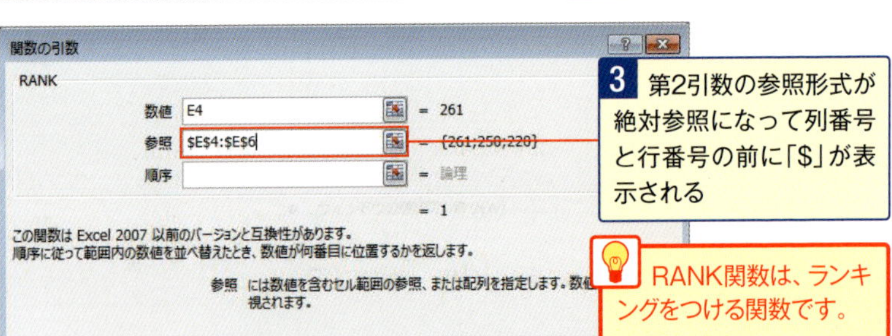

スキルアップ

列番号、行番号だけを絶対参照にするには

関数をコピーしたときにセル番地の行番号、列番号だけを固定にすることもできます。F4キーを2回押すと「E$4」のように行番号だけが固定になり、3回押すと「$E4」のように列番号だけが固定になります。F4キーを4回押すと、「E4」のように相対参照に戻ります。

No. 052 引数に別に関数を入れたい！ 関数をネストすればOK

引数に別の関数を指定するには、[関数の引数] ダイアログボックスを表示して名前ボックスから組み合わせ（ネスト）したい関数を選択します。

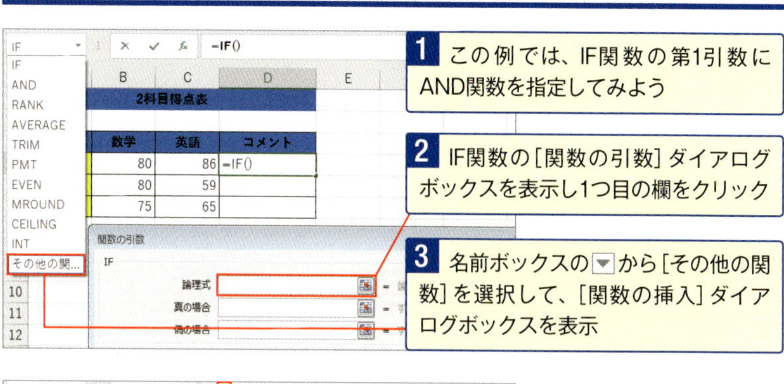

1 この例では、IF関数の第1引数にAND関数を指定してみよう

2 IF関数の [関数の引数] ダイアログボックスを表示し1つ目の欄をクリック

3 名前ボックスの▼から [その他の関数] を選択して、[関数の挿入] ダイアログボックスを表示

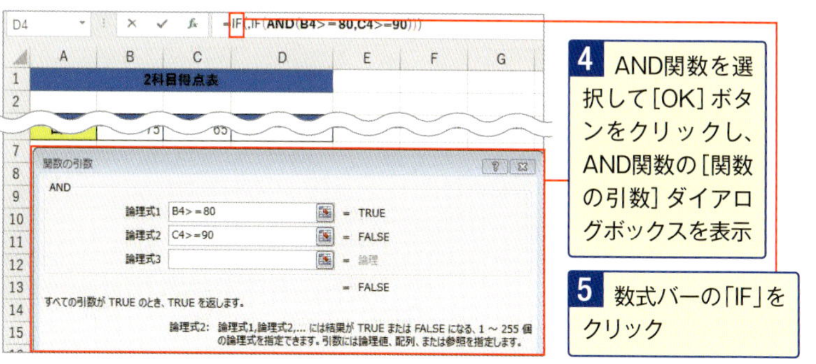

4 AND関数を選択して [OK] ボタンをクリックし、AND関数の [関数の引数] ダイアログボックスを表示

5 数式バーの「IF」をクリック

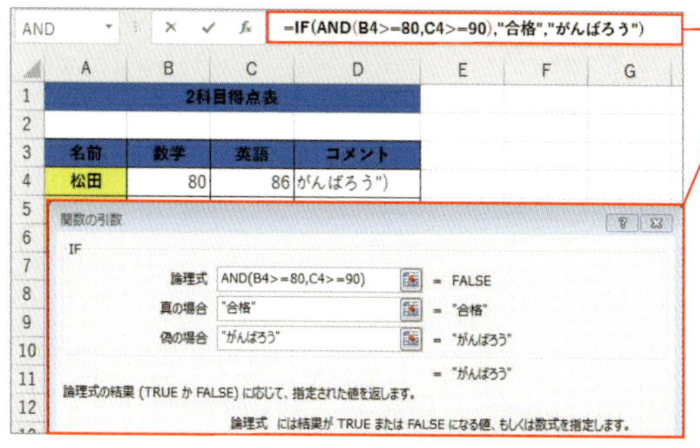

6 IF関数の [関数の引数] ダイアログボックスに戻る

7 数式バーを見ると、IF関数の中にAND関数が組み合わされていることがわかる

No.053 検索したセルと同じ行または列にある数値を合計するには

SUMIFS関数は[条件範囲]に指定したセル範囲の中から[条件]に当てはまるセルを検索し、該当するセルと同じ行(または列)にある値を合計します。

これを使おう =SUMIFS(合計対象範囲,条件範囲1,条件1,・・・[,条件範囲127,条件127])

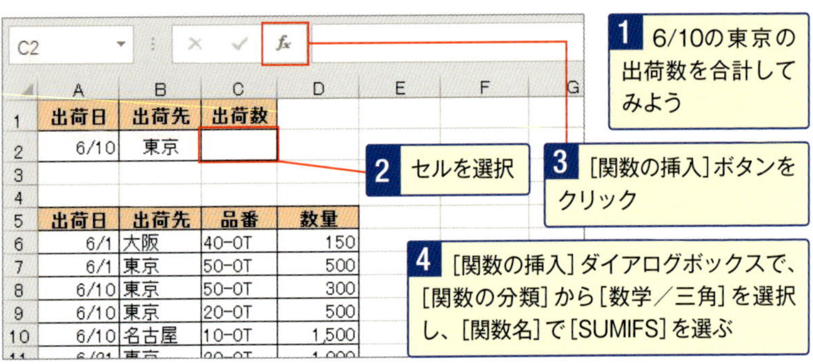

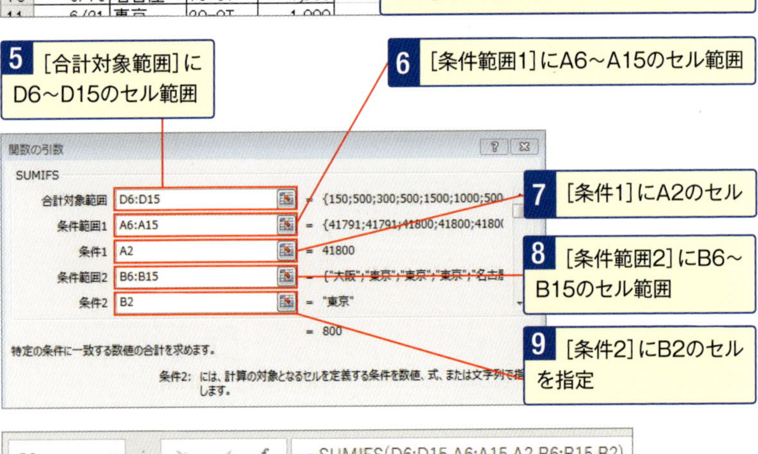

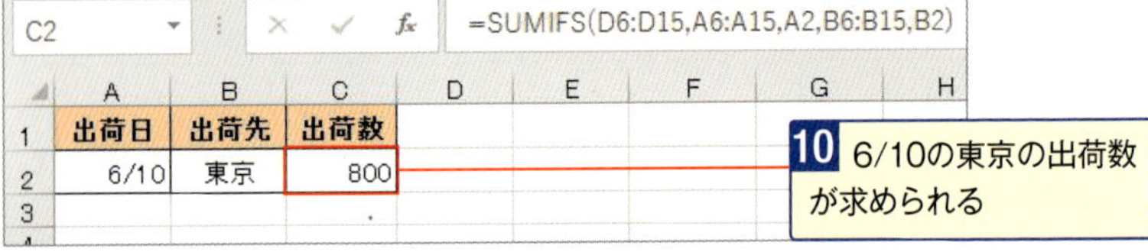

No. 054 税込価格の小数点を切り捨てて整数にするには

INT関数は［数値］に指定した数値の小数点以下を切り捨てて整数にします。負の値を［数値］に指定すると、その数値を超えない最大の整数が求められます。

これを使おう　＝INT（数値）

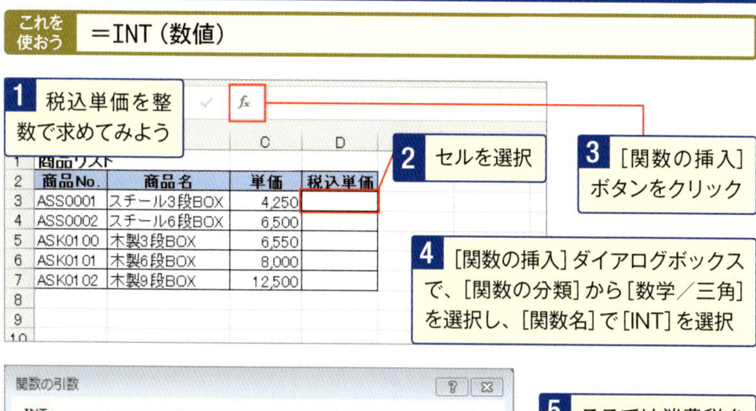

	C	D
1 商品リスト		
2 商品No. 商品名	単価	税込単価
3 ASS0001 スチール3段BOX	4,250	
4 ASS0002 スチール6段BOX	6,500	
5 ASK0100 木製3段BOX	6,550	
6 ASK0101 木製6段BOX	8,000	
7 ASK0102 木製9段BOX	12,500	

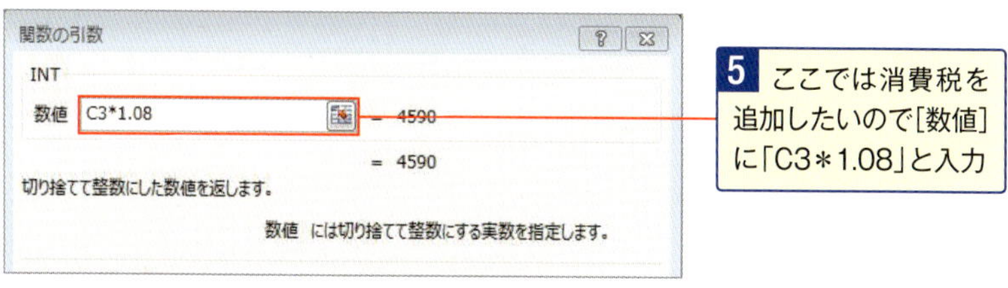

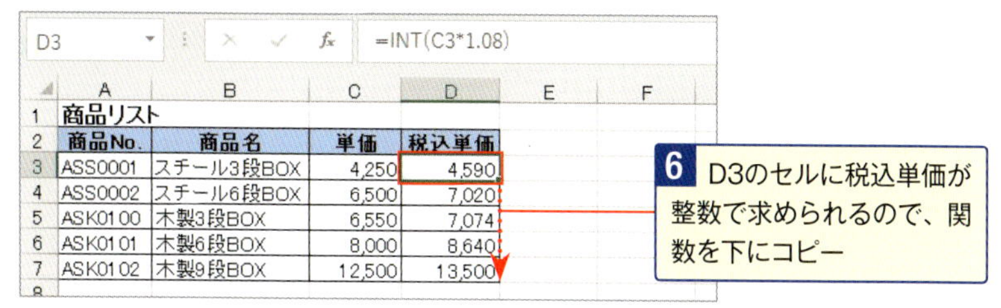

	A	B	C	D
1	商品リスト			
2	商品No.	商品名	単価	税込単価
3	ASS0001	スチール3段BOX	4,250	4,590
4	ASS0002	スチール6段BOX	6,500	7,020
5	ASK0100	木製3段BOX	6,550	7,074
6	ASK0101	木製6段BOX	8,000	8,640
7	ASK0102	木製9段BOX	12,500	13,500

スキルアップ

EVEN関数、ODD関数では

EVEN関数は「=EVEN(数値)」と入力することで、「数値」を切り上げて最も近い偶数にします。ODD関数の式は「=ODD(数値)」で、最も近い奇数にします。

No.055 好きな桁数になるように四捨五入・切り上げするには

ROUND関数は［数値］を指定の桁になるように四捨五入します。表示する桁数は数値で指定します。

これを使おう
=ROUND（数値,桁数）
=ROUNDUP（数値,桁数）

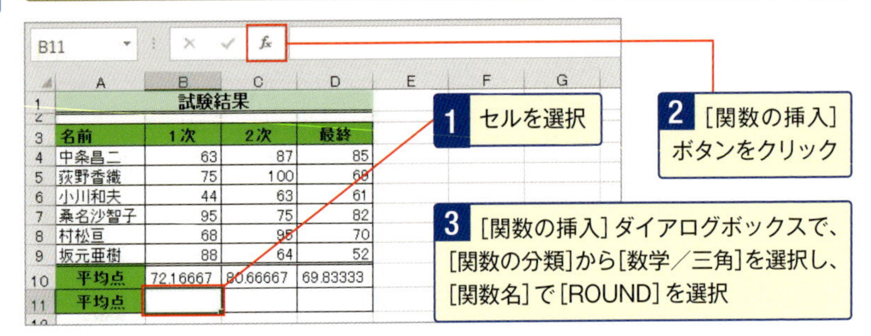

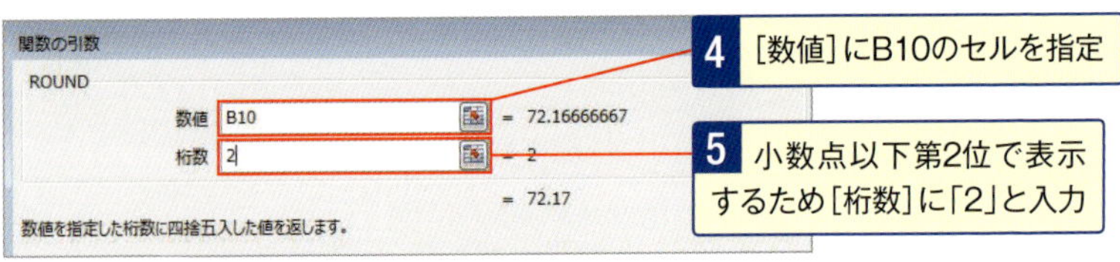

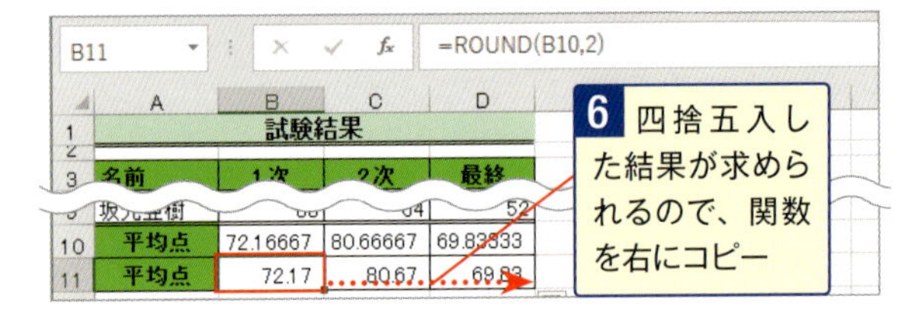

同様にして、ROUNDUP関数では切り上げて指定の桁ができます。

スキルアップ

［桁数］の数値と表示する桁

桁数	求められる桁
2	小数点以下第2位
1	小数点以下第1位
0	一の位

桁数	求められる桁
－1	十の位
－2	百の位
－3	千の位

No. 056 好きな桁数になるように切り捨てるには

ROUNDDOWN関数は［数値］を指定の桁になるように切り捨てます。

これを使おう
=ROUNDDOWN（数値,桁数）
=TRUNC（数値［,桁数］）

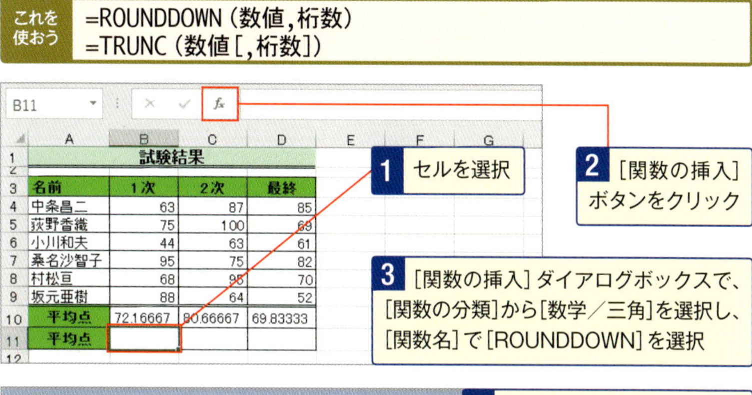

	A	B	C	D
1	試験結果			
3	名前	1次	2次	最終
4	中条昌二	63	87	85
5	荻野香織	75	100	69
6	小川和夫	44	63	61
7	桑名沙智子	95	75	82
8	村松亘	68	98	70
9	坂元亜樹	88	64	52
10	平均点	72.16667	80.66667	69.83333
11	平均点			

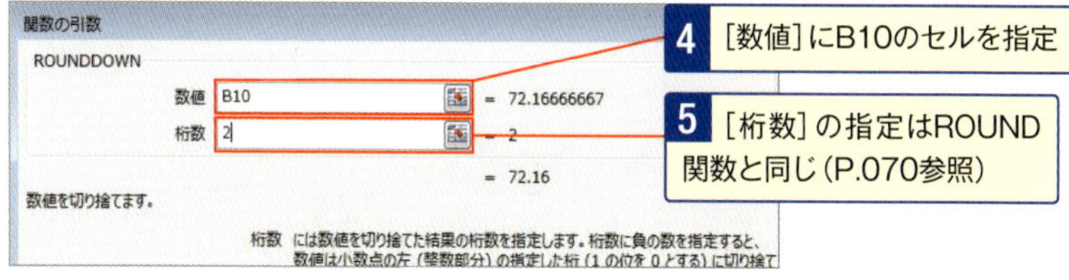

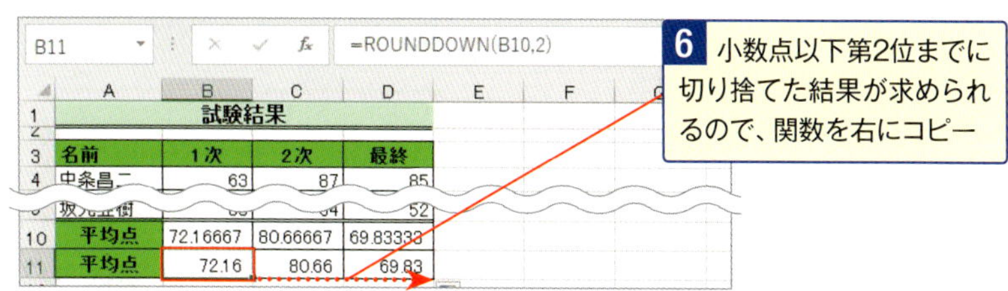

	A	B	C	D
1	試験結果			
3	名前	1次	2次	最終
4	中条昌二	63	87	85
9	坂元亜樹			52
10	平均点	72.16667	80.66667	69.83333
11	平均点	72.16	80.66	69.83

スキルアップ

TRUNC関数では

TRUNC関数も同様にして切り捨てを行う関数です。TRUNC関数では［桁数］を省略することができ、省略時は小数点以下を切り捨てて整数部を表示します。

No.057

該当する商品コードに対応する商品名を別の表から検索したい

VLOOKUP関数は［範囲］に指定したセル範囲から［検索値］に該当するセルを検索し、該当するセルと同じ行にある値を［列番号］を指定して抽出します。

これを使おう　=VLOOKUP（検索値，範囲，列番号［，検索方法］）

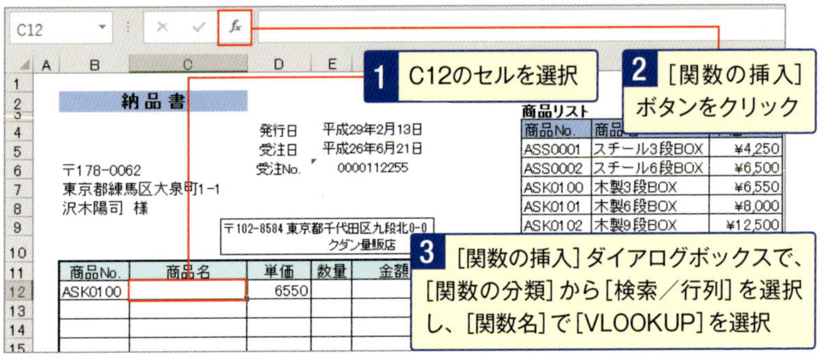

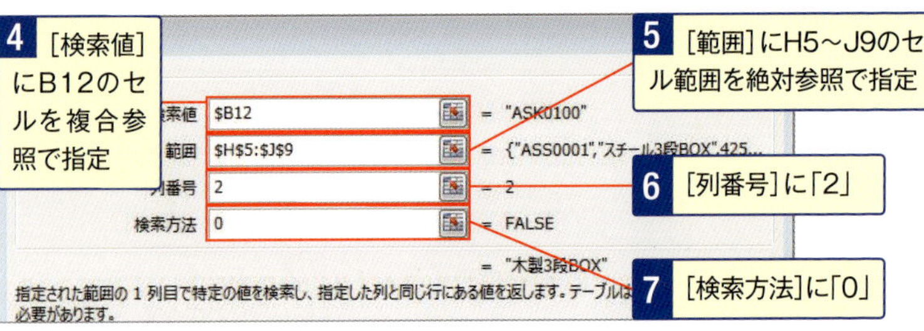

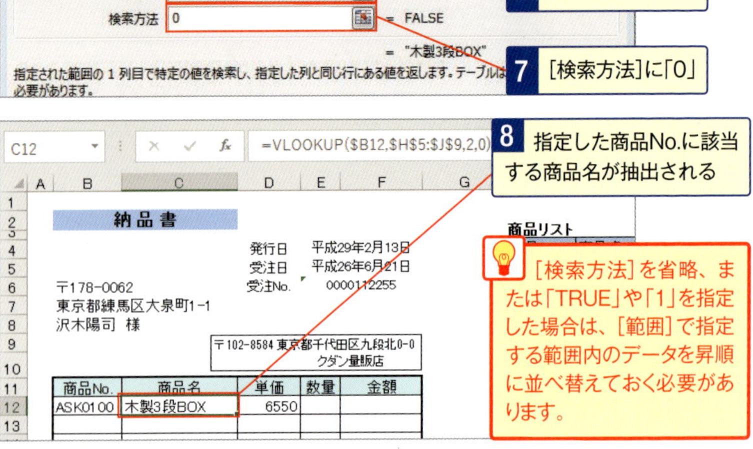

［検索方法］を省略、または「TRUE」や「1」を指定した場合は、［範囲］で指定する範囲内のデータを昇順に並べ替えておく必要があります。

No. 058 行・列の交差する位置にあるデータを抽出したい

INDEX関数は[参照]に指定したセル範囲から、[行番号]と[列番号]に指定した行と列が交差するセルの値を抽出します。複数のセル範囲を指定する場合は[領域番号]に何番目の範囲かを数値で指定します。

これを使おう
セル範囲形式　＝INDEX（参照[，行番号，列番号，領域番号]）
配列形式　＝INDEX（配列[，行番号，列番号]）

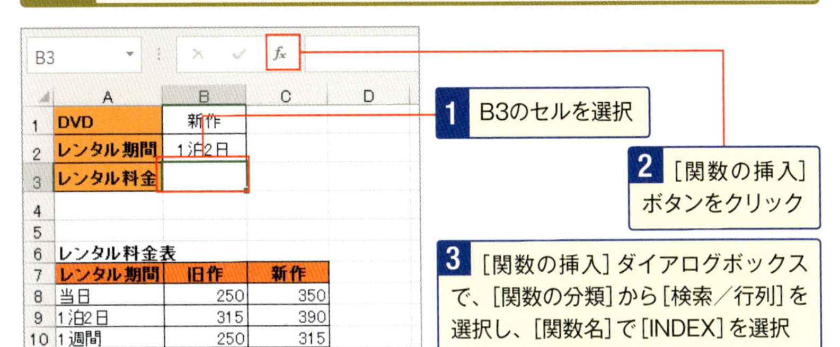

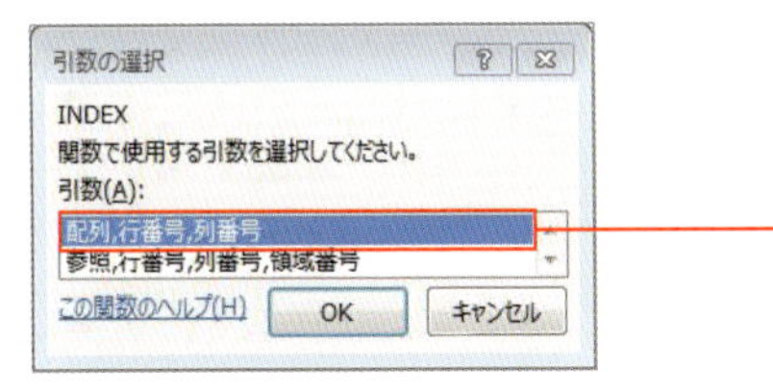

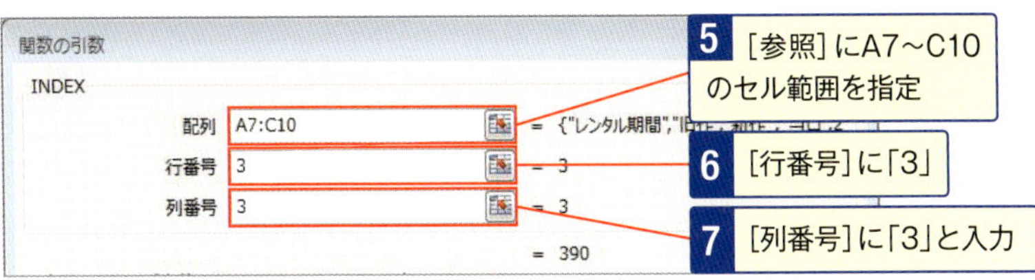

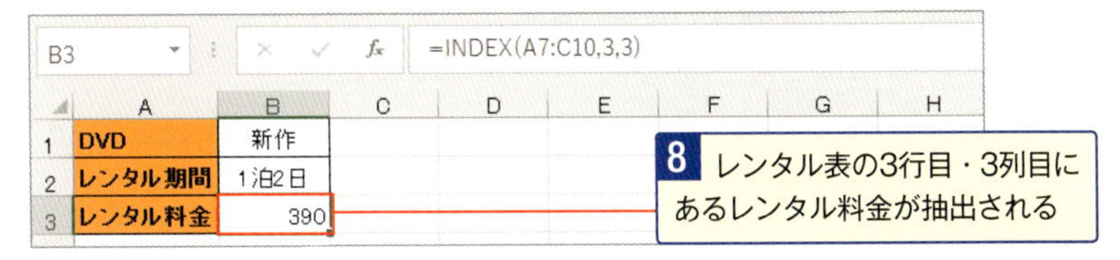

No.059 今日の日付を表示するには

今日の日付を自動的に表示するにはTODAY関数を使用します。ファイルを開くたびに更新されるので、確定した日付には使えません。

これを使おう　=TODAY ()

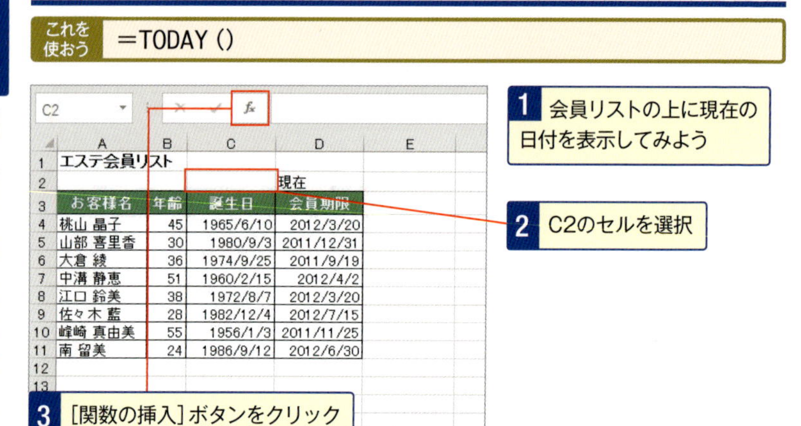

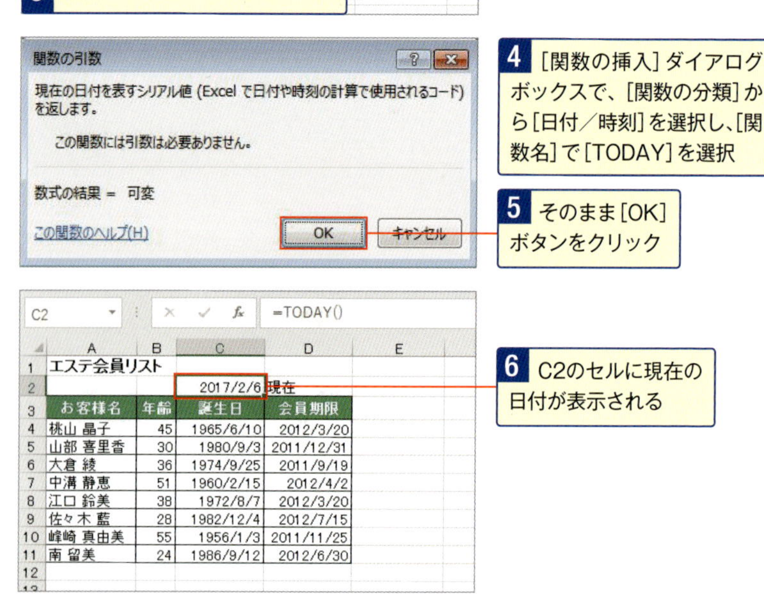

No. 060

「2018年4月1日」のように年・月・日を表示したい

DATE関数は[年][月][日]に指定した数値やセル参照から日付のシリアル値を求め、日付の表示形式「yyyy／m／d」で表示できます。

これを使おう =DATE（年，月，日）

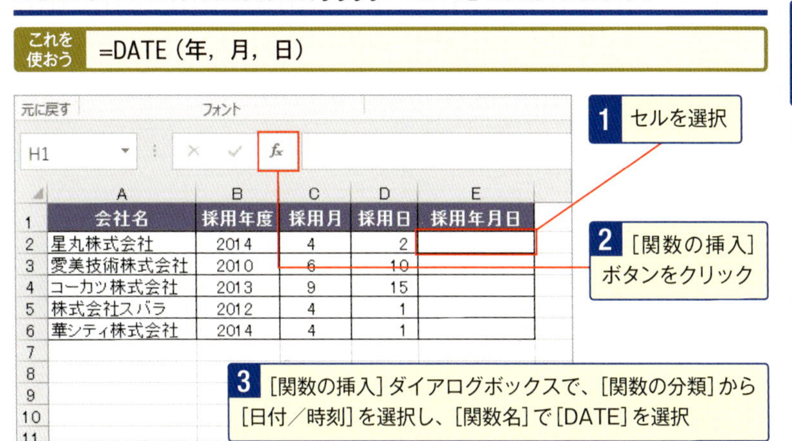

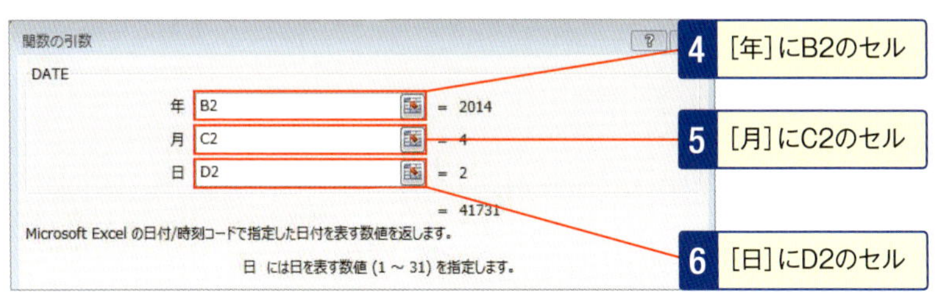

元に戻す　フォント

E2　=DATE(B2,C2,D2)

	A	B	C	D	E
1	会社名	採用年度	採用月	採用日	採用年月日
2	星丸株式会社	2014	4	2	2014/4/2
3	愛美技術株式会社	2010	6	10	
4	コーカツ株式会社	2013	9	15	
5	株式会社スバラ	2012	4	1	
6	華シティ株式会社	2014	4	1	
7					
8					
9					

7 セルに日付が作成される

No.061 「9月1日」などの日付から曜日を表示させる

WEEKDAY関数は［シリアル値］に指定した日付から曜日を取り出し、［種類］に指定した方式で表示します。

これを使おう　＝WEEKDAY（シリアル値［，種類］）

［種類］に指定する値

種類	計算方法
1（省略）	日曜日～土曜日を1～7で返す
2	月曜日～日曜日を1～7で返す
3	月曜日～日曜日を0～6で返す

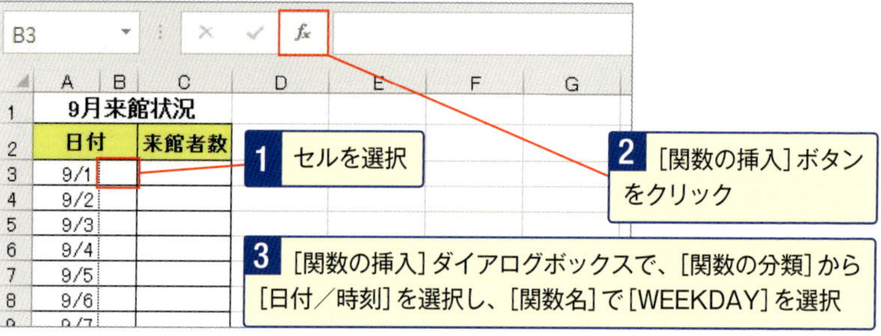

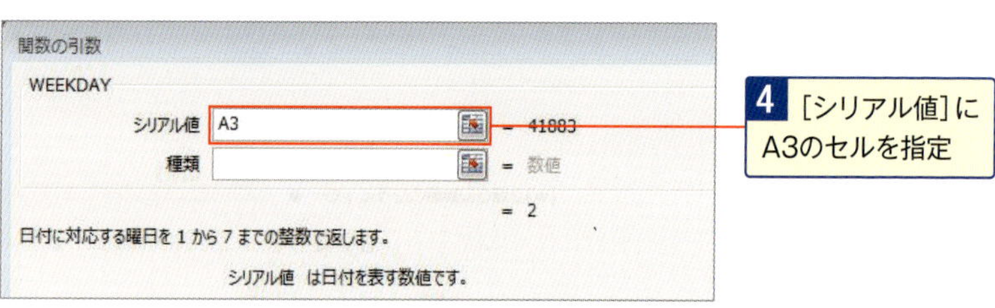

B3　=WEEKDAY(A3)

	A	B	C
1	9月来館状況		
2	日付		来館者数
3	9/1	月	
4	9/2		
5	9/3		
6	9/4		
7	9/5		

5 曜日が漢字1文字で表示

No.
062
混ざった全角と半角を半角に統一したい

ASC関数は、[文字列]に指定したデータやセル参照に含まれる全角の英数字、カナ文字、記号を半角文字に変換します。

これを使おう　=ASC(文字列)

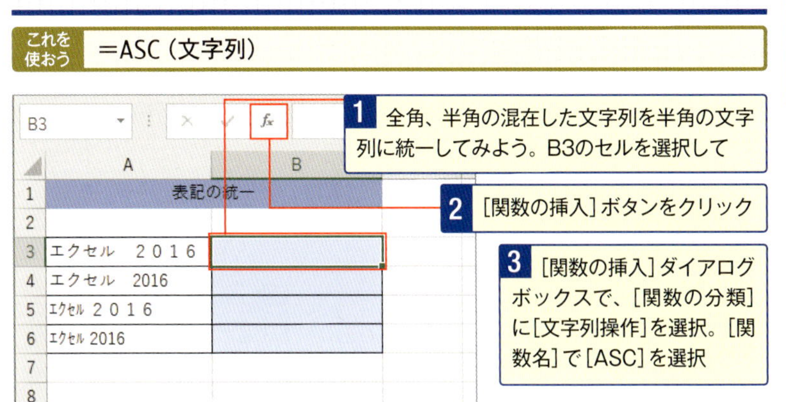

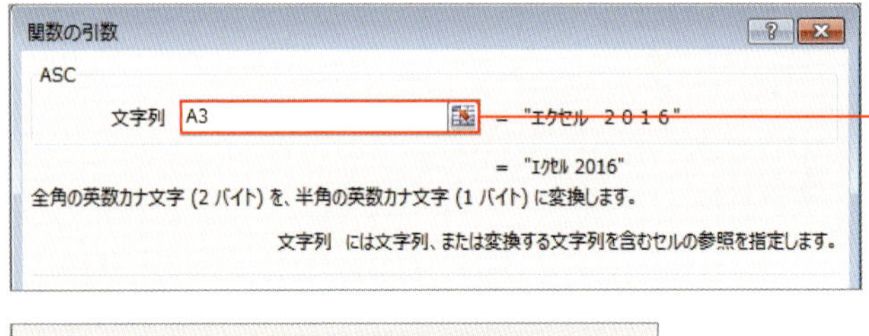

4 [関数の引数]ダイアログボックスで、[文字列]にA3のセルを指定

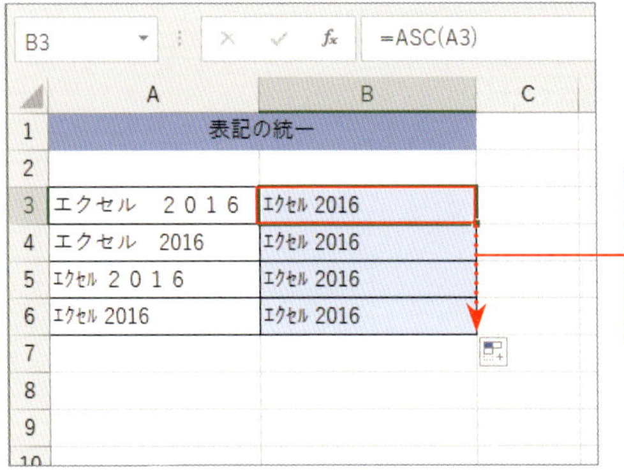

5 B列には半角に統一された文字列が表示される。B3のセルに入力された関数を下までコピー

No.063 英文字を小文字に変換するには

LOWER関数は、[文字列] に指定したデータやセル参照に含まれる**すべての英字を小文字に変換**します。

これを使おう　＝LOWER（文字列）

1 大文字、小文字の混在した英字を小文字だけの英字に統一してみよう。B3のセルを選択して

2 [関数の挿入] ボタンをクリック

3 [関数の挿入] ダイアログボックスで、[関数の分類] に [文字列操作] を選択。[関数名] で [LOWER] を選択

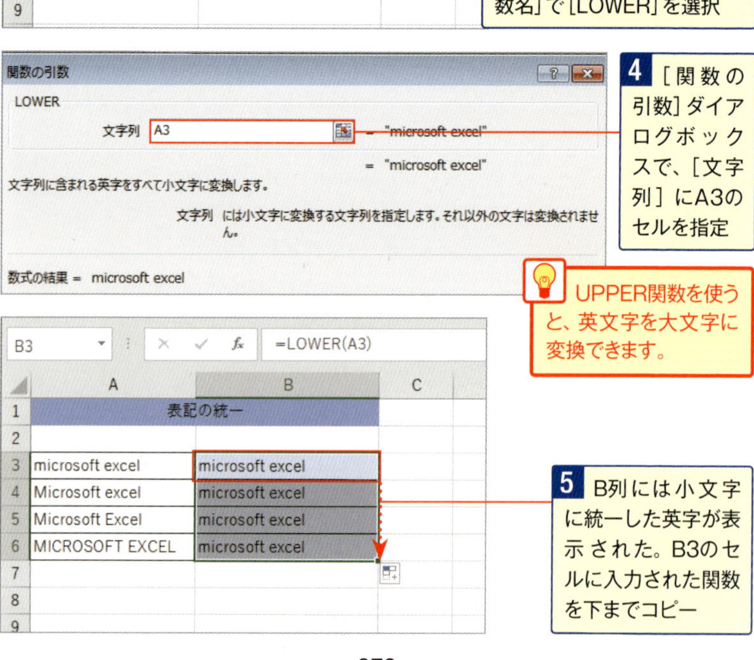

4 [関数の引数] ダイアログボックスで、[文字列] にA3のセルを指定

UPPER関数を使うと、英文字を大文字に変換できます。

5 B列には小文字に統一した英字が表示された。B3のセルに入力された関数を下までコピー

No.064
セルが分かれた文字列を結合するには

CONCAT関数は[文字列]に指定した文字列、数値、セル番地を結合して1つの文字列を作成します。

これを使おう　＝CONCAT（文字列1 [，文字列2，・・・，文字列255]）

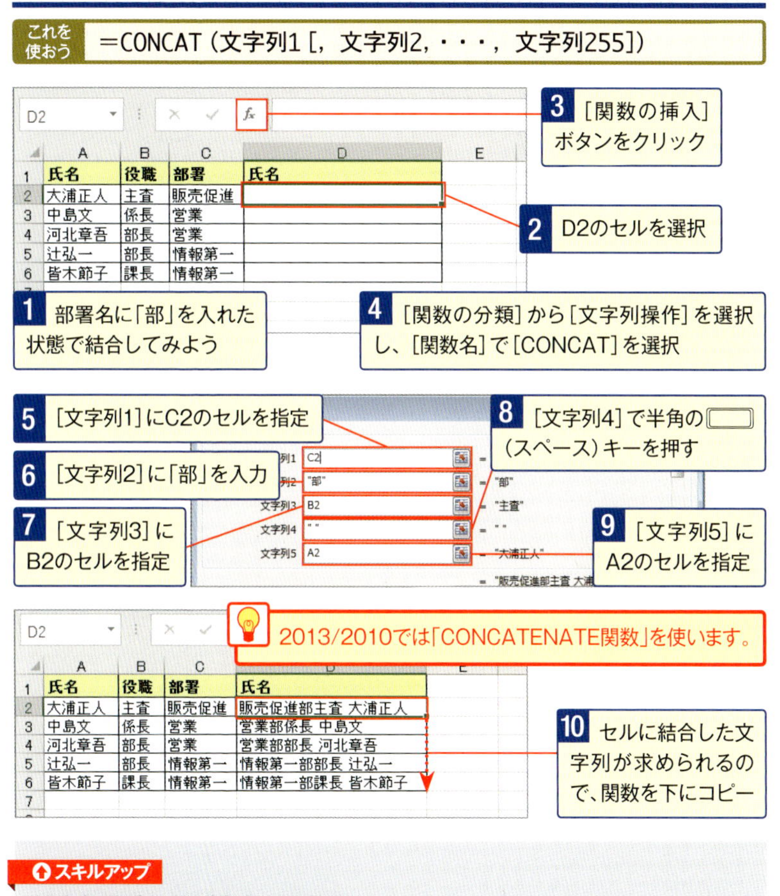

スキルアップ

好きな順番に並び変えもできる

例のように、引数で指定する順番を変更すると、セルの並びに関係なく好きな順番で文字列を結合することもできます。

No.065 文字列の右端から指定の文字数だけ取り出すには

RIGHT関数は[文字列]に指定した文字列の右端から[文字数]に指定した数の文字を取り出します。

これを使おう
=RIGHT(文字列[, 文字数])
=LEFT(文字列[,バイト数])

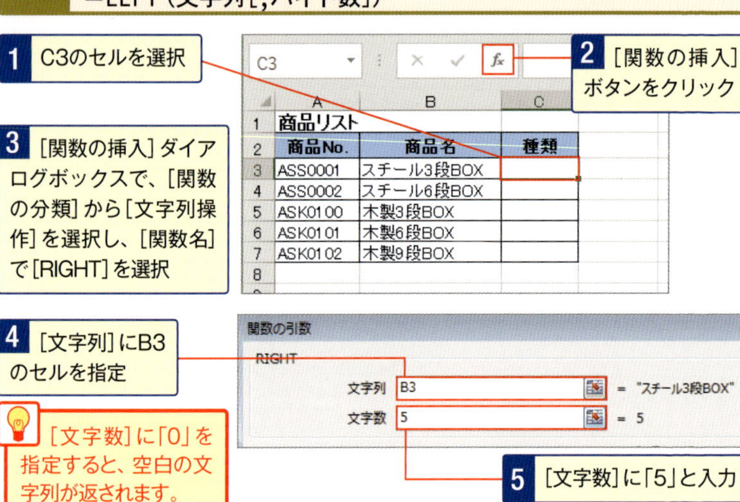

	A	B	C	D	E
1	商品リスト				
2	商品No.	商品名	種類		
3	ASS0001	スチール3段BOX	3段BOX		
4	ASS0002	スチール6段BOX	6段BOX		
5	ASK0100	木製3段BOX	3段BOX		
6	ASK0101	木製6段BOX	6段BOX		
7	ASK0102	木製9段BOX	9段BOX		

6 A3のセルの右から5文字分が取り出されるので、関数を下にコピー

スキルアップ

LEFT関数では

LEFT関数は「=LEFT(文字列[, 文字数])」と入力することで、文字列の左側から指定の文字数を取り出すことができます。

No.066 文字列の指定の位置から指定の文字数だけ取り出すには

MID関数は[文字列]に指定した文字列から[開始位置]を指定して文字を取り出します。[文字数]には取り出す文字数を指定します。

これを使おう
=MID(文字列，開始位置，文字数)
=MIDB(文字列，開始位置，バイト数)

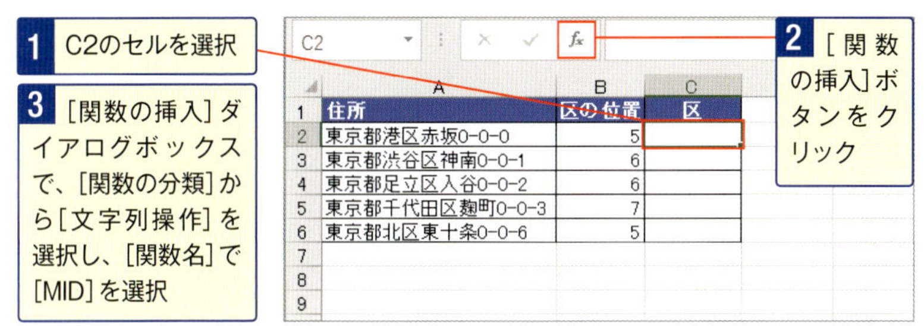

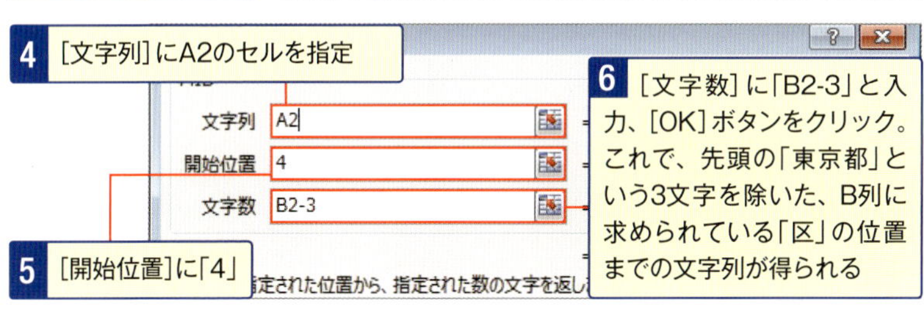

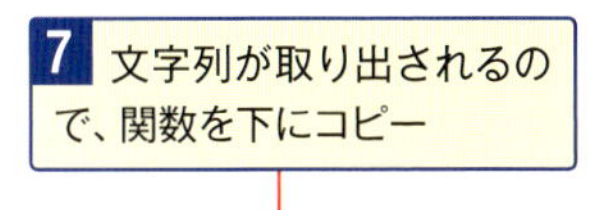

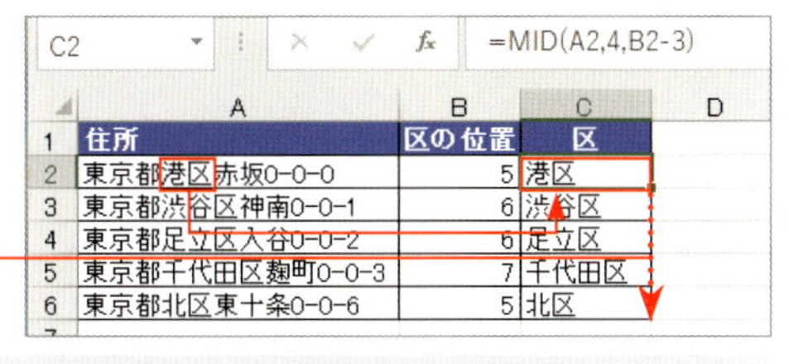

スキルアップ

指定した数の和が超えると…？

[開始位置]と[文字数]に指定した数の和が[文字列]の文字数を超えると、[開始位置]からあとの文字列がすべて取り出されます。

No. 067

開始位置と文字数を指定して指定の文字列に置き換えるには

REPLACE関数は［文字列］の［開始位置］に指定した位置から［文字数］分の文字を［置換文字列］に置き換えます。

これを使おう
＝REPLACE（文字列，開始位置，文字数，置換文字列）
＝REPLACEB（文字列，開始位置，バイト数，置換文字列）

1 ASS0001をASS-001に変換してみよう

2 B3のセルを選択

3 ［関数の挿入］ボタンをクリック

4 ［関数の挿入］ダイアログボックスで、［関数の分類］から［文字列操作］を選択し、［関数名］で［REPLACE］を選択

B3 ｜ fx

	A	B	C
1	商品リスト		
2	商品No.	商品No.	
3	ASS0001		スチー
4	ASS0002		スチー
5	ASK0100		木製3
6	ASK0101		木製6
7	ASK0102		木製9
8			

5 ［文字列］にA3のセルを指定

［文字数］を「0」にすると［開始位置］の前に［置換文字列］が挿入されます。

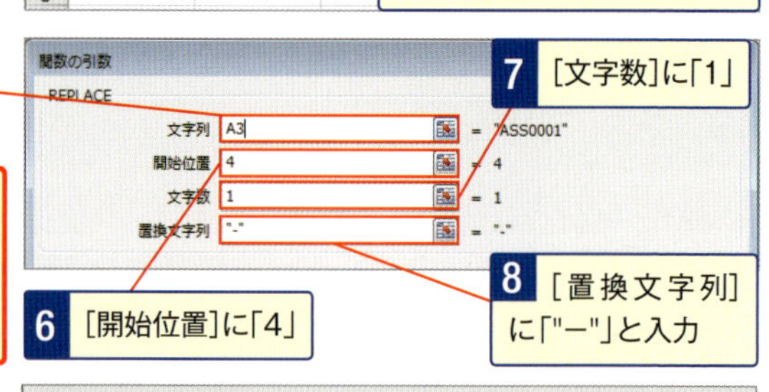

6 ［開始位置］に「4」

7 ［文字数］に「1」

8 ［置換文字列］に「"－"」と入力

9 置換後の文字列が求められるので、関数を下にコピー

B3 ｜ fx ｜ =REPLACE(A3,4,1,"-")

	A	B	C	D	E
1	商品リスト				
2	商品No.	商品No.	商品名		
3	ASS0001	ASS-001	スチール3段BOX		
4	ASS0002	ASS-002	スチール6段BOX		
5	ASK0100	ASK-100	木製3段BOX		
6	ASK0101	ASK-101	木製6段BOX		
7	ASK0102	ASK-102	木製9段BOX		
8					

スキルアップ

REPLACEB関数では

同様にREPLACEB関数では、バイト単位で開始位置を指定し、指定したバイト数の文字列を置き換えることができます。

No.068 文字列の余分な空白文字を削除するには

TRIM関数は[文字列]に指定した文字列の先頭と末尾の余分なスペースを削除し、文字と文字との間の連続したスペースを1つにします。

これを使おう　=TRIM(文字列)

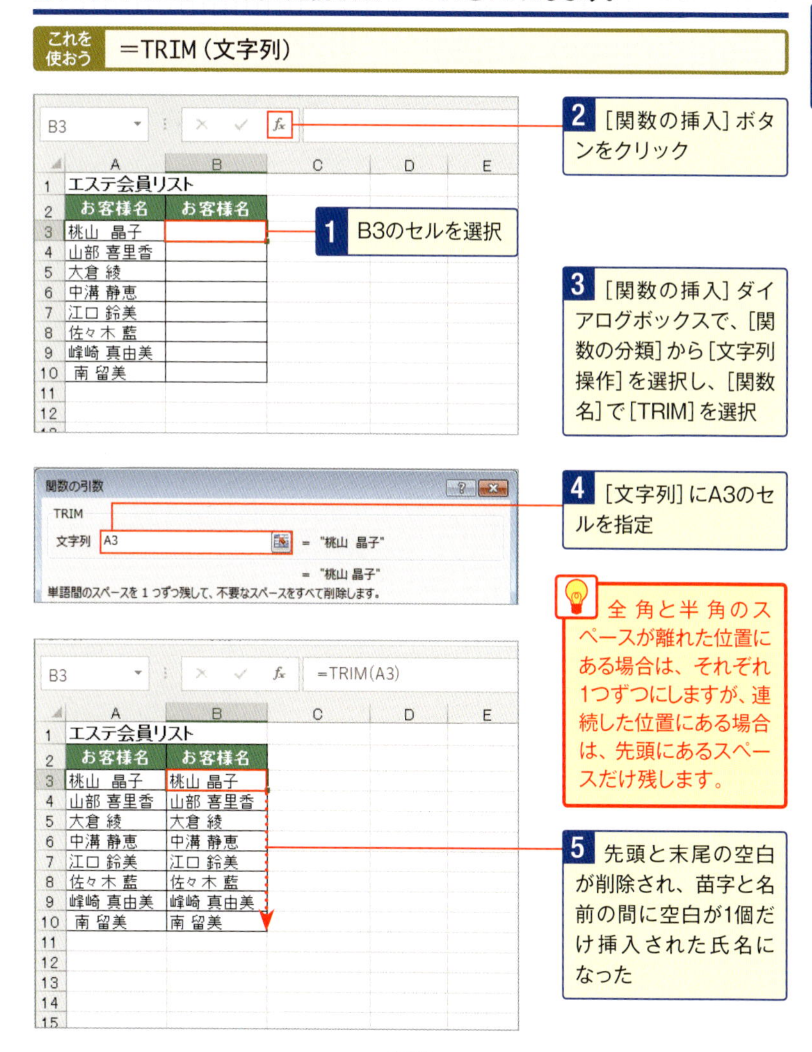

No.069 2つの文字列を比較して同じかどうか調べるには

EXACT関数は[文字列1]と[文字列2]に指定した2つの文字列が同じであるかどうかを調べます。

これを使おう　=EXACT（文字列1, 文字列2）

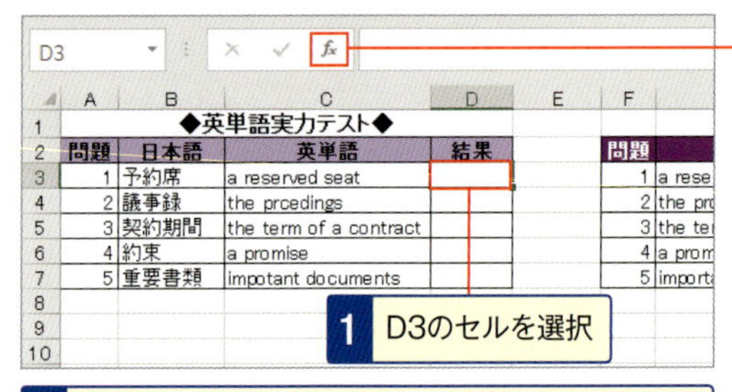

1 D3のセルを選択

2 [関数の挿入] ボタンをクリック

3 [関数の挿入] ダイアログボックスで、[関数の分類] から[文字列操作] を選択し、[関数名] で[EXACT] を選択

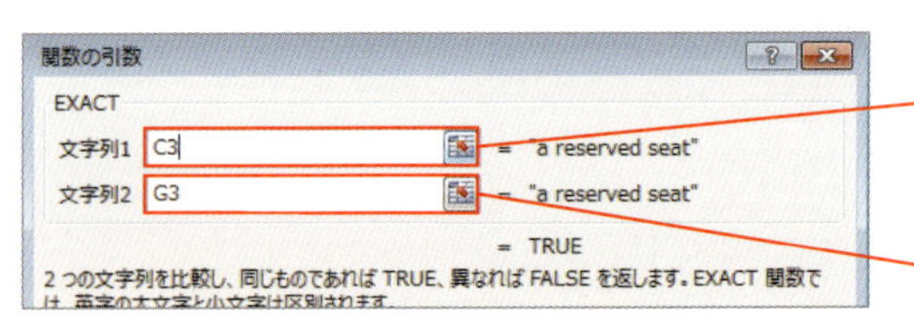

4 [文字列1]にC3のセル

5 [文字列2]にG3のセルを指定

文字列が同じであれば[TRUE]、異なれば[FALSE]になります。全角と半角、英字の大文字と小文字は区別されます。

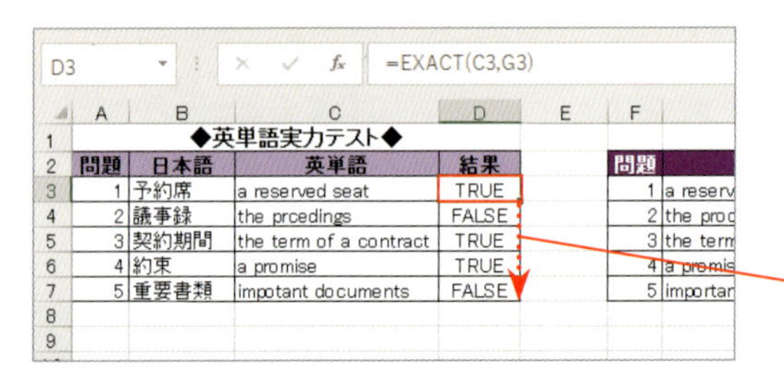

6 D列に正解表との判定結果が求められる。関数を下までコピー

第4章

集計を一瞬で！ピボットテーブルのワザ

ピボットテーブルは、1データ1行で入力したデータのフィールドを縦横に配置してそれぞれのクロス集計ができる便利な機能です。とっつきにくいですが、一度理解してしまうと、とても便利で殉難な機能です。

No.070 ピボットテーブルってどんな表なの？

ピボットテーブルは、データベースのフィールドを行と列に配置して、それぞれの項目が交差するセルに集計値を表示する機能です。配置したフィールドの入れ替えや追加、削除が簡単に操作でき、集計方法も合計や平均、比率などを選択できます。

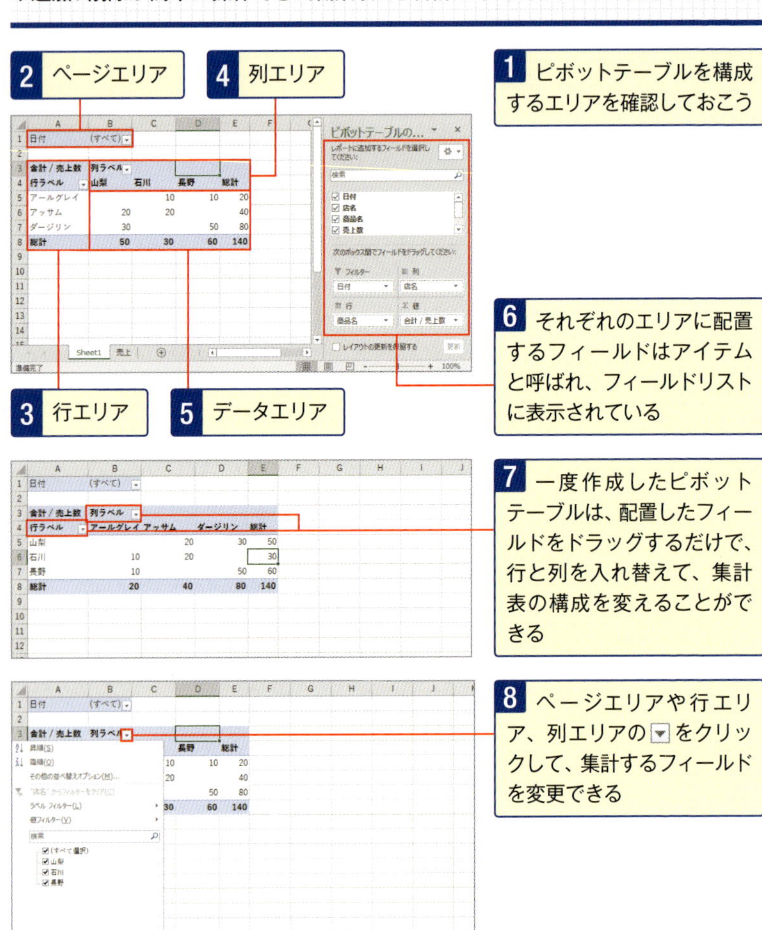

No.
071

ピボットテーブルの作成は各エリアにフィールドを置いていくため

ピボットテーブルは、[ピボットテーブルのフィールド]を使用して簡単に作成できます。データのある場所やデータ範囲、作成場所を指定し、作成されたピボットテーブルの行エリアや列エリア、データエリアに集計したいフィールドをドラッグします。

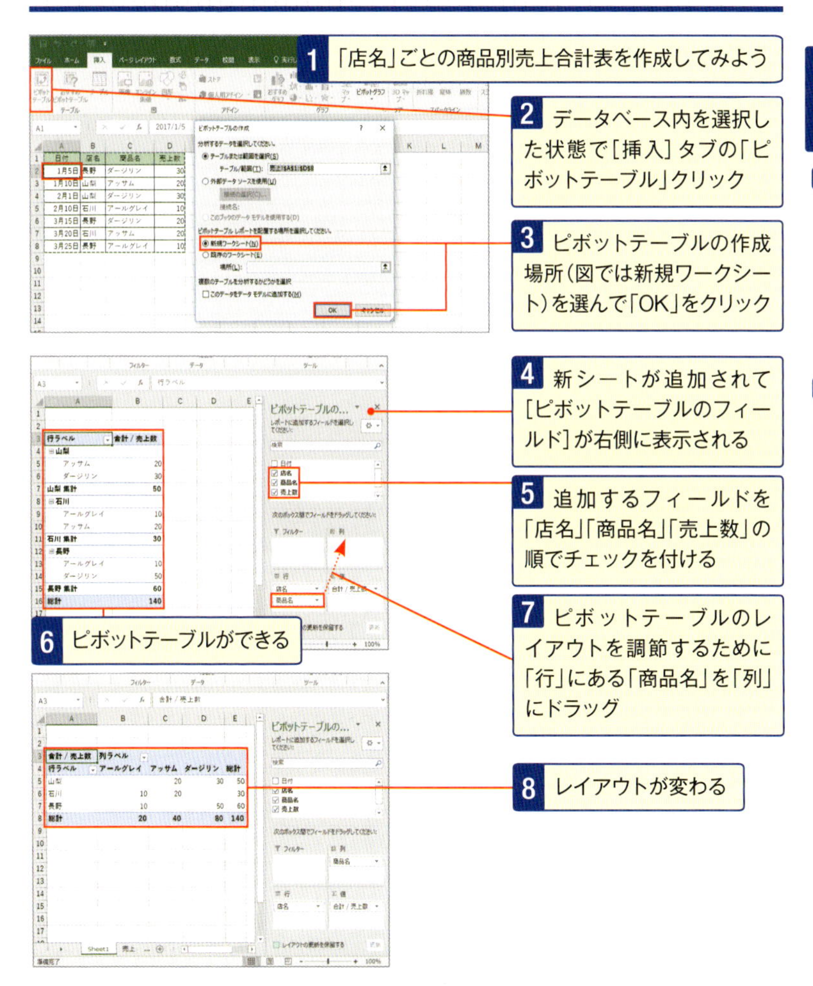

No.072 表を作り終わってからでもOK！ 行や列をカンタン入れ変え

ピボットテーブルの便利な点は、行エリアや列エリアに配置したアイテムの入れ替えが何度でもできることです。入れ替えるには、移動したいフィールドボタンを移動先のエリアへドラッグします。

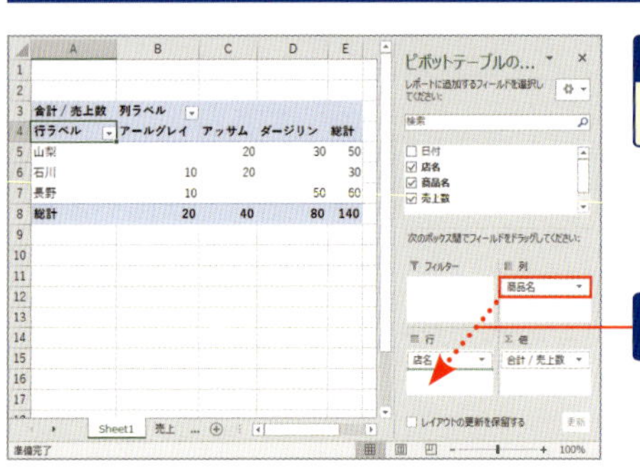

1 「店名」と「商品名」を入れ替えてみよう

2 [商品名]を移動する

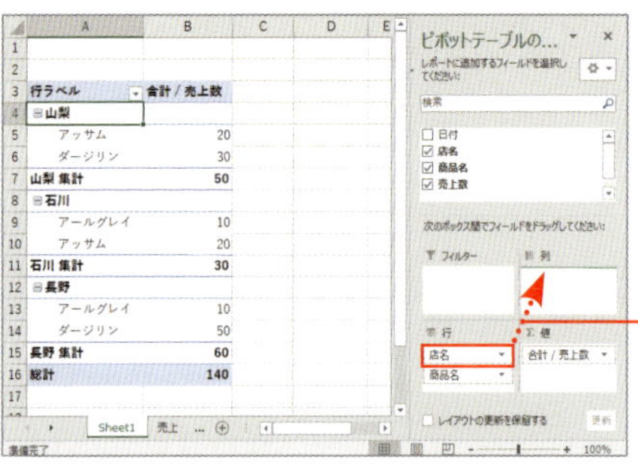

3 [店名]フィールドボタンを列エリアまでドラッグ

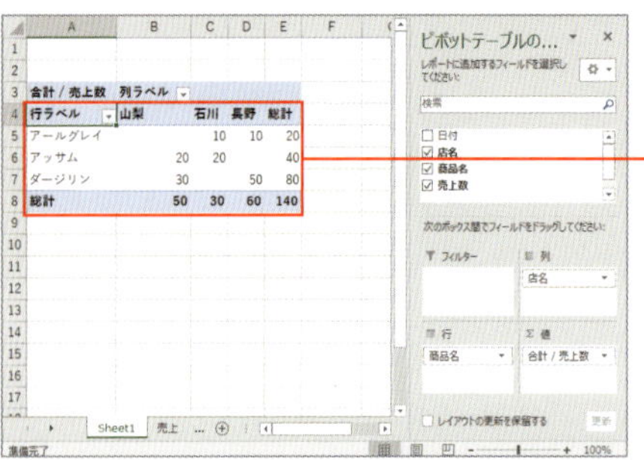

4 「店名」と「商品名」が入れ替えられて、行エリアに「商品名」、列エリアに「店名」が表示されて集計内容が変更された

No.073

ピボットテーブルにフィールドをドラッグ&ドロップで追加

[ピボットテーブルのフィールドリスト]から、追加するフィールドを目的のエリアまでドラッグすることで、フィールドを追加することができます。間違えて配置してしまっても、簡単に削除できます。

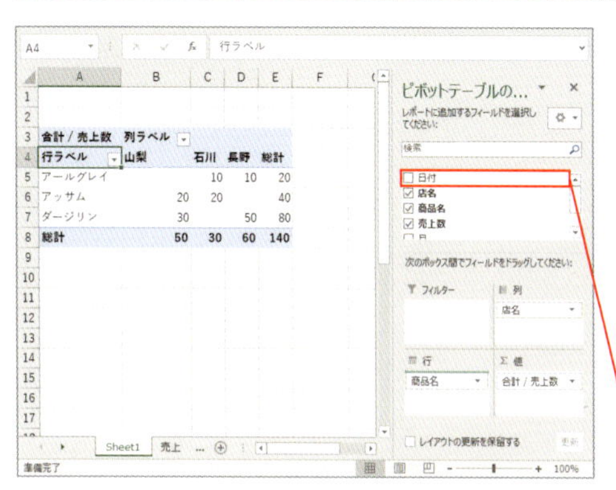

1 行エリアに「日付」を追加して日付ごとに商品明細のある店名別売上合計表を作成しよう

2 [ピボットテーブルのフィールドリスト]から[日付]を[商品名]の上にドラッグ

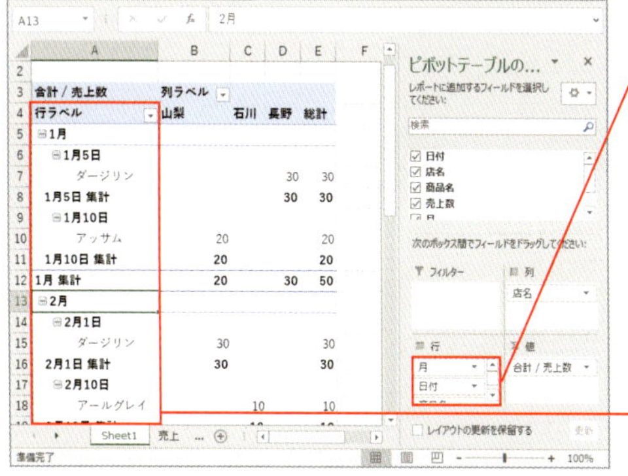

3 [日付]フィールドを入れると[月]と[日付]のフィールドが追加される

4 行エリアが変化する

スキルアップ フィールドを削除するには

誤って配置したフィールドや、不要になったフィールドをピボットテーブルから削除するには、削除したいフィールドボタンをピボットテーブルの外側にドラッグします。外側にドラッグするとマウスポインタの形が になります。

No.074 ピボットテーブルのフィールドの順番を変更したい

同じエリアにあるフィールドの順番を変更するには、順番を変更したいフィールドボタンを、移動先で線が表示される部分までドラッグします。結果はすぐに反映されます。

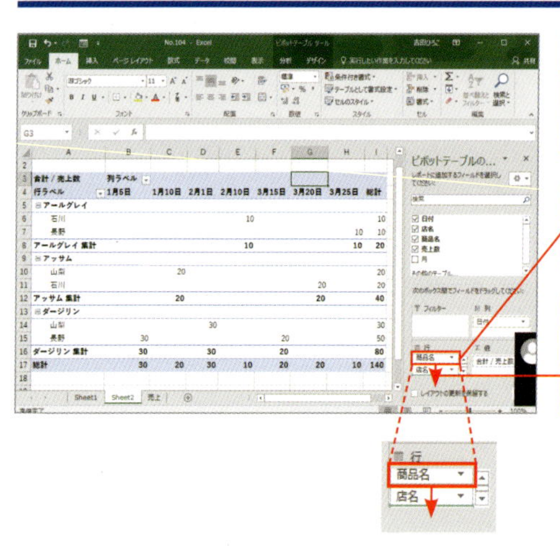

1 行エリアの「店名」と「商品名」の順番を変更してみよう

2 [商品名]フィールドボタンを選択して

3 [店名]フィールドの右側のグレーの線が表示される部分までドラッグ

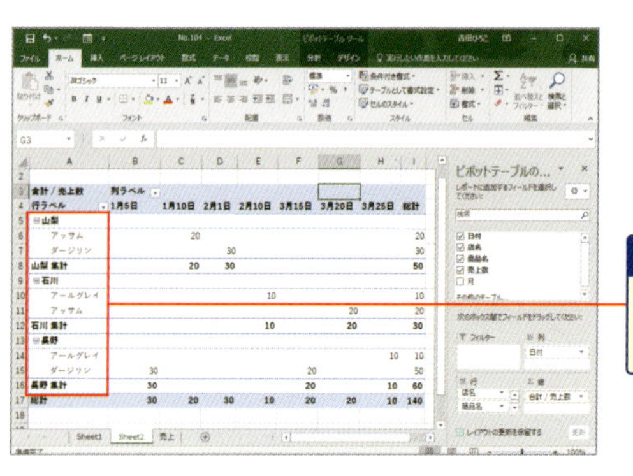

4 [店名]フィールドの下に[商品名]フィールドが表示される

No.075 ピボットテーブルのレイアウトを整えて見やすくしよう

[ピボットテーブルスタイル]で用意されているレイアウトを適用すれば、ピボットテーブルに見やすい書式を設定できます。レイアウト名に「レポート」という名前がついているものは、行方向にフィールドが表示されます。

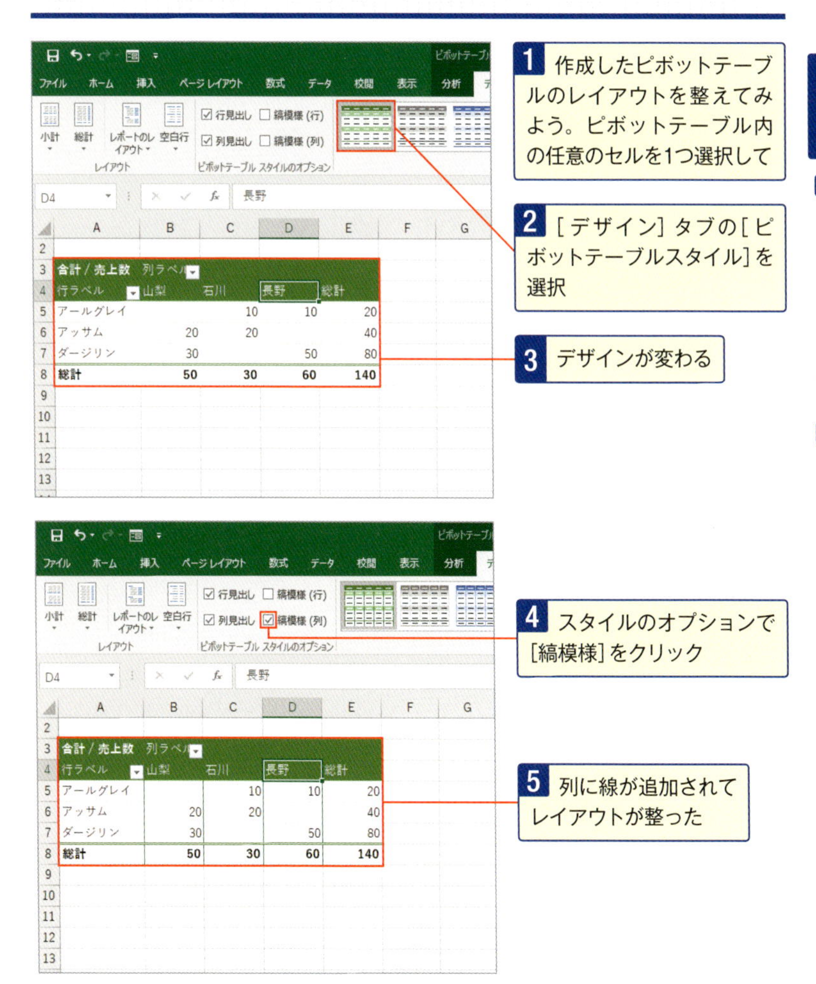

No.076 金額の桁区切りなど数値の表示形式を変更したい

［フィールドの設定］ダイアログボックスの［表示形式］ボタンをクリックするとピボットテーブルの表示形式を変更できます。なお、レイアウトの変更やデータの更新を行っても、設定した表示形式は保持されます。

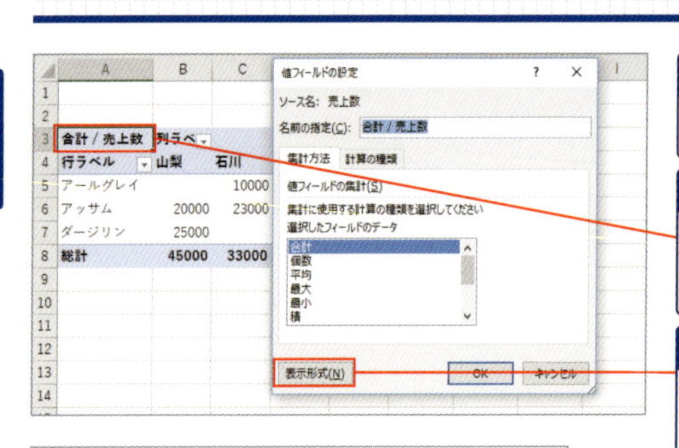

1 「売上高」に桁区切り記号を表示しよう

2 ［合計／売上高］フィールドボタンをダブルクリックして

3 表示される［値フィールドの設定］ダイアログボックスで、［表示形式］ボタンをクリック

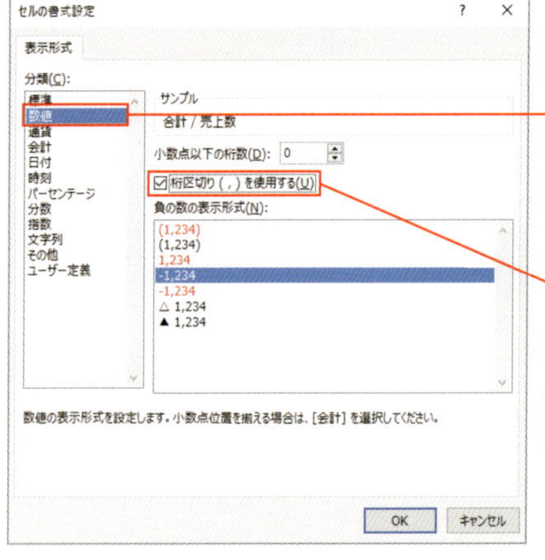

4 表示される［セルの書式設定］ダイアログボックスで、［分類］に［数値］を選択

5 ［桁区切り(,)を使用する］にチェックを付けて［OK］ボタンをクリック

ダブルクリックで設定画面が開かない時は［分析］タブの［フィールドの設定］をクリックしましょう。

合計 / 売上数	列ラベル			
行ラベル	山梨	石川	長野	総計
アールグレイ		10,000	15,000	25,000
アッサム	20,000	23,000		43,000
ダージリン	25,000		33,000	58,000
総計	45,000	33,000	48,000	126,000

6 ［フィールドの設定］で［OK］ボタンをクリックすると、「売上高」の数値に桁区切り記号が表示される

No. 077 月別にまとめて集計したい

日付ごとに集計されたデータは月別にまとめて集計できます。[ピボットテーブルのフィールド]にある[日付]や[月]のチェックを外すだけです。結果はすぐに反映されます。

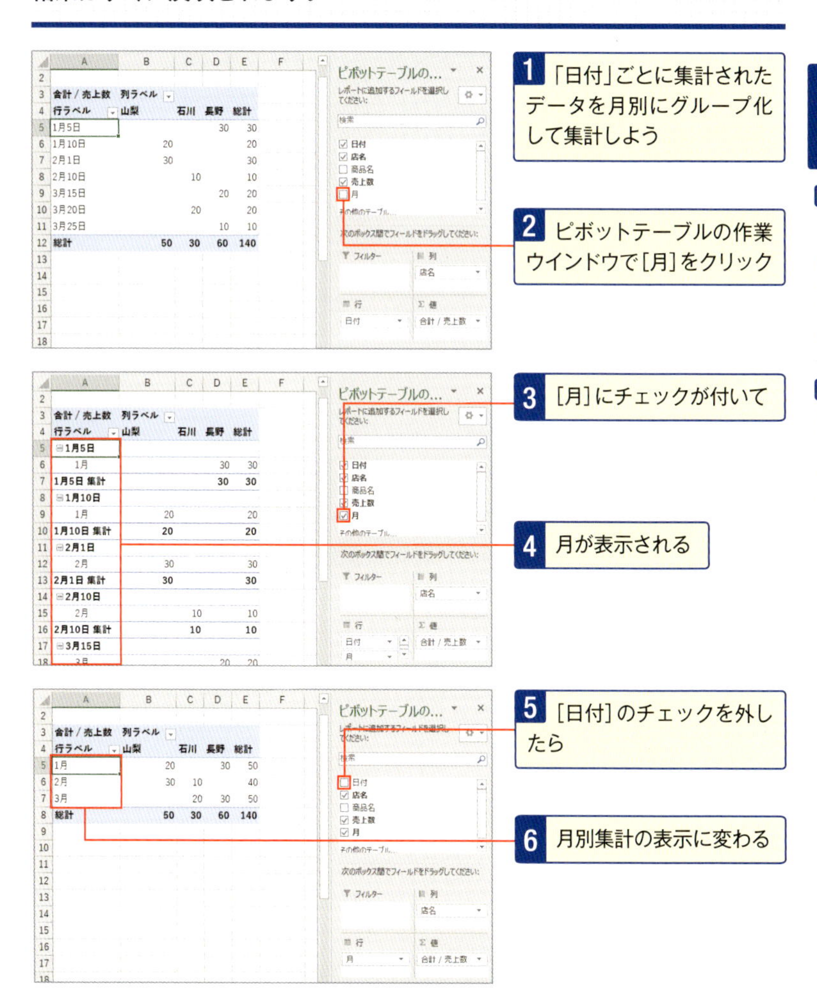

No.078

フィールドの集計方法は[指定]で別々に指定OK

行エリアや列エリアに2つ以上のフィールドがある場合、小計が表示されます。既定では、[自動]が設定されていて、データエリアの集計方法と同じ集計方法による結果が表示されます。[指定]を選択すると集計方法を選択できます。

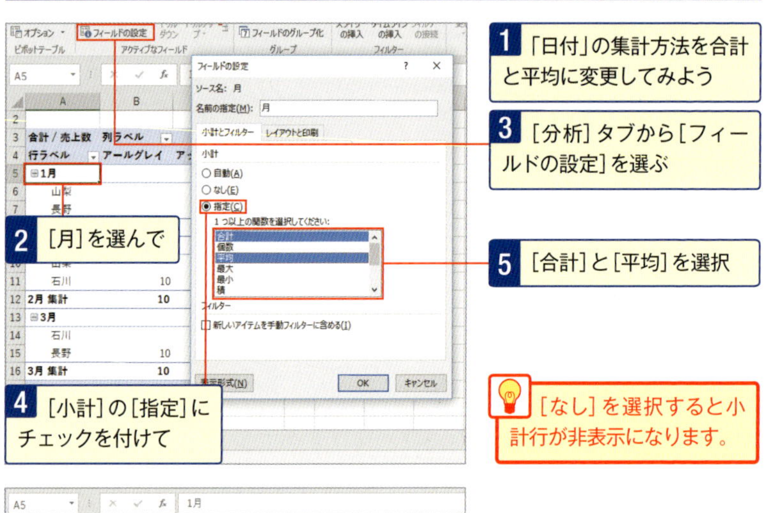

[なし]を選択すると小計行が非表示になります。

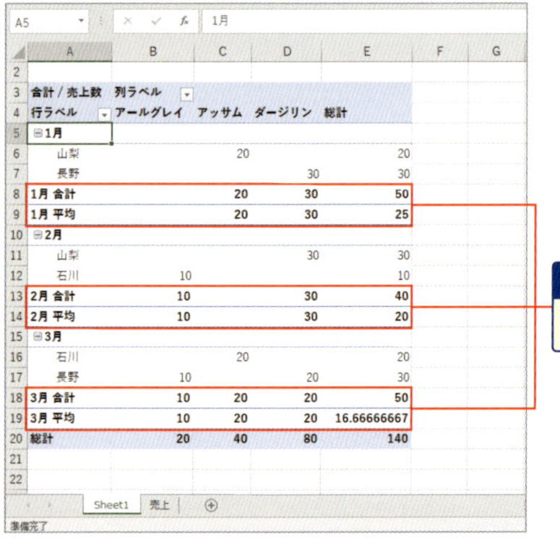

合計 / 売上数	列ラベル			
行ラベル	アールグレイ	アッサム	ダージリン	総計
⊟1月				
山梨		20		20
長野			30	30
1月 合計		20	30	50
1月 平均		20	30	25
⊟2月				
山梨			30	30
石川	10			10
2月 合計	10		30	40
2月 平均	10		30	20
⊟3月				
石川		20		20
長野	10		20	30
3月 合計	10	20	20	50
3月 平均	10	20	20	16.66666667
総計	20	40	80	140

No.079
ピボットテーブルから必要な集計結果を取り出すワザ

GETPIVOTDATA関数を使うと、ピボットテーブルの集計データを同一ブック内や別ブックに取り出すことができます。この関数は、「=」を入力したあとに、取り出したいピボットテーブル内のセルを選択するだけで使用できます。

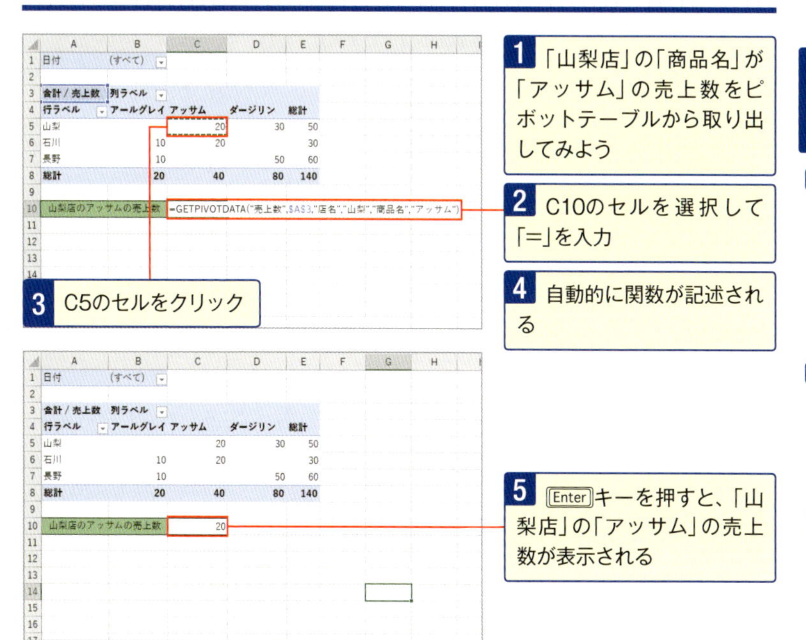

スキルアップ GETPIVOTDATA関数（検索／行列）

=GETPIVOTDATA(データフィールド,ピボットテーブル,フィールド1,アイテム1,フィールド2,アイテム2,…)
ピボットテーブルに格納されたデータを取り出す

データフィールド	データを取り出すフィールド名を指定する
ピボットテーブル	データを取り出すピボットテーブルの任意のセルを指定する
フィールド	データを取り出すために参照するフィールド名を指定する
アイテム	データを取り出すために参照するアイテム名を指定する

※フィールドとアイテムは14組まで指定可能

No.080 「手数料」などオリジナルの集計フィールドを追加したい

オリジナルの集計フィールドを追加するには、［集計フィールドの挿入］ダイアログボックスを使用します。追加した集計フィールドを非表示にするには、［データ］フィールドボタンの▼をクリックして、そのフィールドのチェックをはずします。

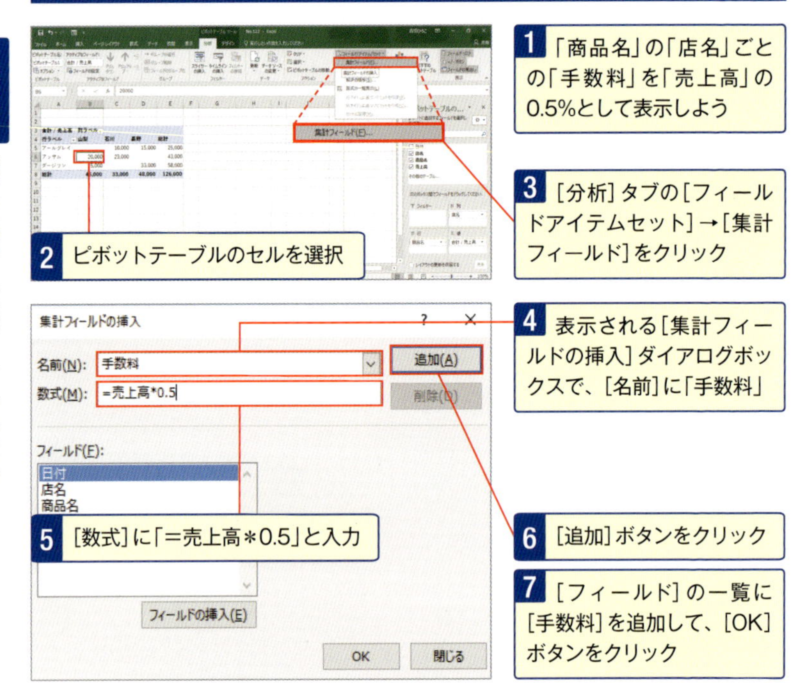

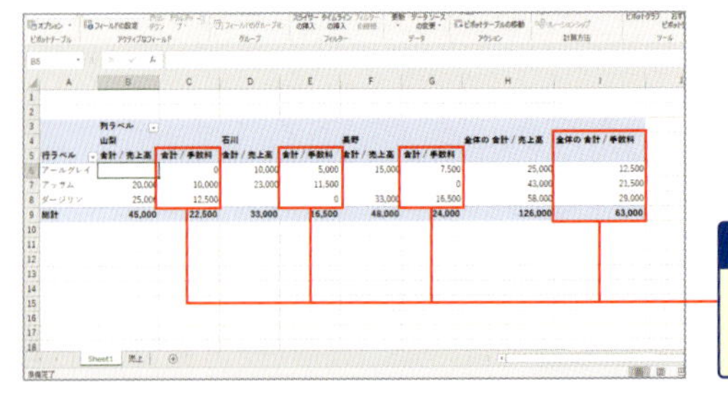

8 「商品名」の「店名」ごとの「手数料」と全体の「手数料」が表示される

No. 081

全体の構成比を出すには［総計に対する比率］から選択！

［フィールドの設定］ダイアログボックスには［計算の種類］が用意されています。この一覧から［総計に対する比率］を選択すると、全体に占める各集計値の比率が表示されます。

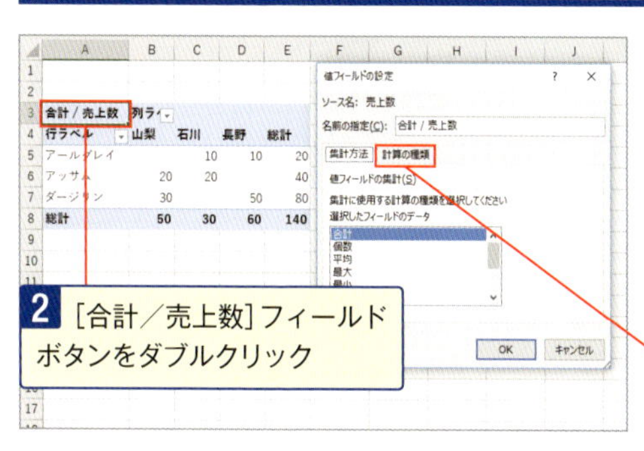

1 ピボットテーブル全体の構成比を表示してみよう

2 ［合計／売上数］フィールドボタンをダブルクリック

3 ［値フィールドの設定］ダイアログボックスで、［計算の種類］タブをクリック

ダブルクリックで設定画面が開かない時は分析タブの［フィールドの設定］をクリックしましょう。

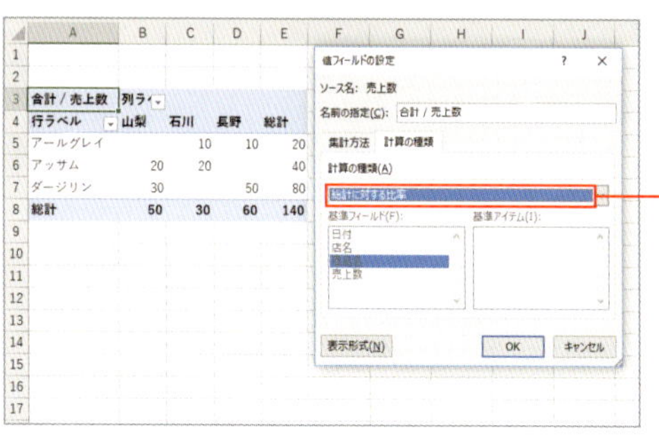

4 表示される［計算の種類］から、［総計に対する比率］を選択し、［OK］ボタンをクリック

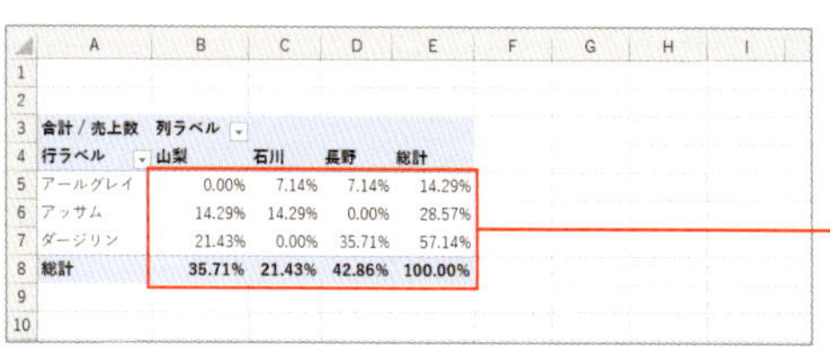

合計 / 売上数	列ラベル			
行ラベル	山梨	石川	長野	総計
アールグレイ	0.00%	7.14%	7.14%	14.29%
アッサム	14.29%	14.29%	0.00%	28.57%
ダージリン	21.43%	0.00%	35.71%	57.14%
総計	35.71%	21.43%	42.86%	100.00%

5 ピボットテーブル全体の構成比が表示される

No. 082

フィールドボタンの表示名は自分で簡単に変更できる

フィールドボタンに表示されている名前は、既定では「(計算方法)/(フィールド名)」となっています。フィールドボタンをダブルクリックして、セル内にカーソルが移動するので[名前]で変更できます。

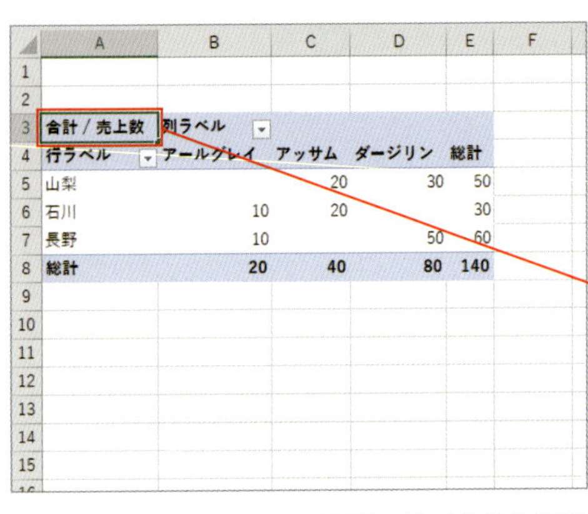

1 [合計/売上数]フィールドボタンの表示名を変更してみよう

2 [合計/売上数]フィールドボタンをダブルクリックすると、カーソルが表示されるので「売上数の合計」と入力し、[OK]ボタンをクリック

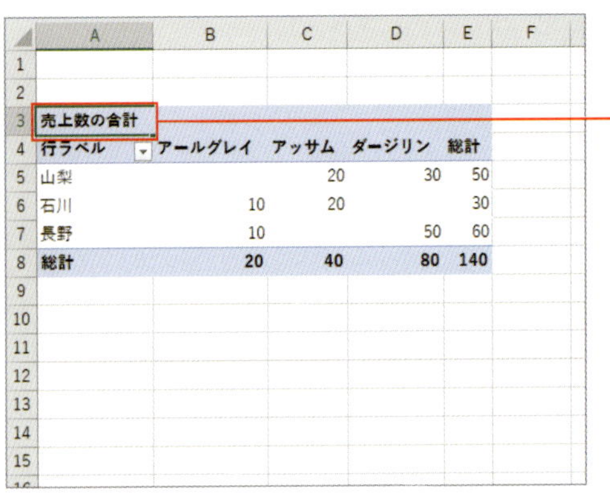

3 [合計/売上数]フィールドボタンの表示名が「売上数の合計」に変更された

スキルアップ 行と列も名前を変更できる

「行ラベル」「列ラベル」も上と同じ要領で変更できます。また、2016バージョンでは列ラベルには列見出しの内容は自動反映されません。

No.083

数値データをオリジナルの区間ごとに集計するには

ピボットテーブル内の数値をグループ化すると自身で決めたまとまりごとに数値を集計できます。地域ごと、四半期ごとなどの集計に役立ちます。行ラベルまたは列ラベルが日付以外のときは、対象を選んでからグループ化します。

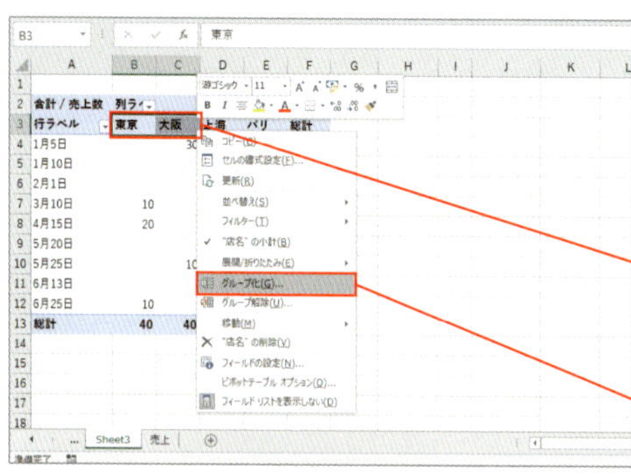

1 「東京」と「大阪」を「国内支店」、「上海」と「パリ」を「海外支店」にグループ化しよう

2 グループにまとめたいデータのラベルを選択して右クリック

3 [グループ化]を選択

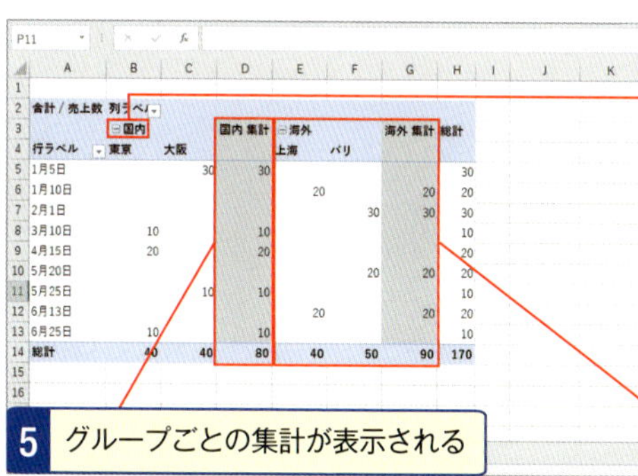

4 [グループ1]という名前でグループ化されるので任意のグループ名に修正する

5 グループごとの集計が表示される

6 同じように別のグループを作る

スキルアップ ラベルが日付の場合はダイアログボックスで指定する

例えば上図の[行ラベル]のような日付を使ってグループ化するときは、日付の入ったセル(上図ではA5～A13のどれか)を右クリックして[グループ化]を選択します。表示される[グループ化]ダイアログボックスの[開始日]と[最終日]で対象とする期間を指定して、[単位]欄で利用したい単位にチェックを付けましょう。[四半期]や[年]を単位に選べば、それぞれごとの集計が表示されます。

No. 084 ピボットテーブルの集計結果は手動で更新すべし

元のデータを変更した場合、ピボットテーブルの集計結果は自動的に更新されません。更新をするには、ピボットテーブルの任意のセルを1つ選択し、[分析] タブの [更新] を選択します。

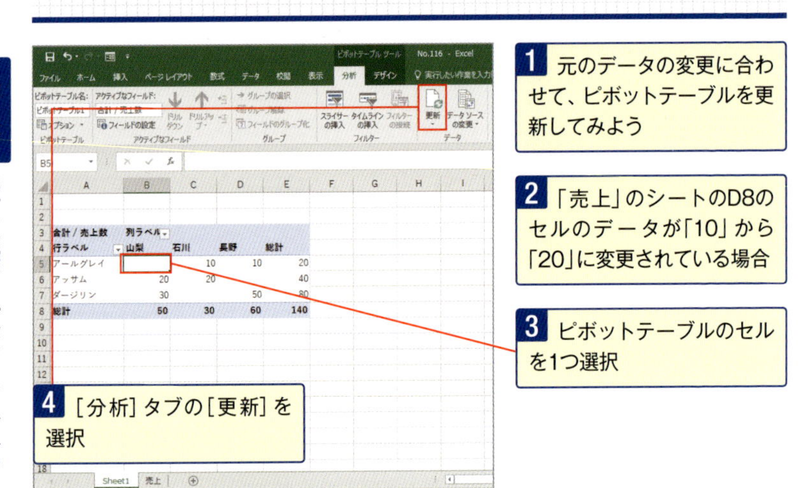

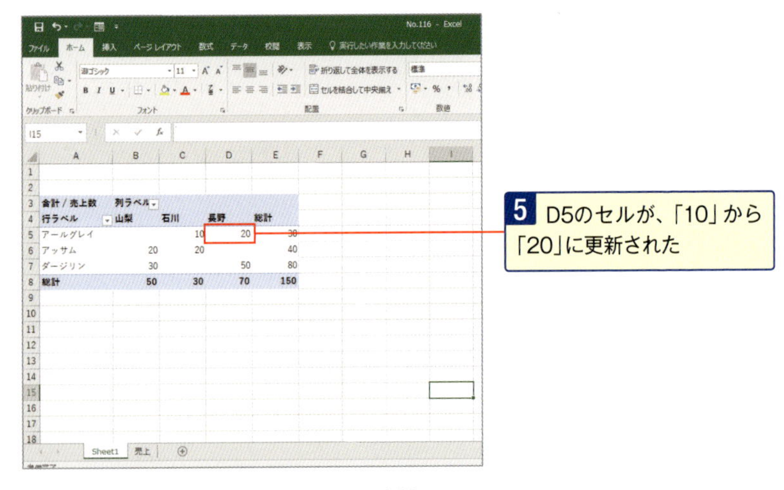

No. 085 空白セルに「0」を表示させるワザ

既定の設定では、集計結果が「0」となるセルは空白セルになります。この空白セルに「0」を表示させるには、［ピボットテーブルオプション］ダイアログボックスで［空白セルに表示する値］に「0」を指定します。

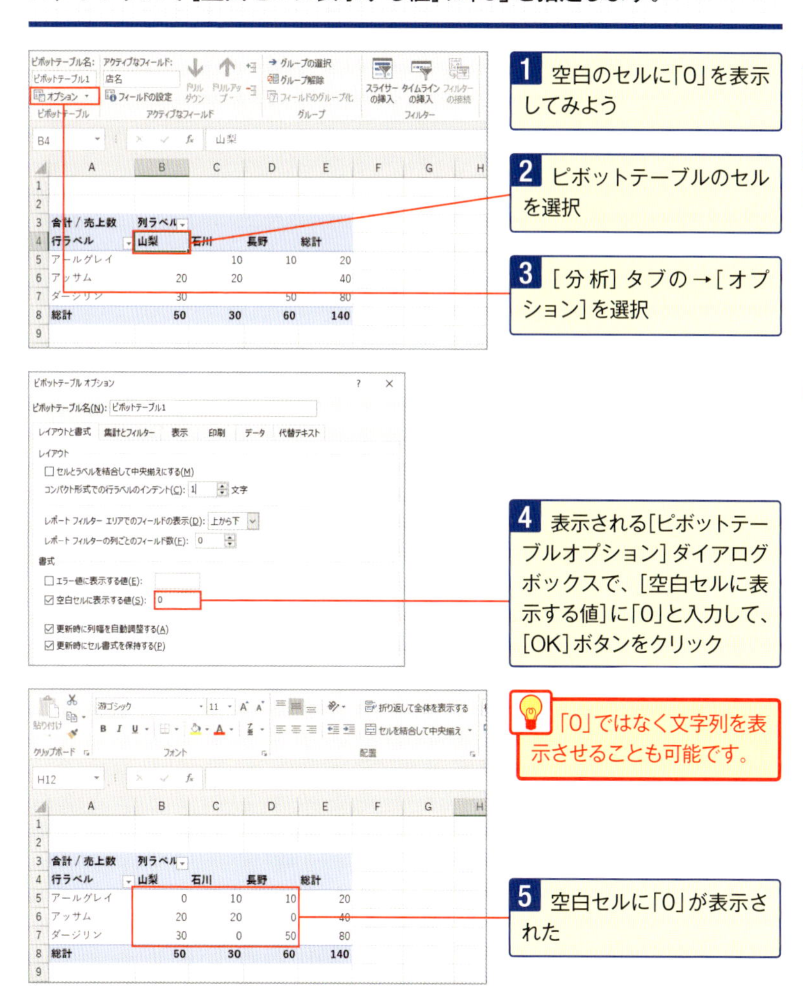

No. 086
ピボットテーブルを元にグラフを作成するには

ピボットテーブルの結果を元に作成したグラフを[ピボットグラフ]といいます。ピボットグラフを作成するには、通常のグラフと同じ[グラフウィザード]を使用します。

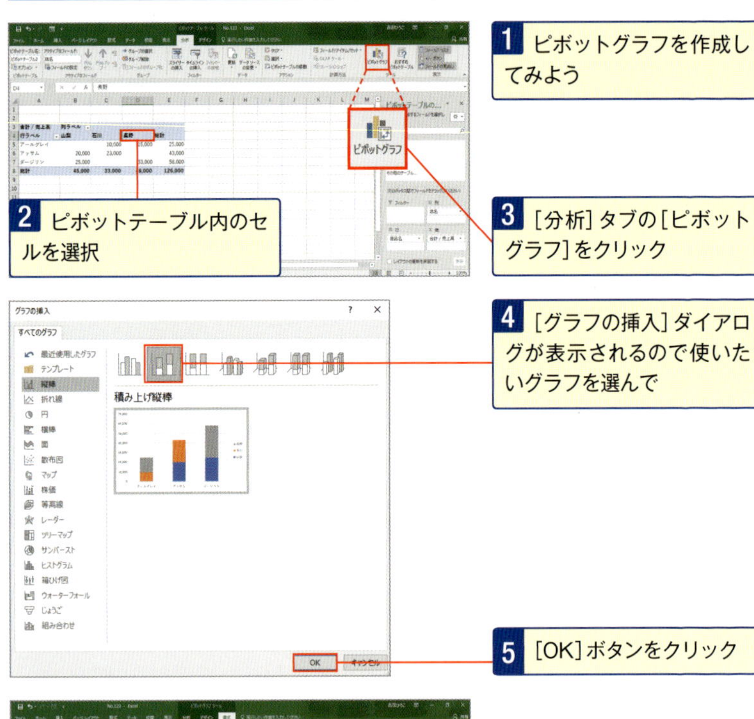

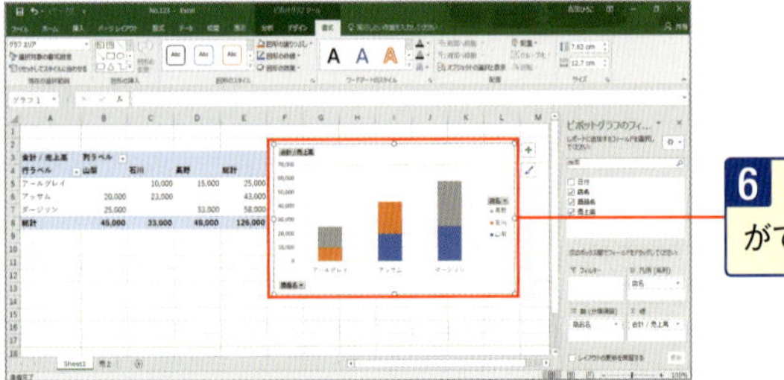

第5章

説得力のあるグラフで魅せる実践ワザ

苦労してまとめた調査結果であっても、数字を羅列しただけの表では目にとまらないかもしれません。グラフを使えば相手に興味を持ってもらえるほか、資料に説得力が生まれます。ビジネスで効果的なグラフの作成方法を見ていきましょう。

No.087 資料の説得力をアップ！グラフ作成のキホンを覚えよう

ビジネスではただ数字を羅列するより、グラフで見せた方がデータの理解が進む場面も少なくありません。ここではグラフの基本的な作成方法を解説。次ページ以降は作ったグラフのカスタマイズ方法を見ていきます。

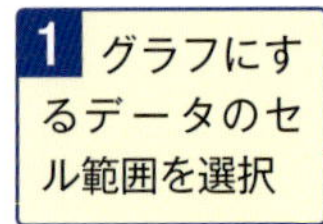

1 グラフにするデータのセル範囲を選択

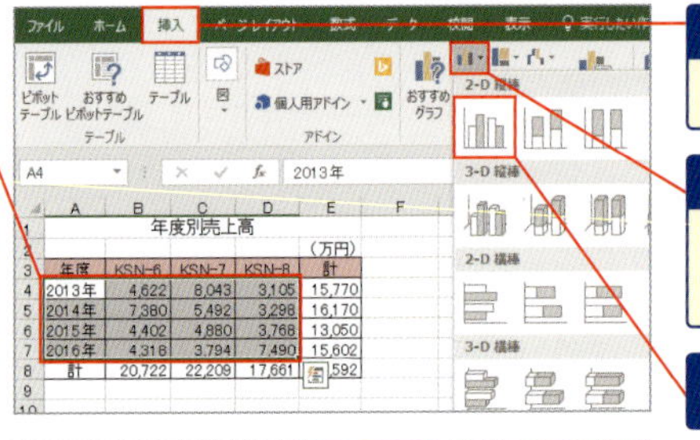

2 ［挿入］タブを選択

3 ［縦棒/横棒グラフの挿入］をクリック

4 種類を選択

5 グラフが表示された

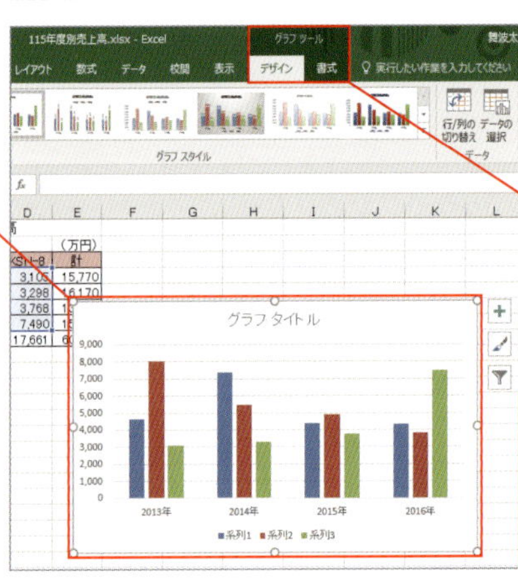

6 新しく［グラフツール］が追加され、ここに［デザイン］［書式］タブが表示された

2010の場合

2010では［レイアウト］タブも追加されます。

サイズを変更するには、グラフの四隅・四辺の中央にポインターを合わせ、↗のような矢印になったらドラッグします。

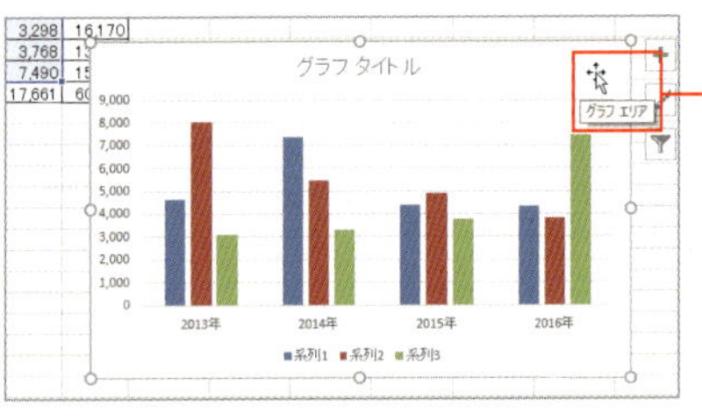

7 グラフを移動するには、グラフにポインターを合わせ、に変わって［グラフエリア］と表示されたらドラッグ

No. 088

内容に合った種類を選ぼう！棒グラフを折れ線グラフに変更

グラフにはさまざまな種類があり、これらは作成後でも変更できます。基本的に数値を比較するなら棒グラフ、数値の変化を知るなら折れ線グラフ、全体に対する割合を把握するなら円グラフを使うとよいでしょう。

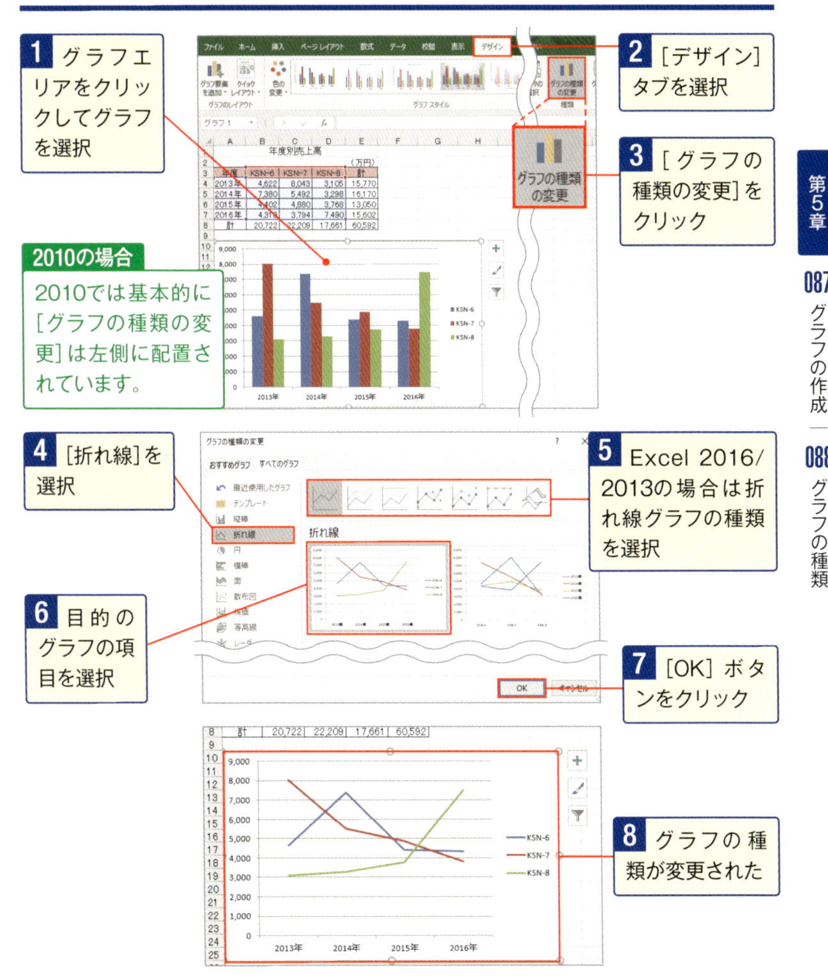

No. 089 グラフを作成したあとにデータの対象範囲を変えたい！

グラフを作成したあとでも参照する数値データの範囲は変更できます。その際はカラーリファレンスを使います。対象の範囲を変更するたびにグラフも自動的に更新されるので便利です。

1 グラフエリアをクリックしてグラフを選択

2 グラフのデータ範囲にカラーリファレンスが表示されるので、その四隅にポインターを合わせ、↘になったらドラッグ

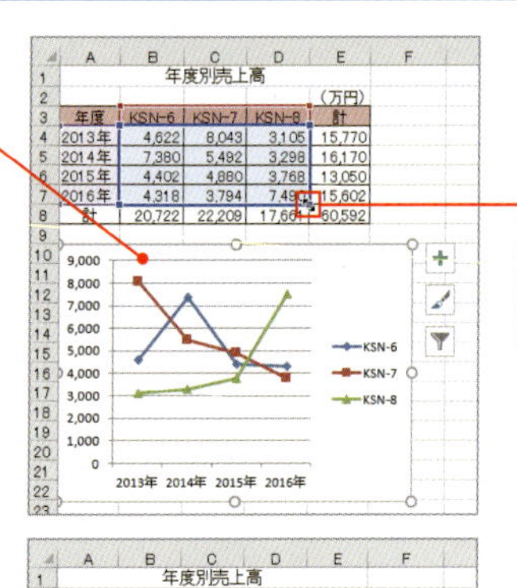

年度別売上高

（万円）

年度	KSN-6	KSN-7	KSN-8	計
2013年	4,622	8,043	3,105	15,770
2014年	7,380	5,492	3,298	16,170
2015年	4,402	4,880	3,768	13,050
2016年	4,318	3,794	7,490	15,602
計	20,722	22,209	17,661	60,592

3 ここではカラーリファレンスの範囲を1列分に変更

4 グラフのデータ系列も1つのみに更新された

5 データ範囲はそのまま移動できる。カラーリファレンスの枠にポインターを合わせ、✥になったらドラッグ

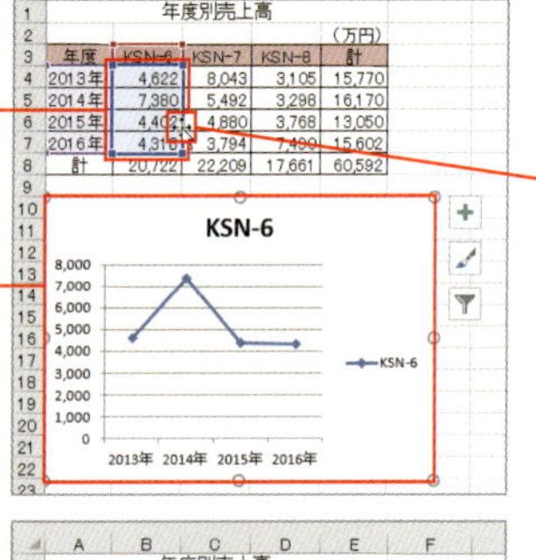

年度別売上高

（万円）

年度	KSN-6	KSN-7	KSN-8	計
2013年	4,622	8,043	3,105	15,770
2014年	7,380	5,492	3,298	16,170
2015年	4,402	4,880	3,768	13,050
2016年	4,318	3,794	7,490	15,602
計	20,722	22,209	17,661	60,592

6 カラーリファレンスの枠が移動

7 合わせてグラフも更新された

年度別売上高

（万円）

年度	KSN-6	KSN-7	KSN-8	計
2013年	4,622	8,043	3,105	15,770
2014年	7,380	5,492	3,298	16,170
2015年	4,402	4,880	3,768	13,050
2016年	4,318	3,794	7,490	15,602
計	20,722	22,209	17,661	60,592

KSN-8

No.090 必要に応じて新しいデータをグラフに追加するには

グラフの作成後に上司からデータを追加するよう指示された……。ビジネスならそんなこともよくあるでしょう。そのような場合は数値データをコピーしてグラフに貼り付けると、グラフに追加できます。

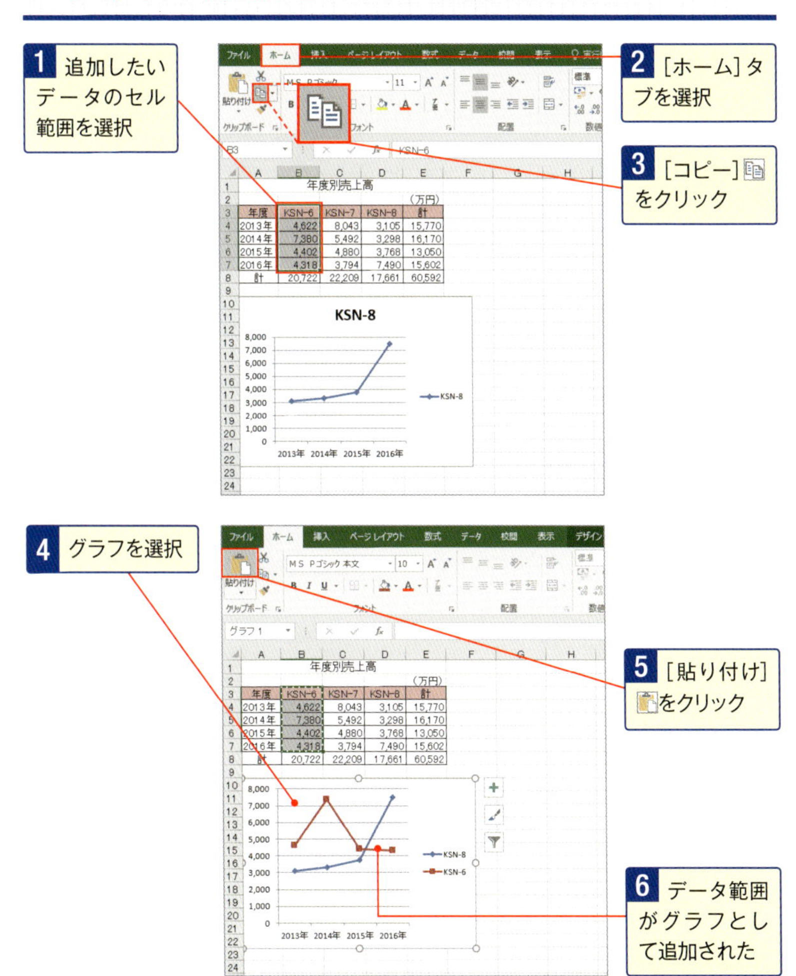

No. 091 グラフは必ずタイトルをつけて説明不足を回避する

タイトルを表示しておくことで、見た人を迷わせることなく情報を伝達できます。グラフを作成すると上部に「グラフタイトル」という領域が作成されますが、誤って消してしまった後は以下の方法で入力します。

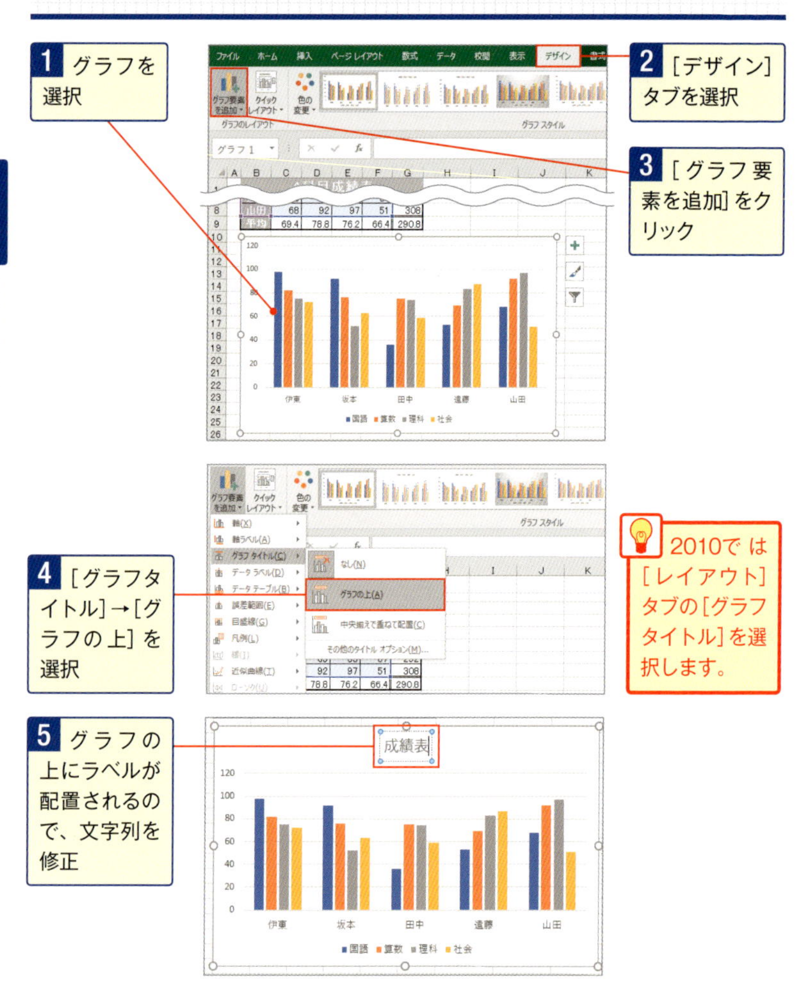

No.092 グラフを別のシートに移動してグラフだけを表示したい

作成したグラフは数値データと同じシートに表示されますが、状況によっては別のシートに表示したいこともあるでしょう。そんなときは［グラフの移動］を使います。ここではグラフだけのシートを新しく作ってみます。

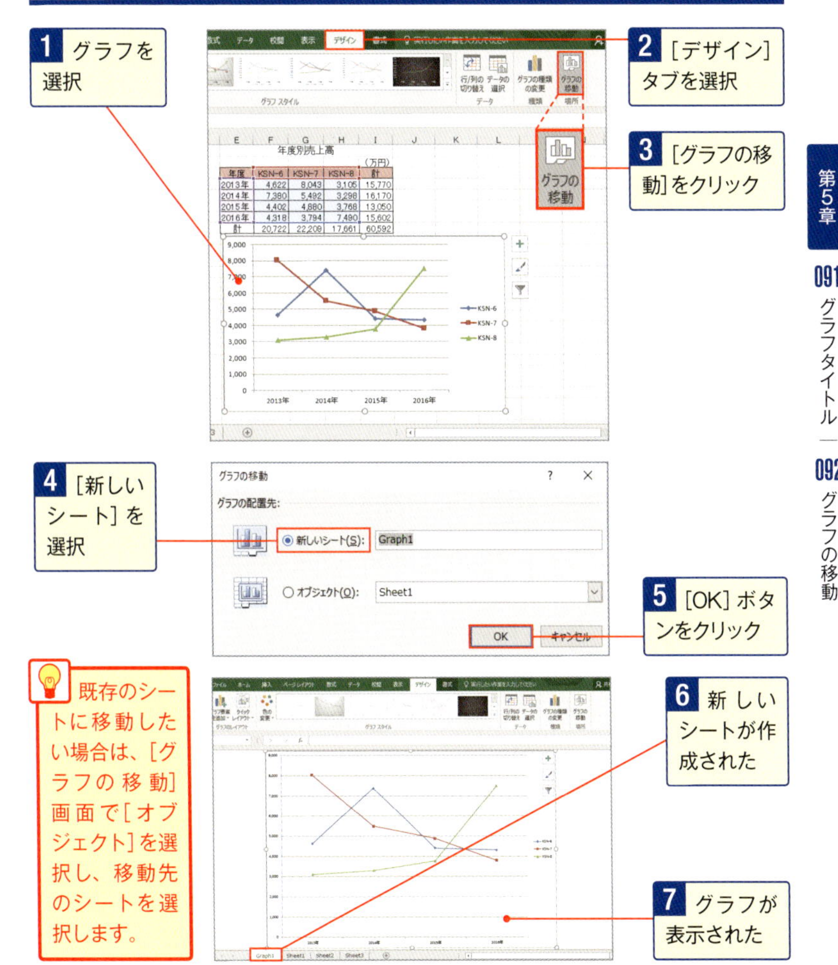

No.093

文書のデザインに合わせてグラフのスタイルを最適化する

グラフのカラーリングや形状は、作成中の文書のデザインに合ったものに変えておくと、ビジネス文書らしい調和が生まれます。あまり奇をてらう必要はないので、皆にとって見やすいスタイルを選びましょう。

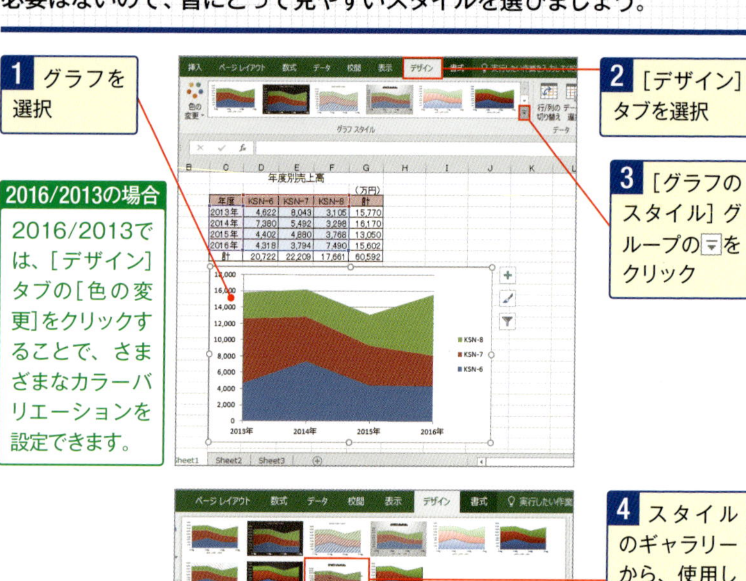

2016/2013の場合

2016/2013では、［デザイン］タブの［色の変更］をクリックすることで、さまざまなカラーバリエーションを設定できます。

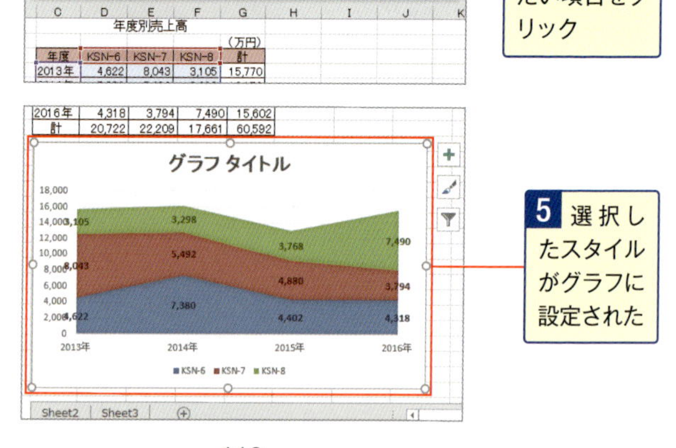

No. 094

情報をしっかり伝えるために グラフの外観をまとめて設定

作成したばかりのグラフはシンプルですが、グラフタイトル、系列のデータラベル、凡例などの各種要素をどう表示するかを考えるのは意外と面倒。用意されたレイアウトの中から選択するのも手です。

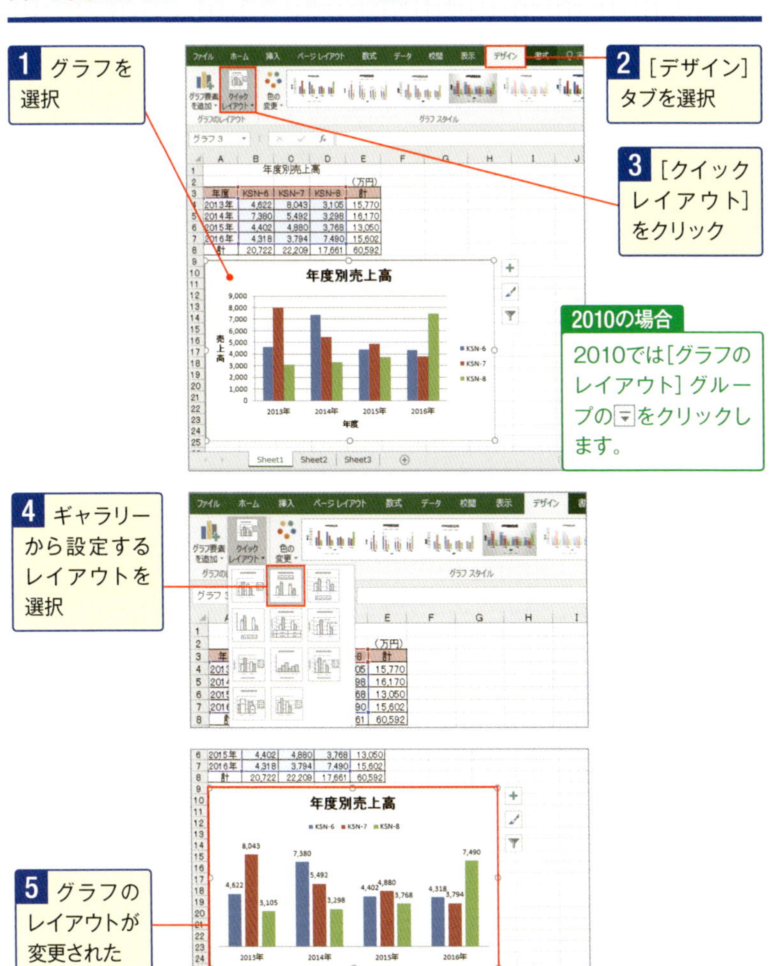

No. 095 グラフの縦軸と横軸が示す内容をわかりやすく伝えたい

作成したばかりのグラフは、縦軸や横軸が何を示しているのか情報がないので、軸ラベルを追加しましょう。ここではExcel 2016/2013を例に解説しますが、2010は下のカコミを参照してください。

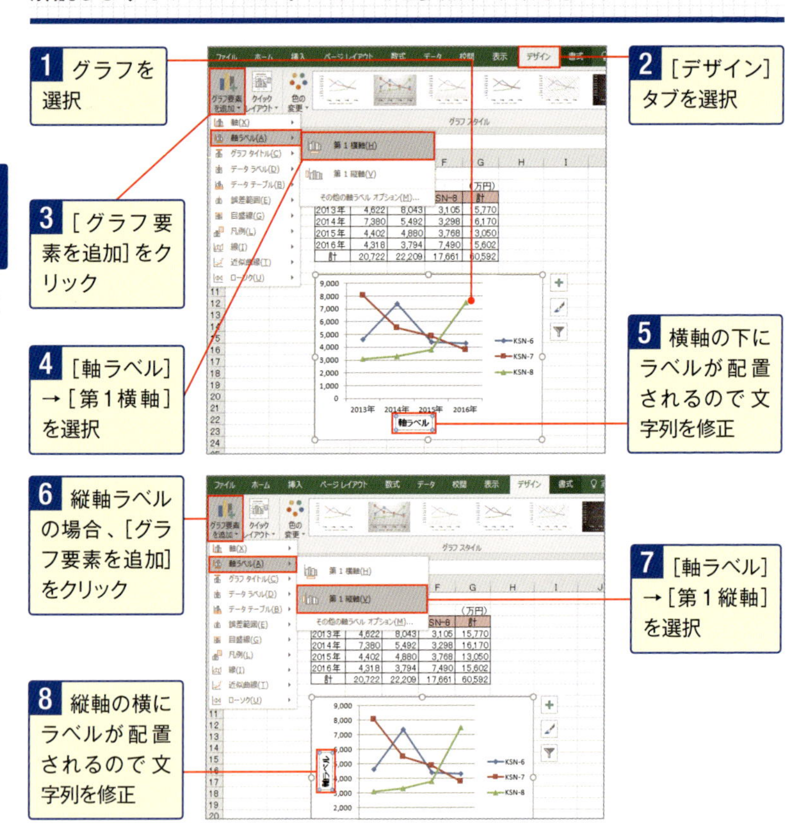

2010の場合

2010では[レイアウト]タブの[軸ラベル]をクリックします。横軸ラベルを配置する場合は[主横軸ラベル]→[軸ラベルを軸の下に配置]を選択。縦軸ラベルを配置する場合は[主縦軸ラベル]→[軸ラベルを垂直に配置]を選択しましょう。

No.096 グラフの凡例は見やすい位置に移動しておこう

凡例とは、たとえば棒グラフなら各棒が表す内容を説明したものです。この凡例はわかりやすい位置に移動しましょう。Excel 2016/2013と2010とでは若干、操作方法が異なるので注意してください。

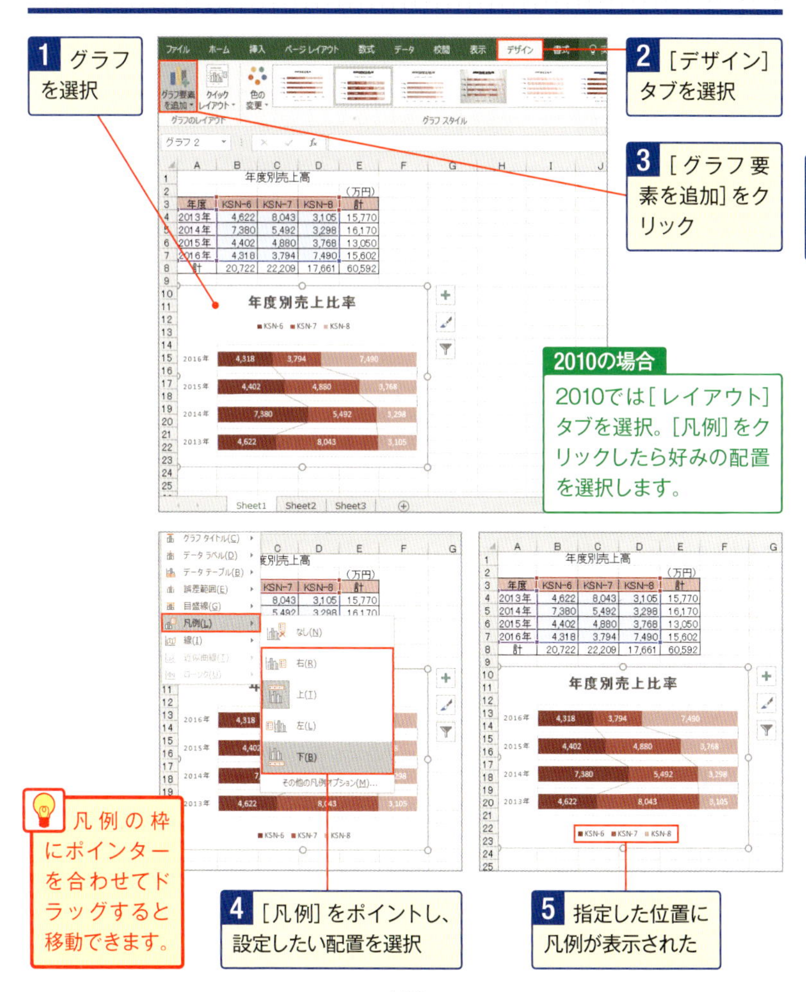

年度	KSN-6	KSN-7	KSN-8	計
2013年	4,622	8,043	3,105	15,770
2014年	7,380	5,492	3,298	16,170
2015年	4,402	4,880	3,768	13,050
2016年	4,318	3,794	7,490	15,602
計	20,722	22,209	17,661	60,592

No. 097 編集時に欠かせない基本操作! グラフの要素を選択するには

グラフはグラフエリア、軸ラベル、凡例などさまざまな要素で構成されていますが、それぞれカスタマイズするにはマウスで適切に選択しておく必要があります。それには若干のコツがいるので、解説しておきましょう。

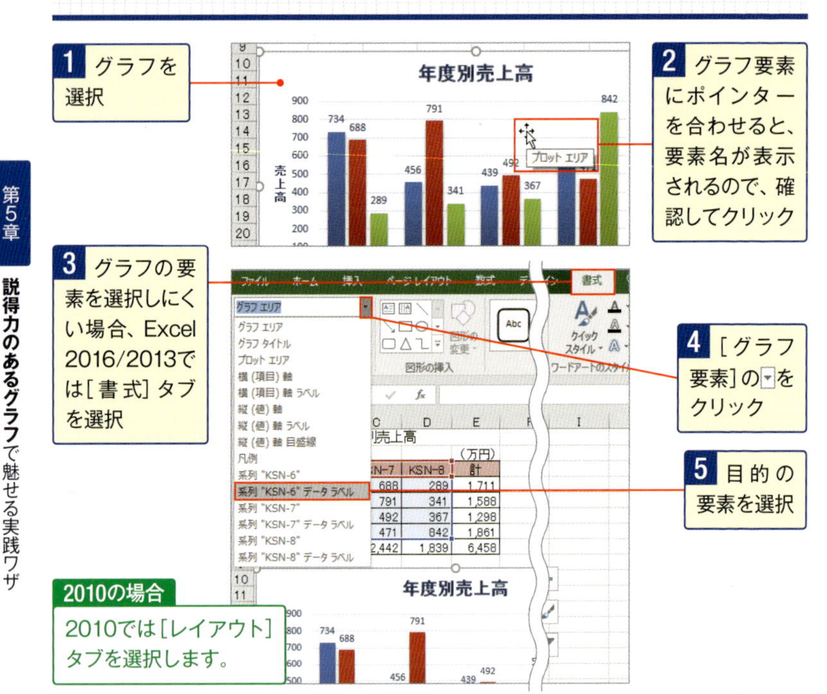

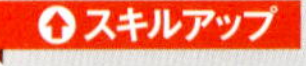

スキルアップ グラフの各部名称

グラフの主な要素の名称は図のとおりです。

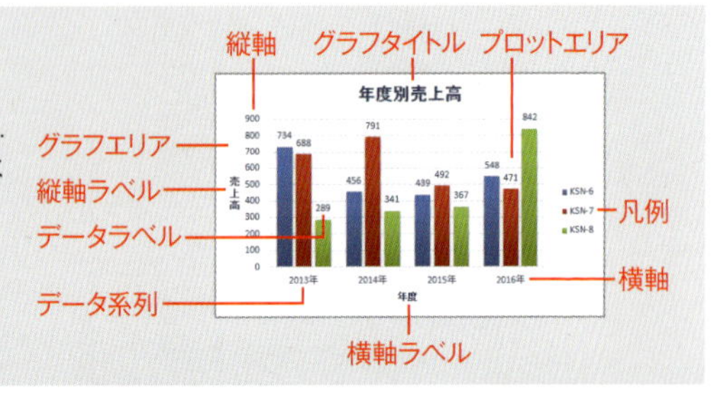

No.
098

グラフエリアの文字のサイズを一度の操作ですべて変更する!

作成するグラフのサイズや、見出しや凡例に表示される文字列の長さによっては、文字のサイズを変更したい場合があります。ここではグラフエリア内の文字サイズを一気に変更する方法を紹介します。

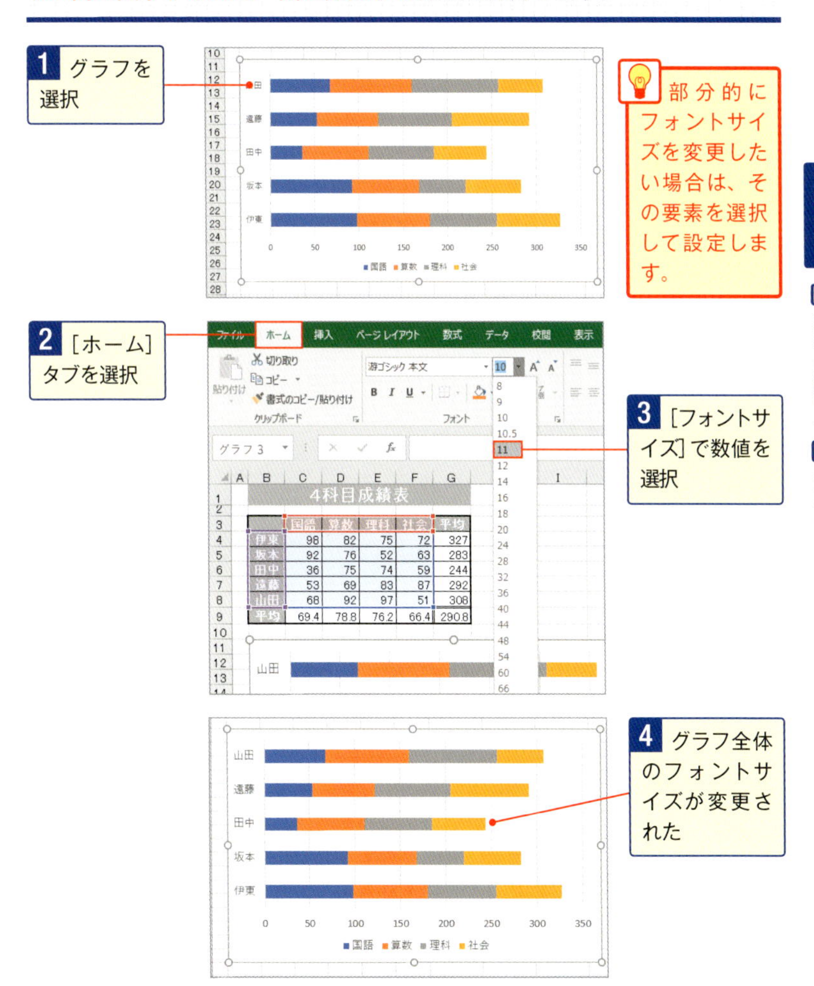

No.099 日本語は縦で見せたい！横軸の見出しを縦書きにする

項目軸の見出しは、項目の数が多いときや項目の見出しが長いとき以外は、自動で横書きになります。項目の見出しを手動で縦書きにしたい場合の方法を以下で説明します。

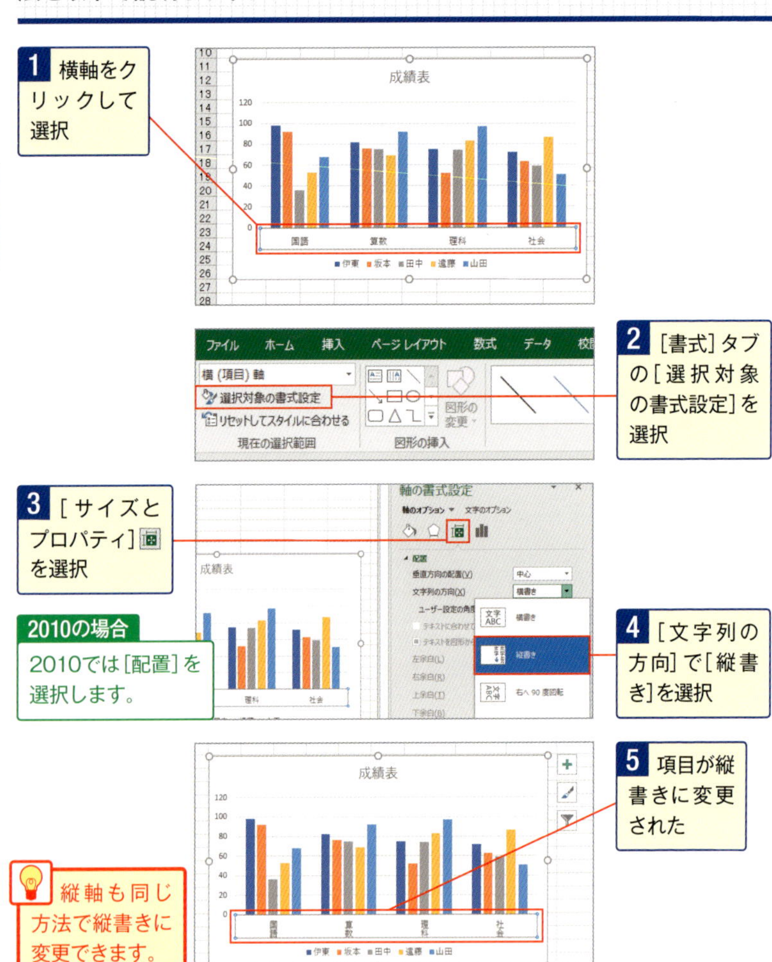

第5章 説得力のあるグラフで魅せる実践ワザ

No. 100 細かい目盛は見にくいことも。縦軸の目盛間隔を広くしたい！

数値軸には自動的に目盛が付けられます。目盛が細かすぎるとグラフの邪魔になるので、適宜広げておきましょう。ただし、このとき、目盛の最大値を考慮して、割り切れるような数値を設定するようにします。

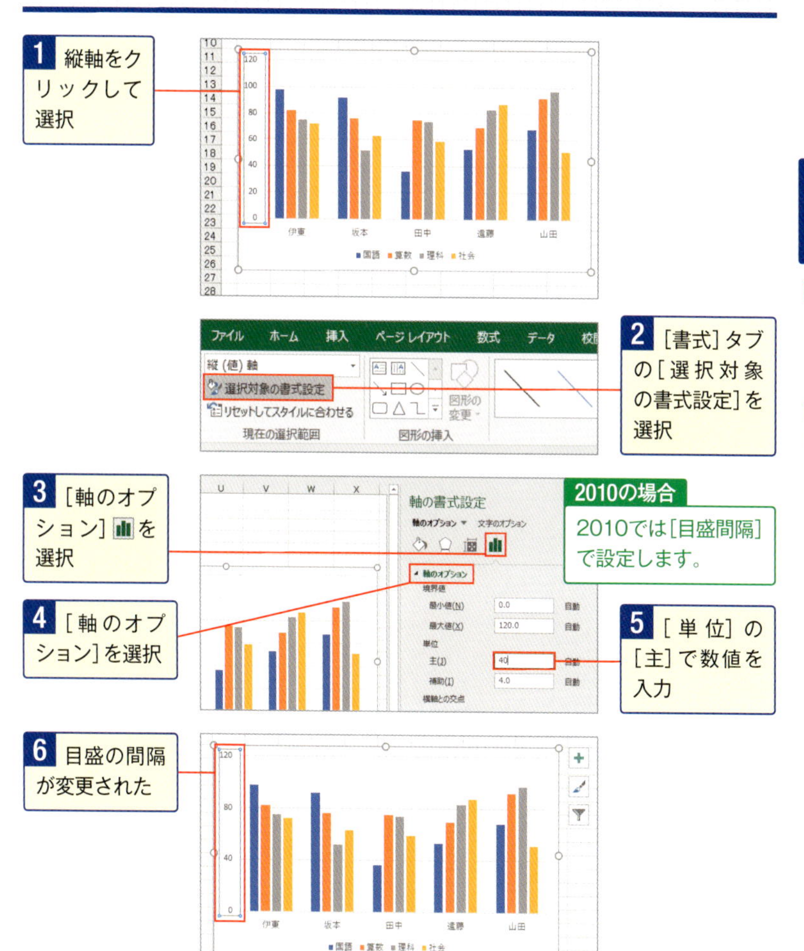

No. 101 目盛線を破線にして、もっとグラフを目立たせたい！

目盛線は、規定では黒の実線で表示されます。グラフサイズが小さめだったり目盛間隔が小さかったりすると目盛線が目立ちすぎてしまうことがあります。そのようなときは目盛線を破線または点線にするとよいでしょう。

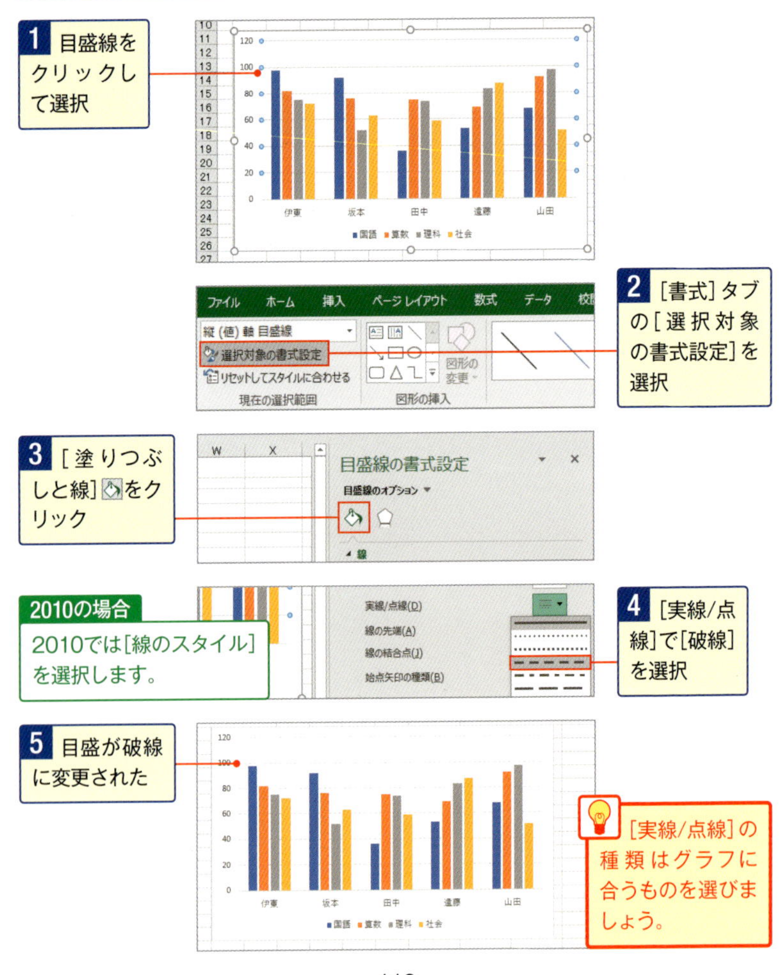

No. 102 縦軸の最小値を変えて、変化をはっきり見せよう！

縦軸の最小値、最大値は自動的に決められますが、グラフの変化をはっきり見せたい場合には、最小値を変更して調整することができます。もし、グラフの上部に余裕を持たせたい場合は最大値を変更します。

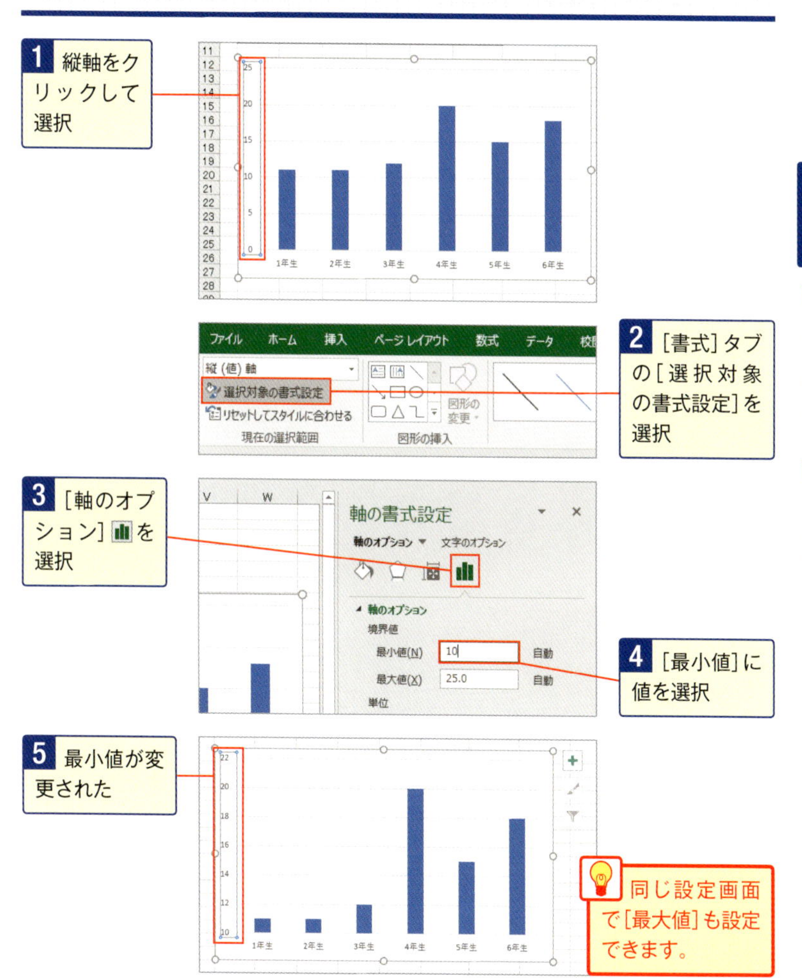

No. 103

大きい数字は見やすさ優先！縦軸の単位を100万にしよう

たとえばグラフの縦軸の数字が「1,000,000」のように表示されていると、ひと目で読み取りにくいうえ、グラフの視認性を損ねてしまう場合があります。ここでは「100万」単位で表示するように設定してみましょう。

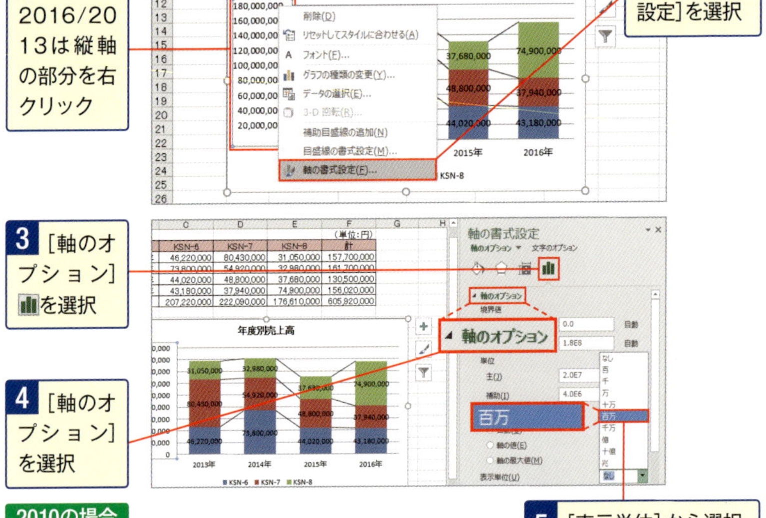

2010の場合

2010では[レイアウト]タブの[軸]をクリックして[主縦軸]→[百万単位で軸を表示]を選択します。

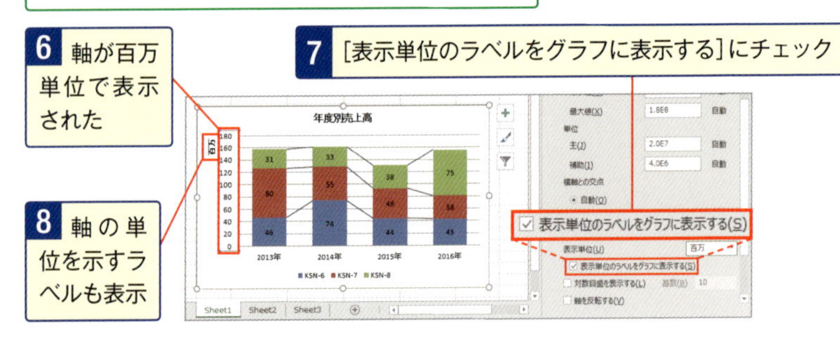

第5章 説得力のあるグラフで魅せる実践ワザ

No. 104

数値も一緒に見せたい！ グラフと表を合わせて表示する

「データテーブル」を利用すると、グラフの下に、グラフに使ったデータだけの表を掲載することができます。グラフに使用したデータを見せたい場合に便利ですが、表示位置は固定になり、移動はできません。

1 グラフを選択

2 ［デザイン］タブの［グラフ要素を追加］をクリック

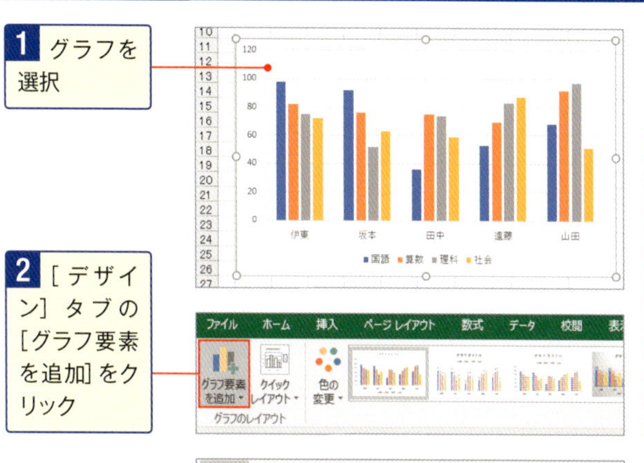

2010の場合

2010では、［レイアウト］タブを選択し、［データテーブル］→［データテーブルの表示］をクリックします。

3 ［データテーブル］を選択し、設定したいレイアウトを選択

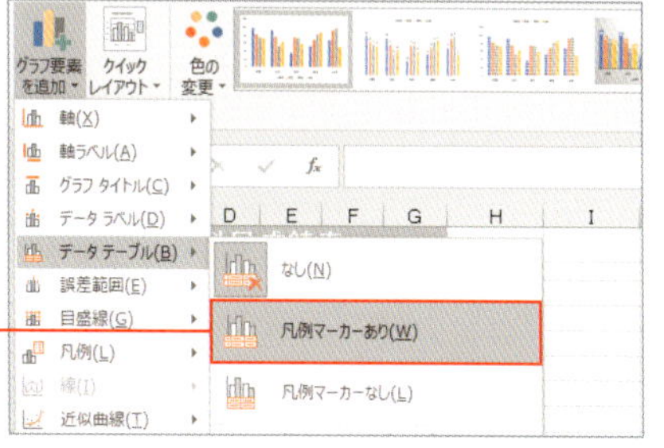

4 データテーブルが追加された

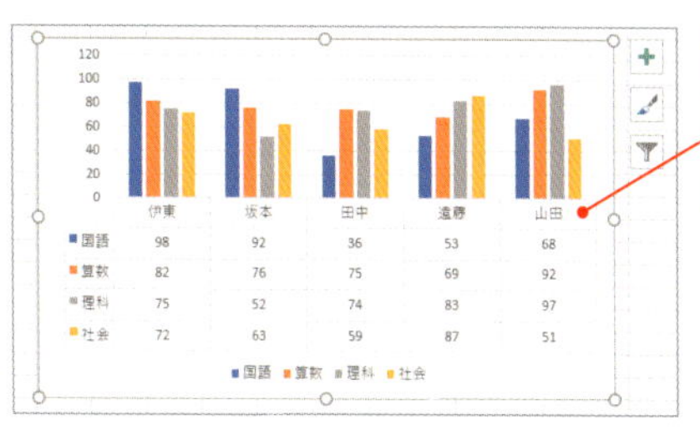

No.105
特定の系列の色を好みの色に変更したい！

グラフを作成すると、あらかじめ決まった色でグラフが描画されます。[色の変更]で、全体のカラーリングを変更することもできますが、個別に項目の色を変更することもできます。表とグラフで色と合わせるといった使い方も効果的です。

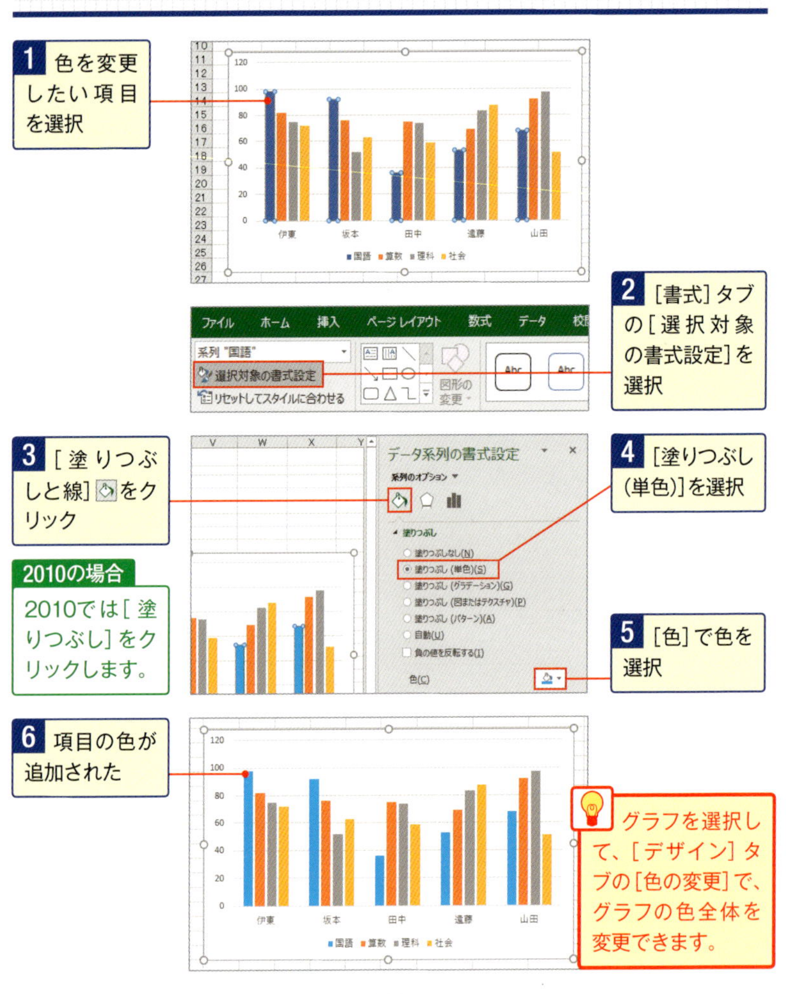

2010の場合

2010では[塗りつぶし]をクリックします。

グラフを選択して、[デザイン]タブの[色の変更]で、グラフの色全体を変更できます。

No. 106
棒グラフの幅を調整して、そこだけ目立たせたい！

グラフ化するデータの数が少ない場合は、グラフ全体のサイズに比べて棒グラフの棒が細く、印象の弱いグラフが作成される場合があります。棒を太くしたい場合には、「要素の間隔」で調整しましょう。

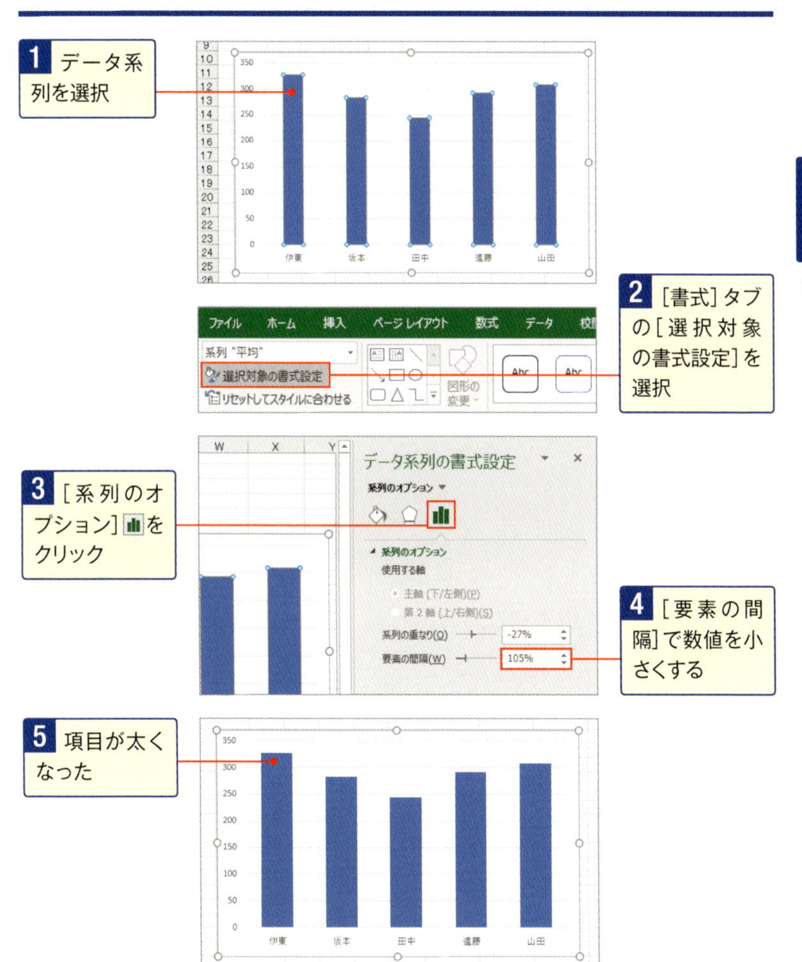

No. 107 縦軸の目盛に単位をつけて、伝わりやすさをアップする！

グラフを作成すると、元となる表の数値データの表示形式に合わせてグラフの数値軸が作成されます。グラフを作成した後に、この表示形式を変更したい場合には、以下の方法で行います。

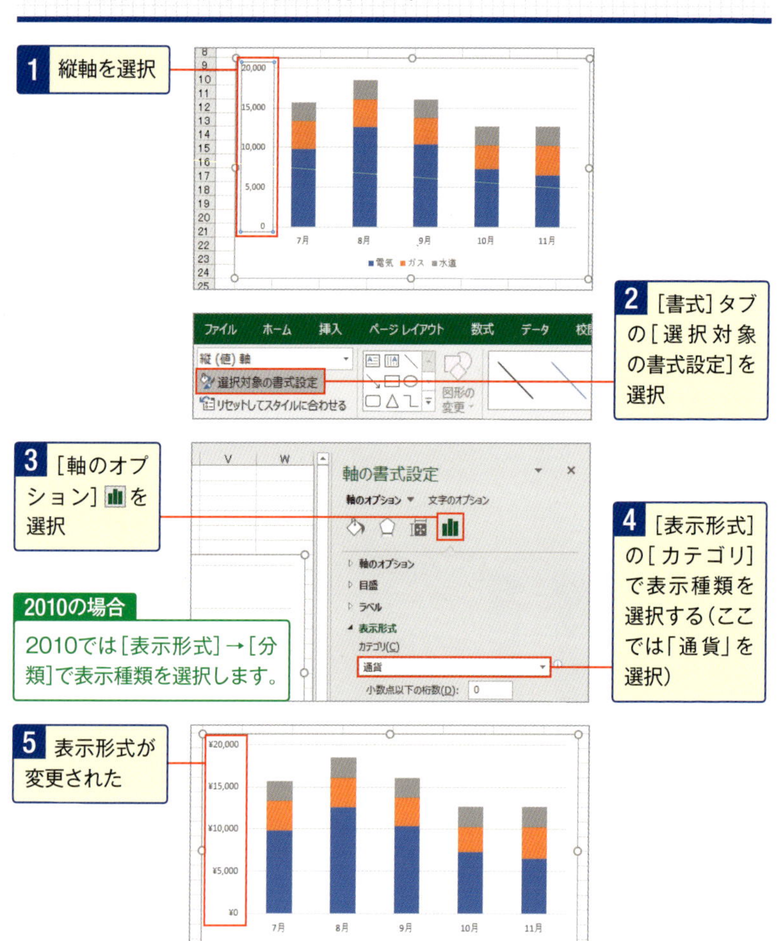

No.108 横軸の見出しを「年」や「月」で表示する

項目軸に表示する単位は変更することができます。大量の時系列データをグラフ化した場合は、すべての日付を表示するのではなく、月単位や年単位の見出しに変更することによってグラフが見やすくなります。

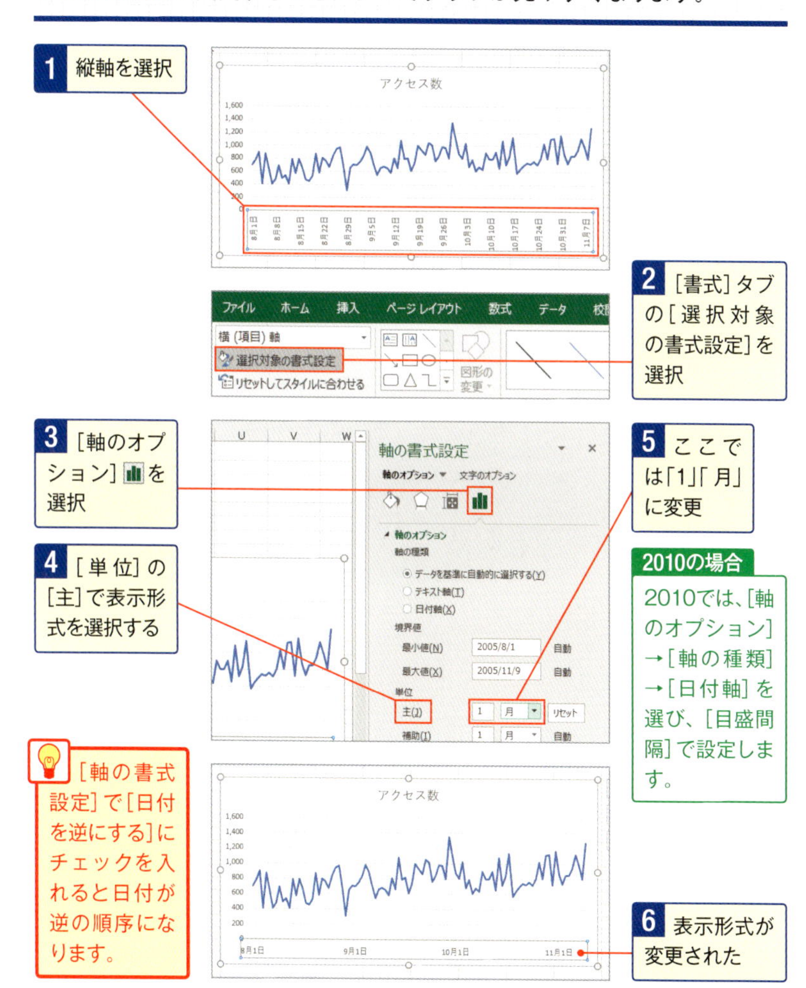

2010の場合

2010では、［軸のオプション］→［軸の種類］→［日付軸］を選び、［目盛間隔］で設定します。

No.109 横軸の見出しをグループごとに表示する

グラフの元になる表にあらかじめ2種類の項目見出しを作成しておくと、項目軸の見出しを**グループごとに線で区切って表示**することができます。具体的なやり方を以下で紹介します。

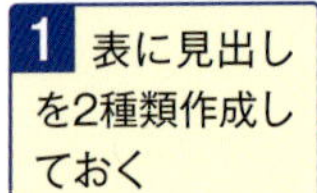

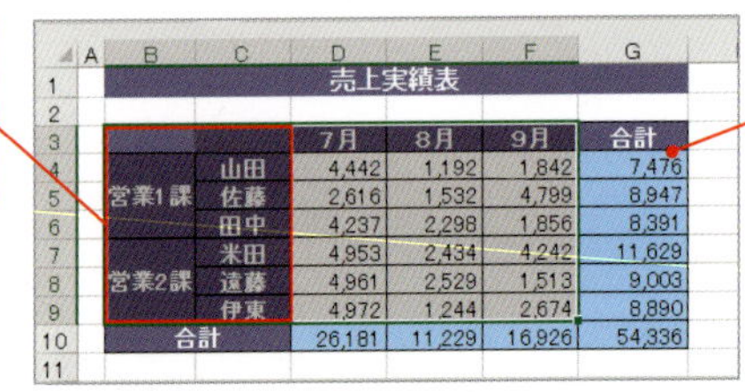

		7月	8月	9月	合計
営業1課	山田	4,442	1,192	1,842	7,476
	佐藤	2,616	1,532	4,799	8,947
	田中	4,237	2,298	1,856	8,391
営業2課	米田	4,953	2,434	4,242	11,629
	遠藤	4,961	2,529	1,513	9,003
	伊東	4,972	1,244	2,674	8,890
合計		26,181	11,229	16,926	54,336

2 グラフにしたいデータ範囲を選択

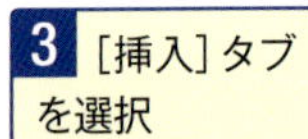

4 [グラフ] から[2-D縦棒] を選択

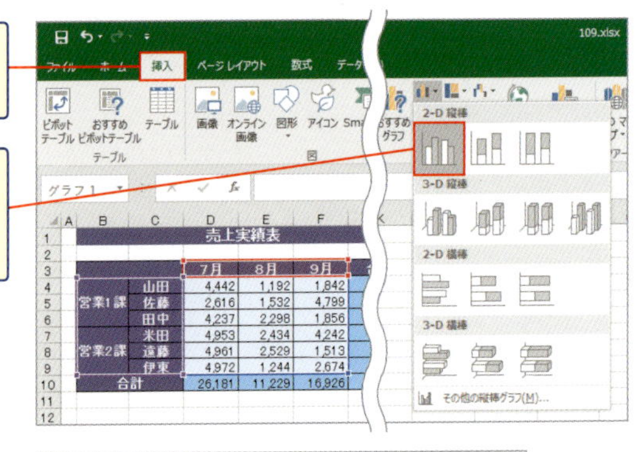

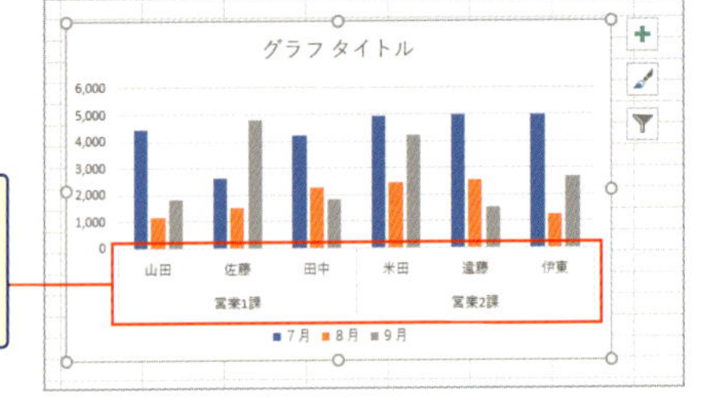

2010の場合

2010では、1種類の見出しを選択した状態でグラフを作成し、その後[デザイン]タブで[データの選択]をクリックして、2種類の見出しを含む範囲を指定します。

No. 110

グラフの棒に直に数値を表示してわかりやすく

描画したグラフの棒の上に、元となる表の数値データを表示して、よりわかりやすいグラフを作成することができます。数値データが棒の上に直接表示されるため、数値自体を伝えたい場合に有効です。

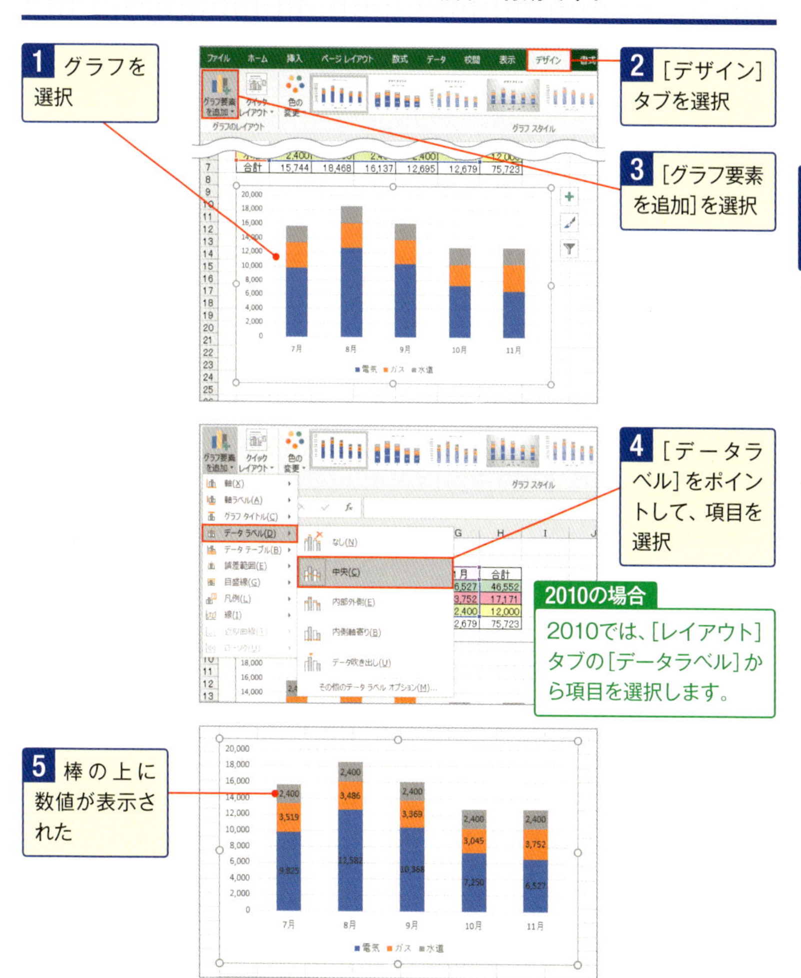

No.111

棒の上の数値が見にくい?! 数値の背景を白にして見やすく

作成したグラフの上にデータラベルを表示しても、データ系列の色によっては、数値が見にくくなります。ラベルのフォントの色を指定したり、ラベルの背景を白で塗りつぶすと見やすくなります。

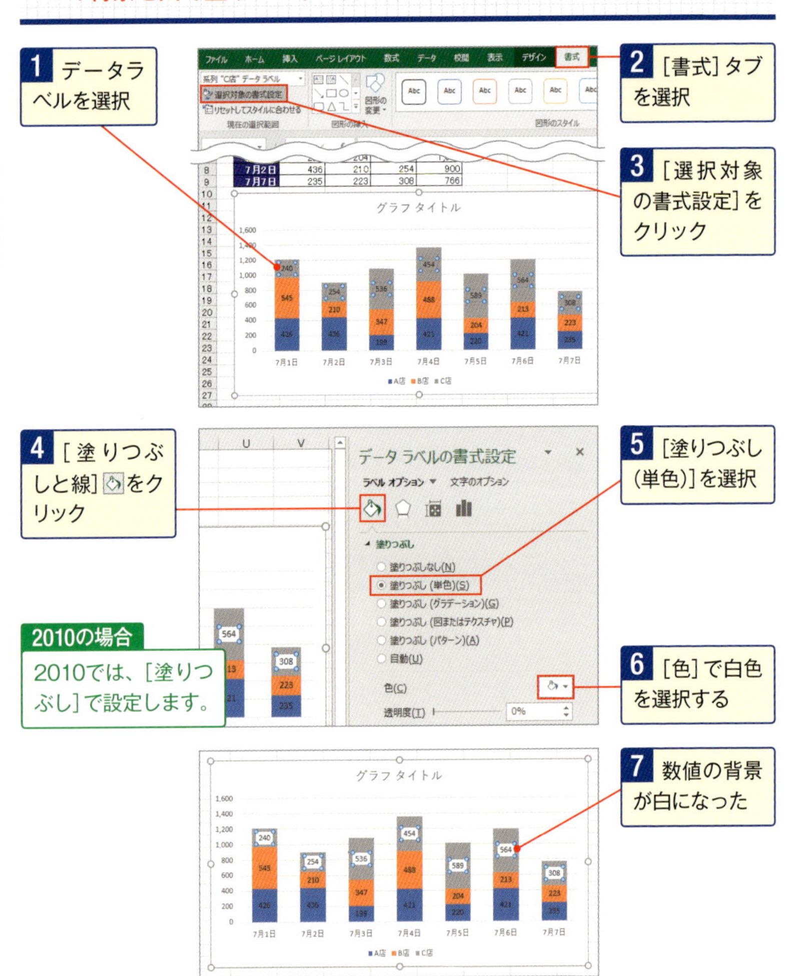

No.
112

項目間を線でつないで要素の増減をはっきり示す

積み上げ棒グラフには、各要素の推移がわかりやすいように区分線を引くことができます。区分線を引くと棒グラフに折れ線グラフを重ねたようになり、データの推移がひと目でわかるようになります。

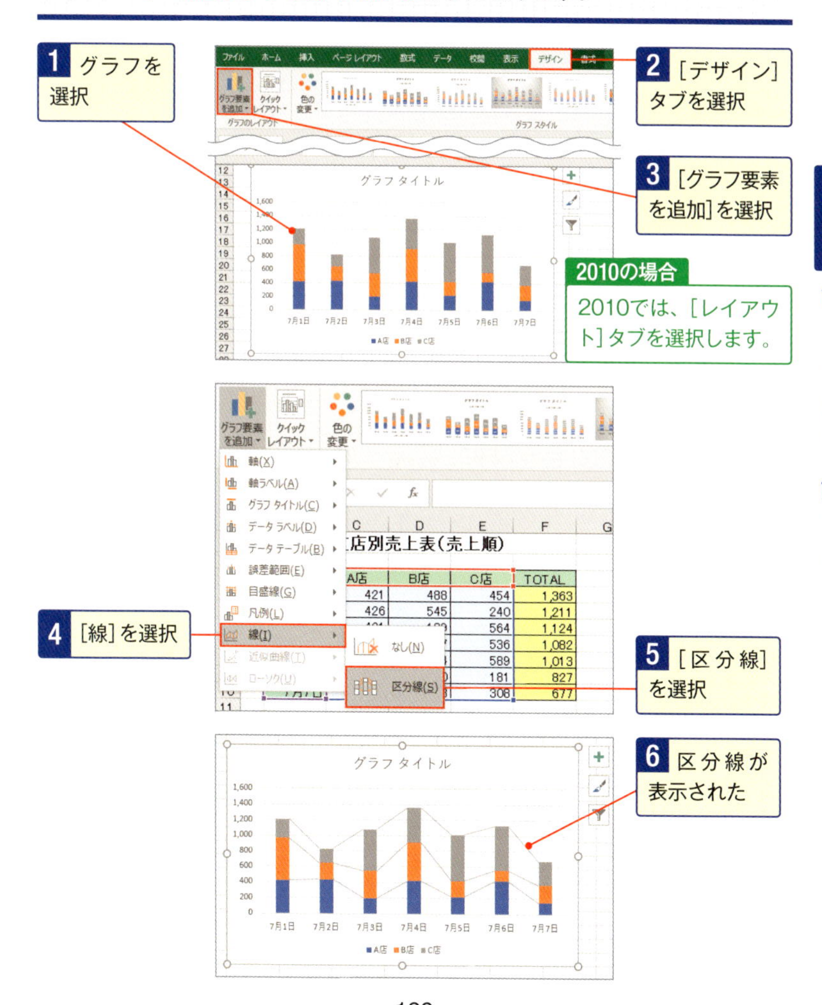

No. 113

折れ線グラフのマーカーを見やすい大きさにする

折れ線グラフの各要素の数値を表す記号のことをマーカーといいます。2016では標準では表示されませんが、モノクロで印刷する用途の時などはマーカーを設定しておくと良いでしょう。

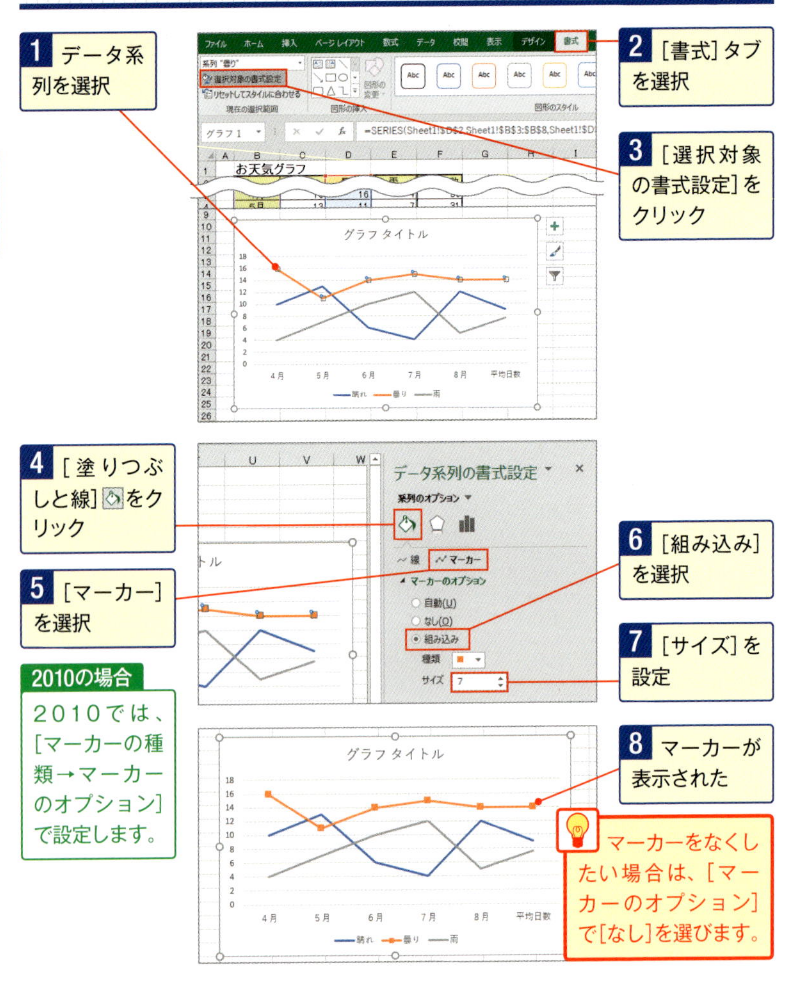

2010の場合

2010では、[マーカーの種類→マーカーのオプション]で設定します。

マーカーをなくしたい場合は、[マーカーのオプション]で[なし]を選びます。

No. 114

棒グラフと折れ線グラフの2軸グラフを作成したい！

1つのグラフエリアの中に2種類のグラフを作成することができます。グラフを表すデータの意味の違いを目立たせるには、指定したデータ系列のグラフの種類を変更するといいでしょう。

1 グラフの種類を変更したいデータ系列を選択

2 [デザイン]タブを選択

3 [グラフの種類の変更]を選択

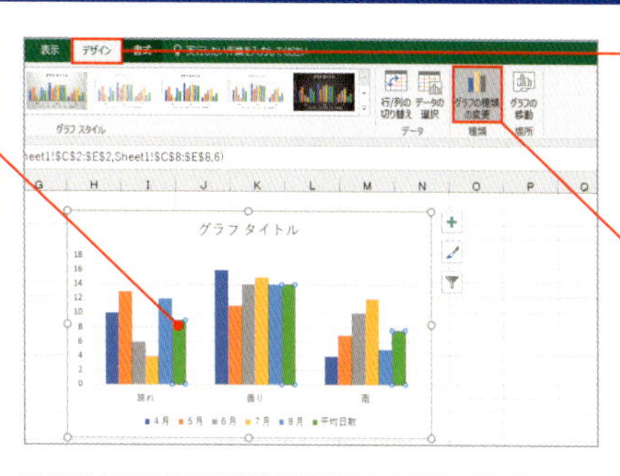

4 [組み合わせ]を選択

5 [ユーザー設定の組み合わせ]を選択

6 系列ごとに表示したいグラフの種類を選択

7 [OK]をクリック

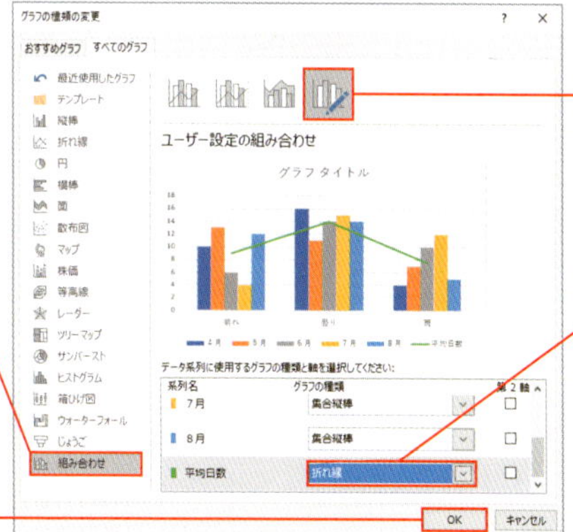

2010の場合

2010では、[グラフの種類の変更]ダイアログでグラフの種類を選択します。

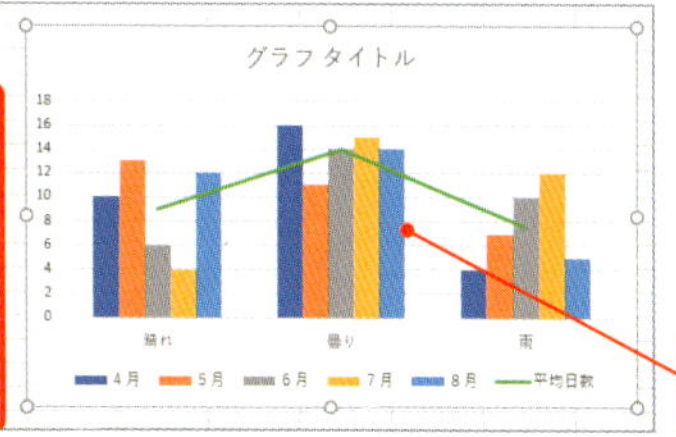

8 グラフが変更された

右側に折れ線グラフの縦軸を表示したい場合は[第2軸]にチェックを入れます。

No.115 円グラフのラベルの引き出し線を非表示にしたい！

円グラフにデータラベルを表示し、データラベルをドラッグして移動すると、自動的に引き出し線が表示されます。データ要素が少ない場合は引き出し線がない方がグラフをよりすっきりと見せることができます。

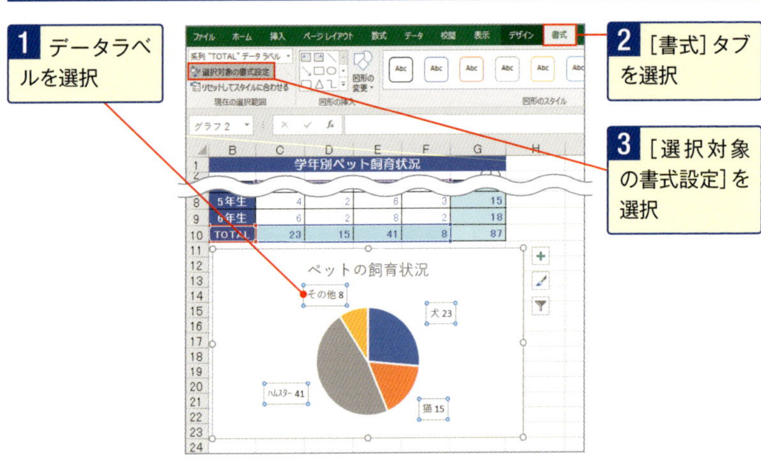

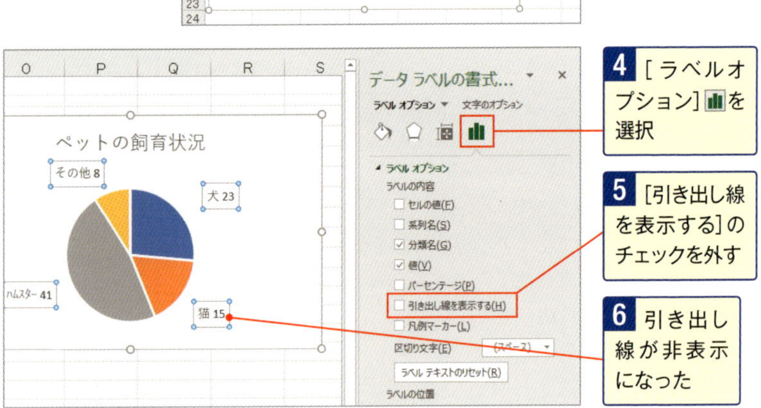

2010の場合

2010でデータラベルを表示させるには、［デザイン］タブの［データラベル］から項目を選択します。

No.116

円グラフのラベルを独自の形式にしたい！

データラベルは、規定では元となる表の表示形式と同じように表示されますが、[データラベルの書式形式]の[ユーザー定義]を作成することによって、自由な形式でデータラベルを表示することができます。

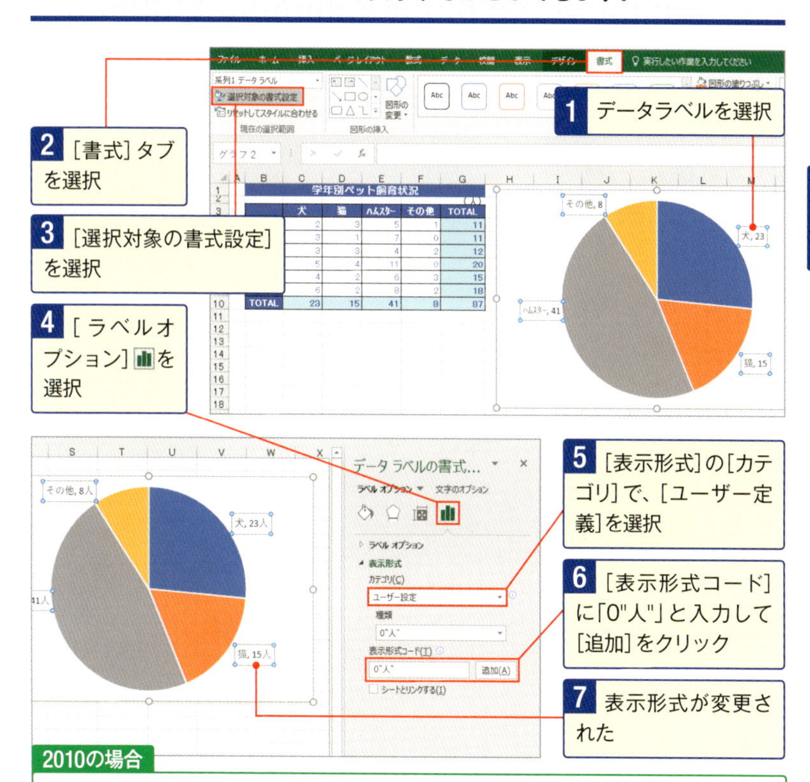

2010の場合

2010では、[表示形式]タブの[分類]から[ユーザー定義]で設定します。新しい定義を追加した場合は、[追加]ボタンをクリックして追加しておきます。

ラベルとして表示したい項目を変更する場合は、[ラベルオプション]の[ラベルの内容]を変更します。複数のラベルを表示する場合の間の区切りは、[区切り文字]で設定できます。

No.117 数値データが欠けている際に折れ線グラフをつなぐには？

数値データによっては集計ができず、空白になっている場合があります。そうした場合に折れ線グラフを作成すると途切れてしまいますが、これでは見栄えがよくありません。折れ線グラフをつなぐといいでしょう。

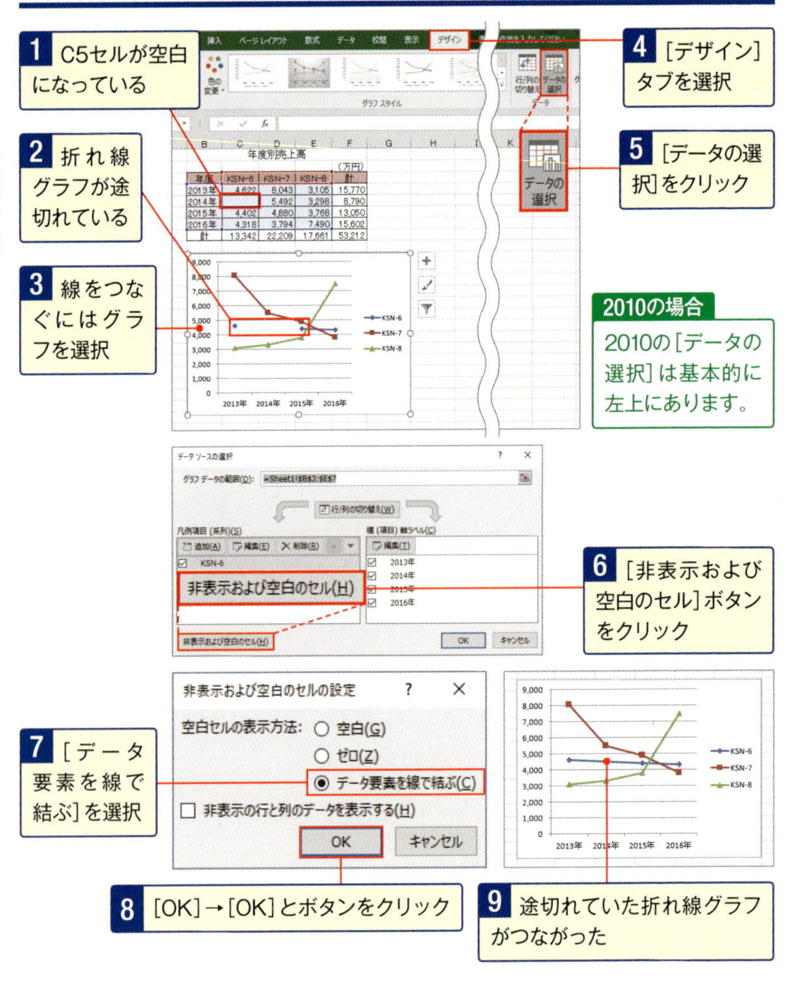

第5章 説得力のあるグラフで魅せる実践ワザ

第6章

PowerPointをスイスイ操作する基本ワザ

PowerPointをあまり触ったことがない人も、何となく使えている人も、まずはこの章の内容を確認しておきましょう。PowerPointはできることが多岐に渡るため、知らなかった機能や、この機能はこんなに便利だったのか！などの発見がきっとあるでしょう。

No.118 企画立案には「3W+T」分析を行うべし

プレゼンテーション作成時には、資料の作成前に企画を考える必要があります。準備や確認をしっかり行うことが最終的な結果につながります。作業の流れを押さえ、所要時間の見通しも立てましょう。

3W+T分析

プレゼンテーションを成功させる上で重要なのは、以下の1～3の力の相乗効果に、与えられた時間を考慮したものです。

❶ 対象者の分析———Who

聞き手の人数・立場性別などを把握しておかなければ、プレゼンテーションの企画やストーリー構成を行うことはできません。

❷ 目的の理解———Why

プレゼンの目的を明確にすることがスタートです。目的が明確になれば、目指すべき到達点や聞き手へ提示する「価値」がはっきりと見えてきます。

❸ 何を伝えるのか——What

プレゼンに必要なデータや情報を洗い出し、どのようにして目標に到達するかのプロセスを考えます。また、どんなツールを使用するかの環境面の確認も大切です。

❹ 与えられた時間は —Time

プレゼンテーションで使える時間を確認します。時間の制限によって、伝えたい内容の優先順位を決め、情報の取捨選択を行います。

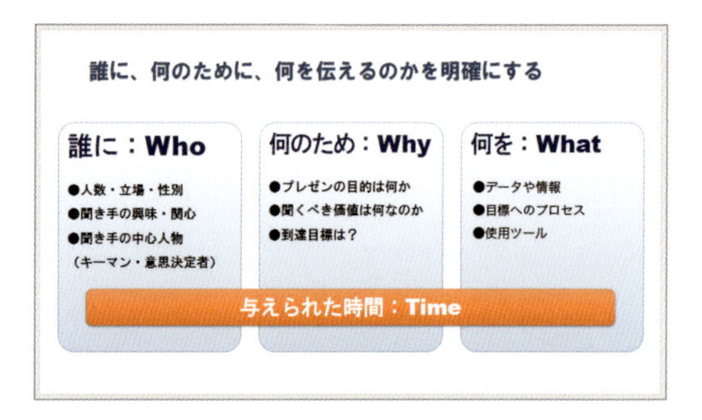

企画からプレゼンテーション本番までの作業の流れ

プレゼンテーションを依頼されたら、以下の流れで準備作業を念入りに行います。

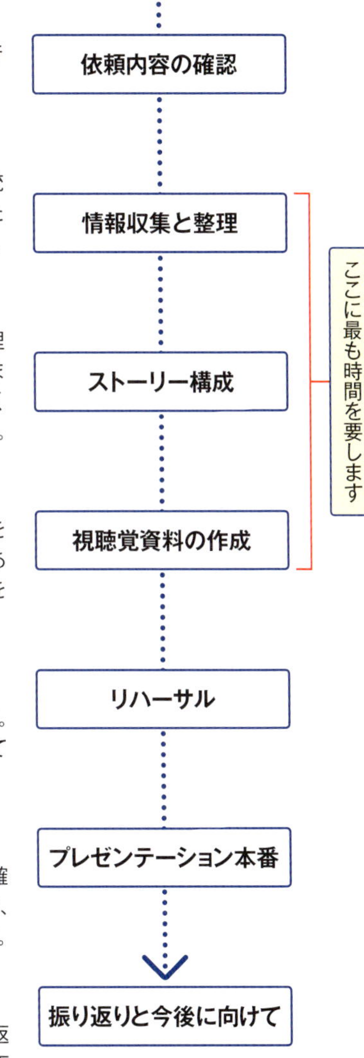

❶ 依頼内容の確認

前ページの3W+T分析をしっかり行い、準備作業をスタートします。

❷ 情報収集と整理

プレゼン内容に合わせて、データや統計、事例などを集めます。また、集めたデータは必要に応じて取捨選択します。

❸ ストーリー構成

与えられた時間内に収まるように整理した情報を元にストーリーを作成します。この時点で情報を構造化しておくと、ストーリーが作成しやすくなります。

❹ 視聴覚資料の作成

与えられた環境に合わせて資料作成を行います。スライドの投影が可能であれば、PowerPointでプレゼン資料を作成します。

❺ リハーサル

本番を想定してリハーサルを行います。なるべく本番前に最低2回は実施しておくとよいでしょう。

❻ プレゼンテーション本番

早めに会場に入り、投影スライドの確認や環境の確認をします。本番時は、聞き手を意識し熱意を持って臨みます。

❼ 振り返りと今後に向けて

聞き手の反応や時間配分などを振り返り、今後に活かします。同じ内容で再度プレゼンテーションをするならば、資料の修正等も発生します。

No.119 覚えておけば操作がスムーズ！PowerPointの画面構成

PowerPointの基本画面を確認しましょう。中央のスライドペインでメインのスライド編集を行い、左側にスライドの縮小イメージが並べられ、上には各機能のボタンが並んだリボンが配置されています。

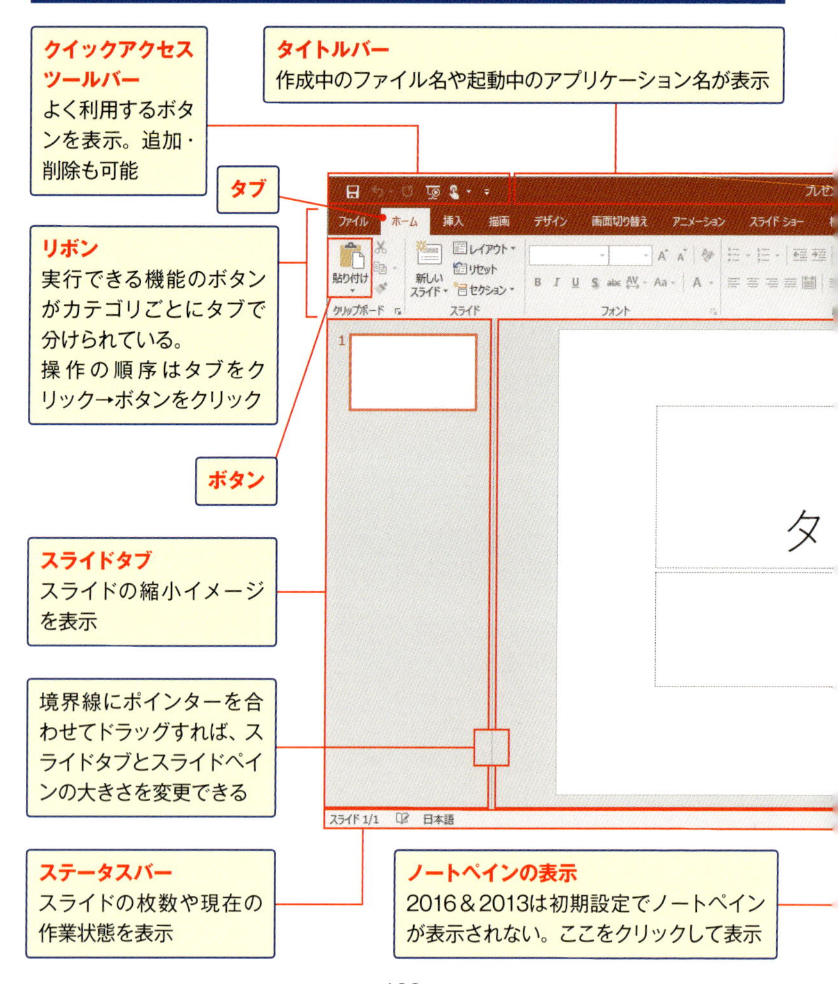

⚠本書では画面の解像度が1280×768ピクセルの状態でPowerPointを表示しています。解像度が違う場合は、リボンの表示（ボタンの大きさや絵柄など）やウィンドウの大きさが異なります。

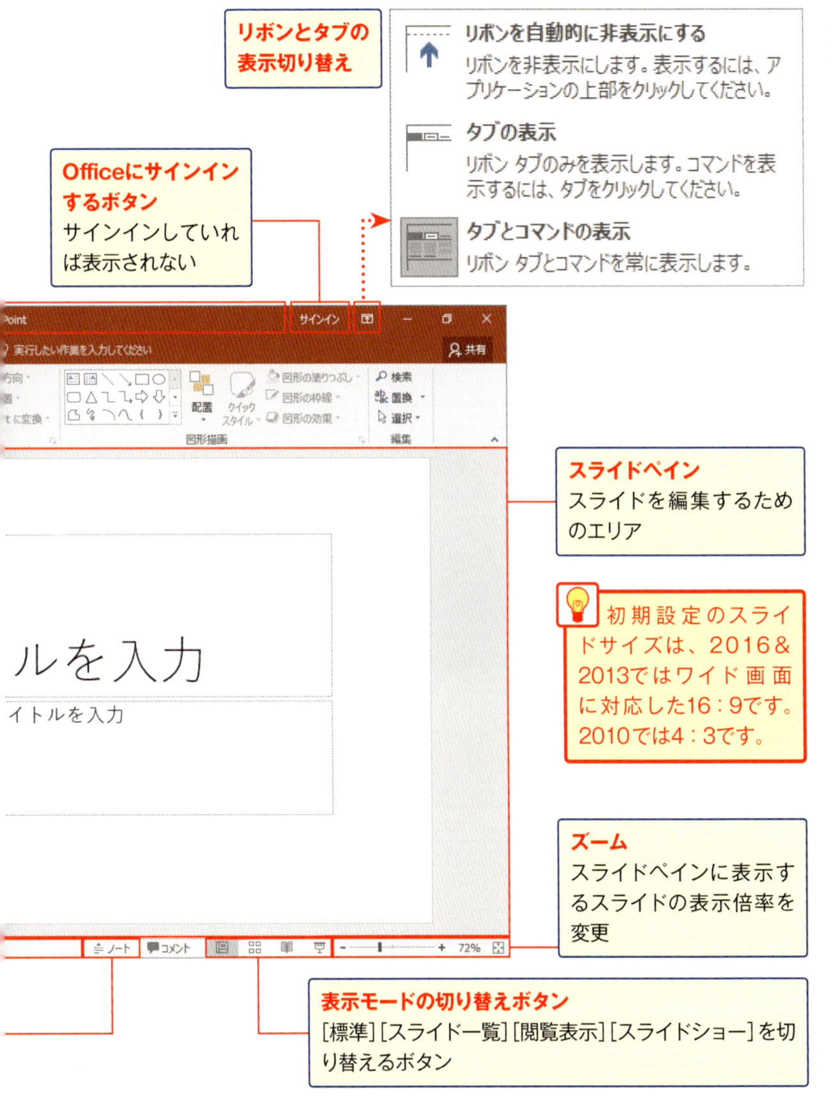

No.120 プレゼンの流れをつかむには［スライド一覧］が便利

プレゼンで重要なのは「流れ」です。流れをつかむためには、［スライド一覧］表示モードで、スライドを一覧で表示しましょう。起承転結や適切な図解の差し挟み方などがひと目でわかります。

1 ［表示］タブを選択

2 ［スライド一覧］をクリック

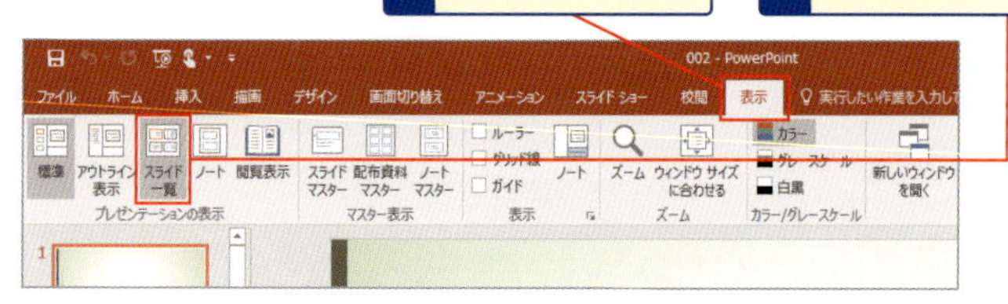

⚠表示モードを戻すには左上の［標準］をクリックします。

3 ［スライド一覧］表示モードになった

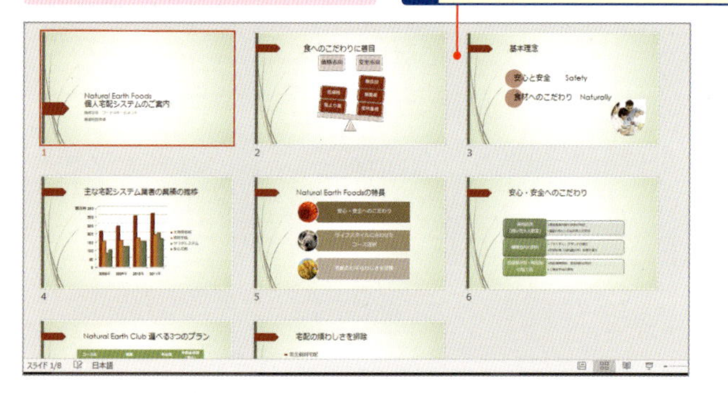

スキルアップ ボタンを使って切り替える

表示モードは、ウィンドウの右下のボタンで切り替えることもできます。左から［標準］ボタン❶、［スライド一覧］ボタン❷、［閲覧表示］ボタン❸、［スライドショー］ボタン❹です。

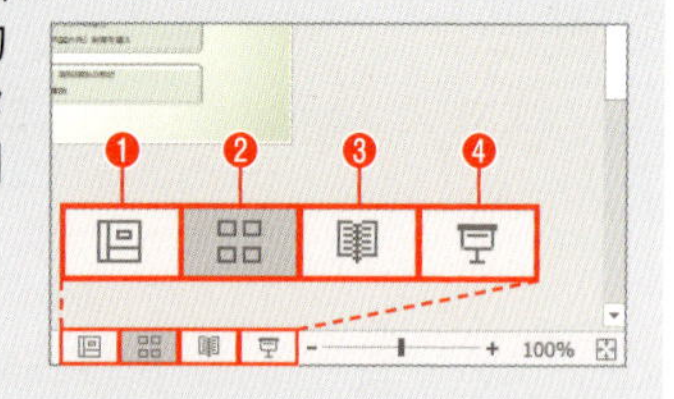

No. 121 対面でパソコンを覗きながらのプレゼンには[閲覧表示]モード

昨今のプレゼンでは、プロジェクターなどに投影せず、1対1でノートパソコンを覗き込みながら行うこともよくあります。そんなときは[閲覧表示]モードを使いましょう。

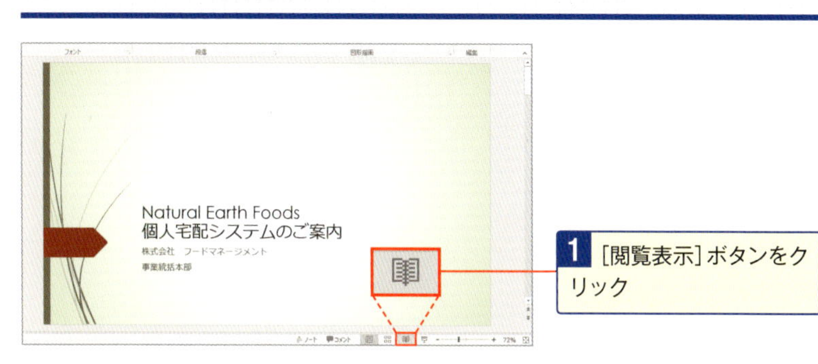

1 [閲覧表示]ボタンをクリック

2 [閲覧表示]モードになった

3 次のスライドを表示するには[次へ]ボタンをクリック

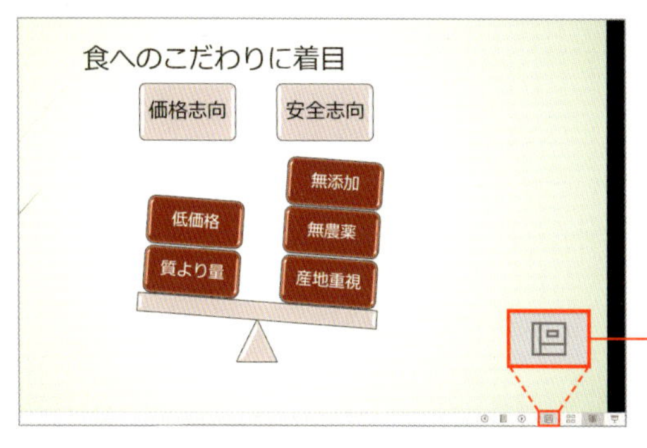

4 元のモードに戻すには、[標準]ボタンをクリック

No.122 プレースホルダーって何? どう使うの?

PowerPointでよく出てくる「プレースホルダー」っていったい何なのか、ここできっちり押さえておきましょう。プレースホルダーとは、「タイトル」「サブタイトル」などを入力するために用意されている専用の枠のことです。

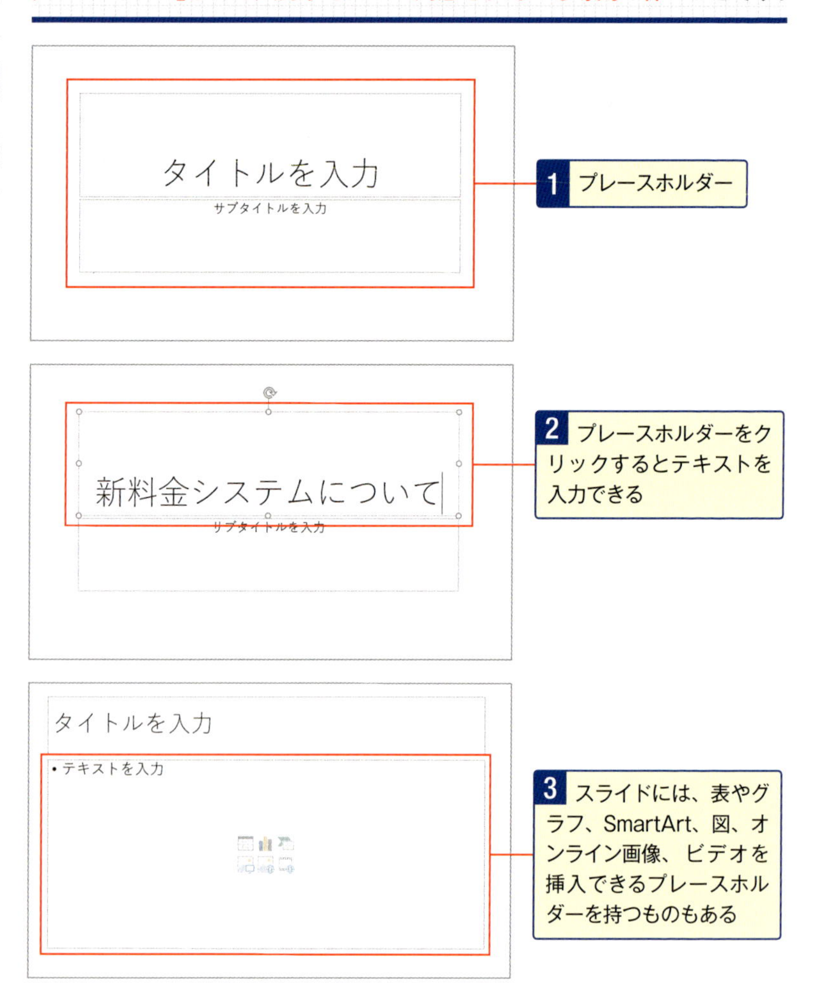

No. 123 スライドマスターを使わないと二度手間三度手間

プレゼンを作るとき、やみくもに「新しいスライド」を追加していませんか？[スライドマスター]を編集すると、すべてのスライドに同じ書式を設定できます。社名やロゴは、あらかじめスライドマスターに入れておきましょう。

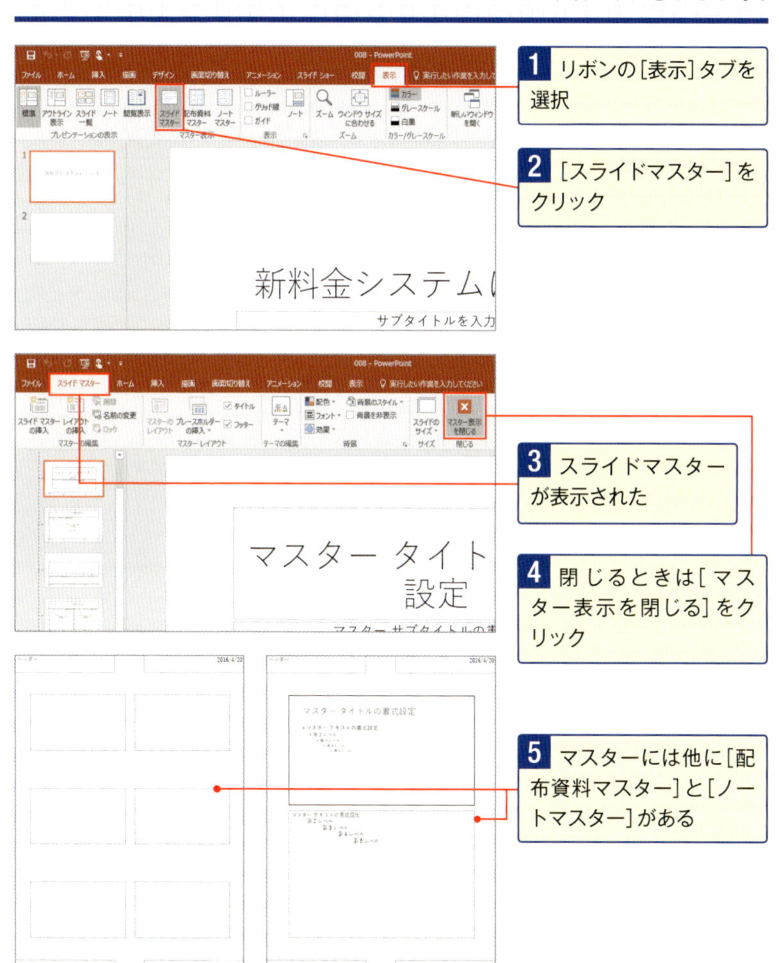

No. 124 1クリックで新しいスライドを追加するには

[新しいプレゼンテーション]をクリックしてファイルを作成すると、タイトルスライドのみが用意されています。[新しいスライド]の上部をクリックすると、[タイトルとコンテンツ]レイアウトが追加されます。

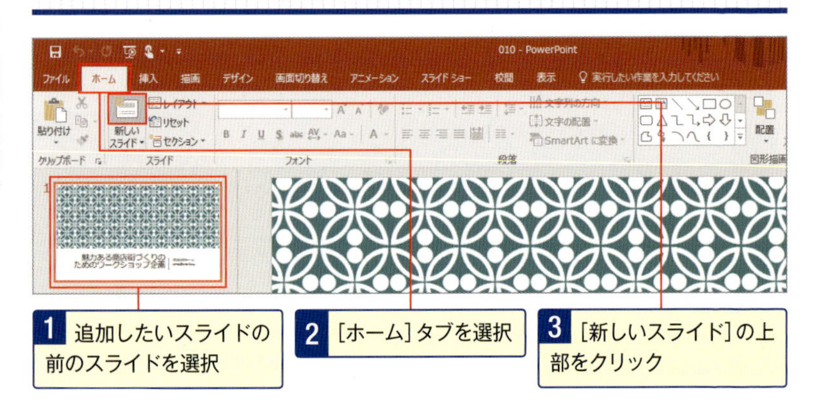

1 追加したいスライドの前のスライドを選択

2 [ホーム]タブを選択

3 [新しいスライド]の上部をクリック

トラブル解決 スライドを削除するには

左側のスライドタブで削除したいスライドを右クリックし❶、メニューから[スライドの削除]をクリックします❷。

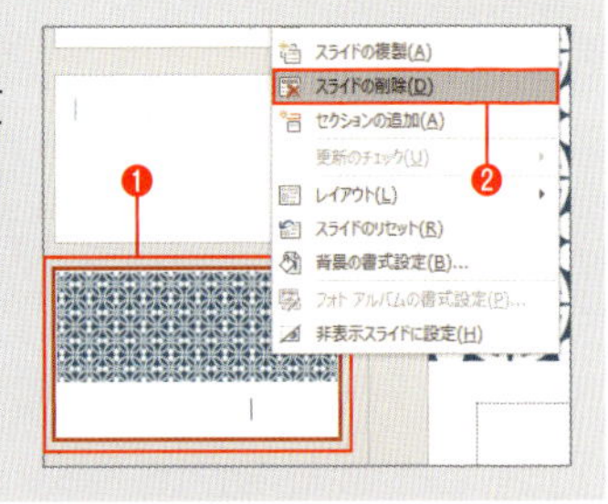

スキルアップ タイトルスライドの前にスライドを追加する

タイトルスライドの上をクリックし❶、横棒カーソルが表示された状態で[ホーム]タブにある[新しいスライド]の上部をクリックします❷。

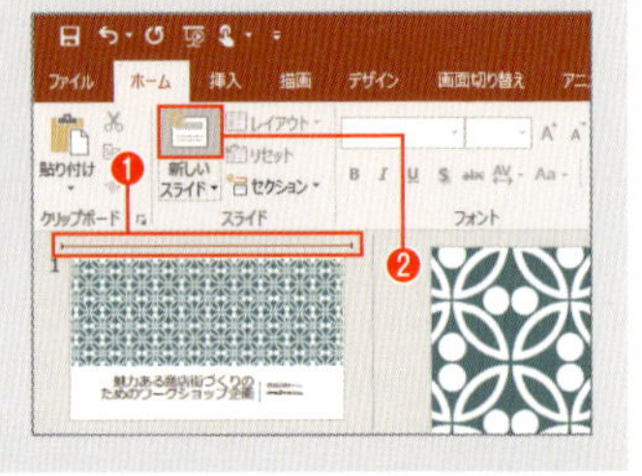

No. 125 スライドのレイアウトは標準で11種類も！

「レイアウト」とは、スライドのどの位置に何が配置されるのか、あらかじめ設定されています。次のスライドが、比較のスライドか、縦書きテキストが入るか、などによってレイアウトを選択して追加しましょう。

1 スライドを追加したい箇所の次のスライドをクリック

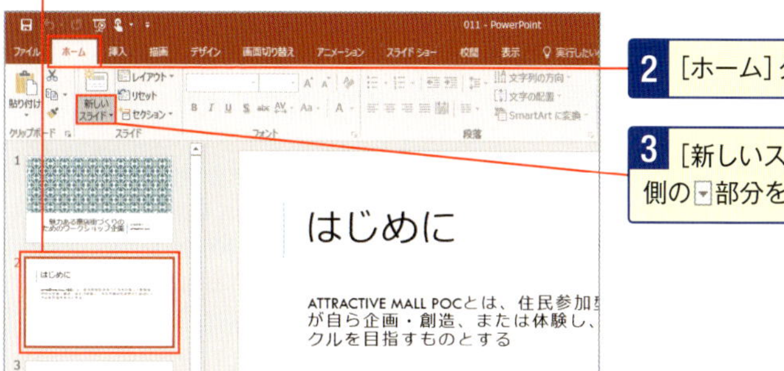

2 ［ホーム］タブを選択

3 ［新しいスライド］の下側の▾部分をクリック

4 レイアウトの一覧から追加したいものを選択

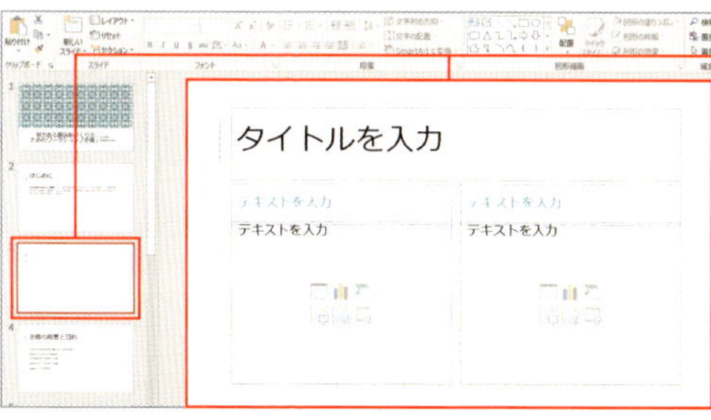

5 選択したレイアウトのスライドが追加された

No.126 スライドの移動はスライドの流れに合わせて

完成してからスライドの流れを調整するには、スライドを入れ替えるとうまくいく場合もあります。**スライドの移動距離が近いならドラッグで、遠いようなら[スライド一覧]表示モードを利用**するのがカンタンです。

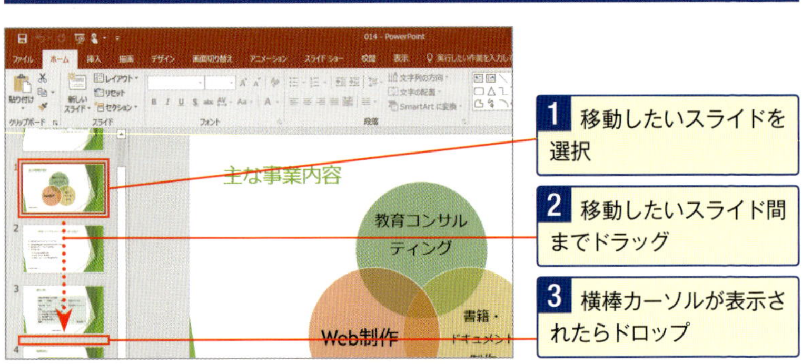

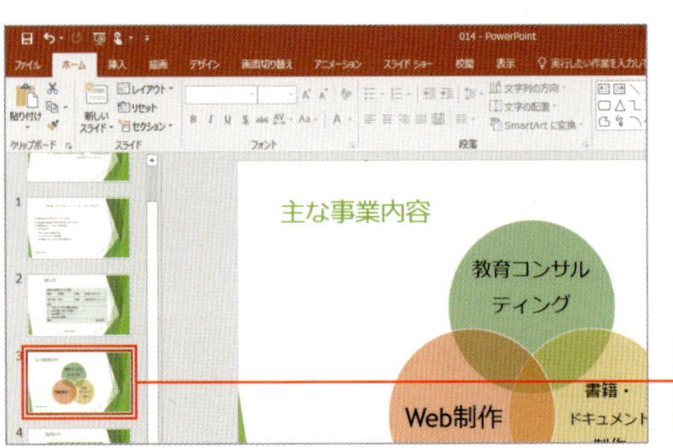

4 選択したスライドが移動した

スキルアップ [スライド一覧]表示モードを利用する

スライドの移動距離が長くなる場合には、リボンの[表示]タブ❶にある[スライド一覧]をクリックし❷、移動するスライドをドラッグ＆ドロップします❸。

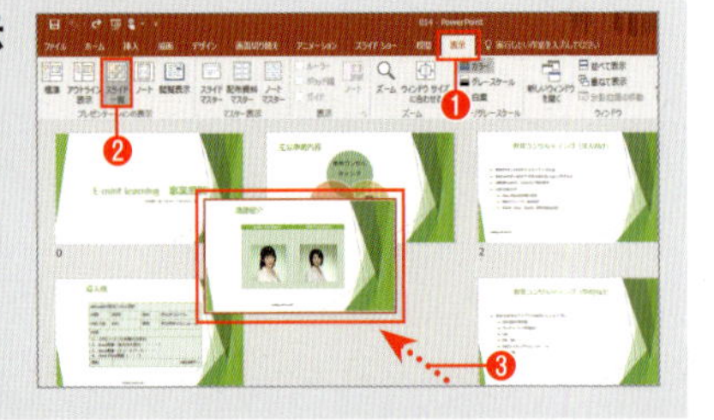

No. 127 似たようなスライド作成はコピーが効率的

似たようなスライドを何枚も作成する際は、[新しいスライド]で追加するのではなく、既に作ったスライドをコピーすると、効率がぐんとアップします。[選択したスライドの複製]を選択すれば、一瞬で同じスライドが作れます。

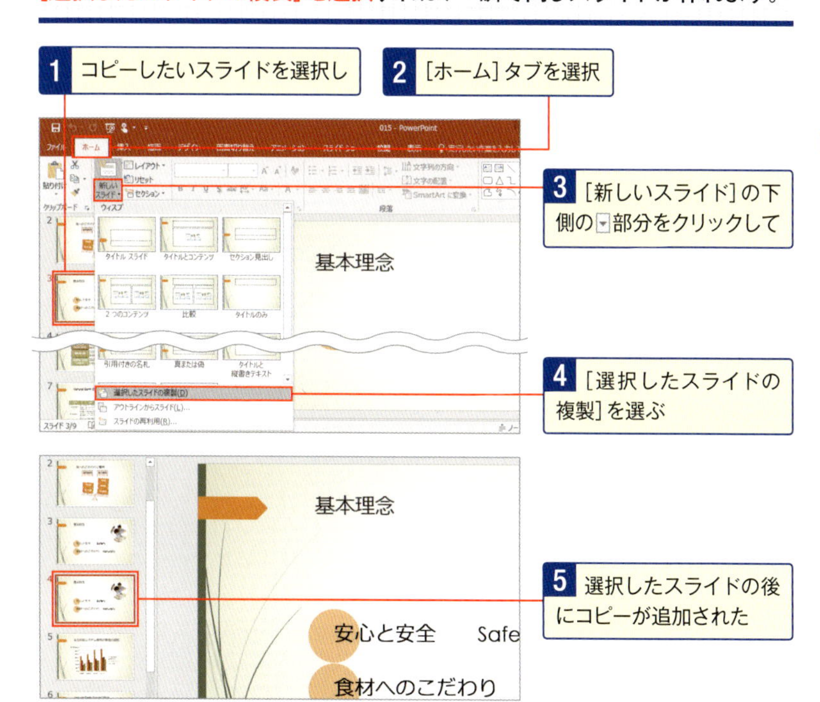

スキルアップ コピー&貼り付けを使う

[スライド]タブで、コピーしたいスライドを右クリックして❶、[コピー]を選択します❷。続いて、任意のスライドで右クリックして、[貼り付け]を選択すれば、選択したスライドの後にコピーしたスライドが追加されます。

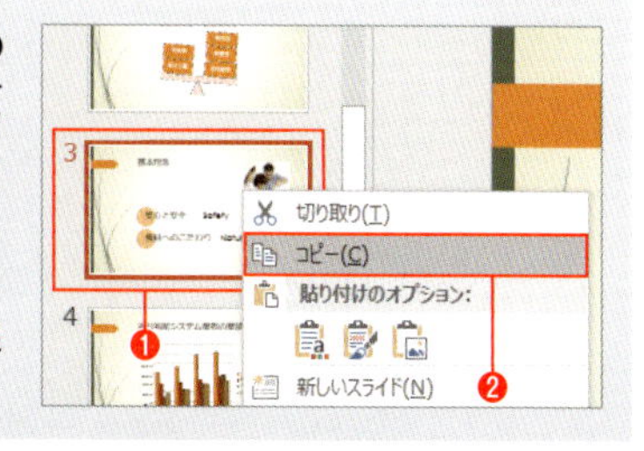

No.128 タイトルはセンター揃え、長文は両端揃えが見やすい

プレースホルダー内のテキストは、右揃え／左揃え／中央揃え／両端揃え／均等割り付け、から選択できます。ここでは「はじめに」の文字を中央揃えに変更しましょう。タイトルはセンター揃え、長文は両端揃えが見やすいです。

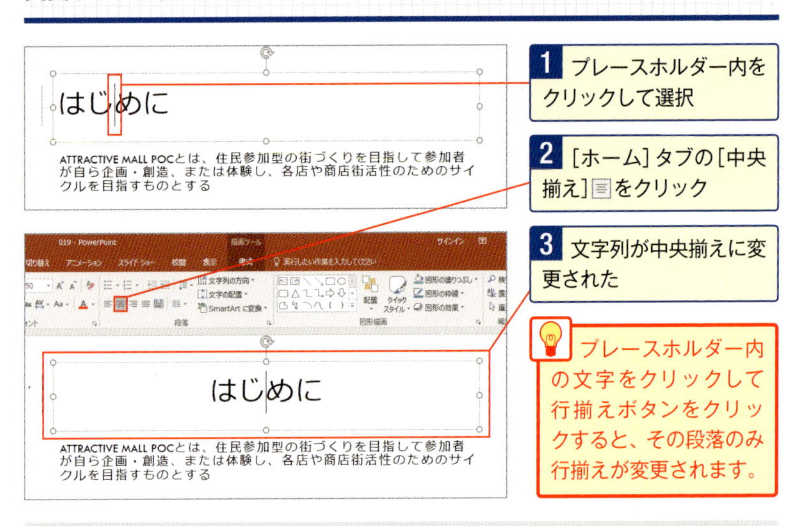

プレースホルダー内の文字をクリックして行揃えボタンをクリックすると、その段落のみ行揃えが変更されます。

スキルアップ 「均等割り付け」と「両端揃え」

[均等割り付け] を使うと、文字列が等間隔で配置されます❶。また、[両端揃え] は、段落が2行以上のときに利用します❷。「左揃え」と比較すると❸、文字間隔が自動調整され、最終行以外はプレースホルダーの両端に揃えて文字列が配置されます。

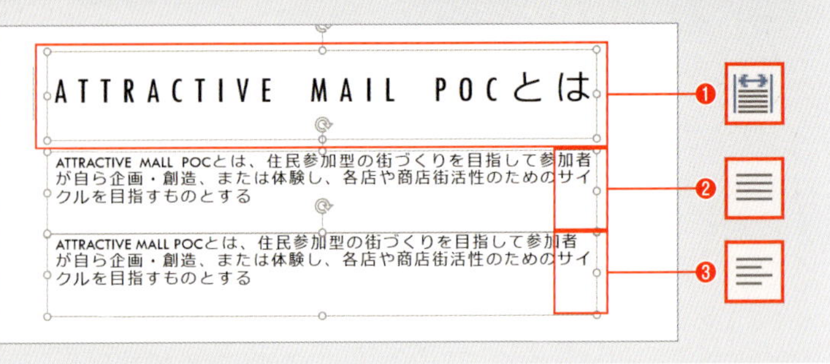

No.129 箇条書きの階層を自由自在に操る

箇条書きの階層は、[インデントを増やす][インデントを減らす]ボタンをクリックすればすぐ移動できます。「増やす」でレベルが下がり、「減らす」で上がります。ここでは2~6行目のインデントのレベルを1つ下げてみましょう。

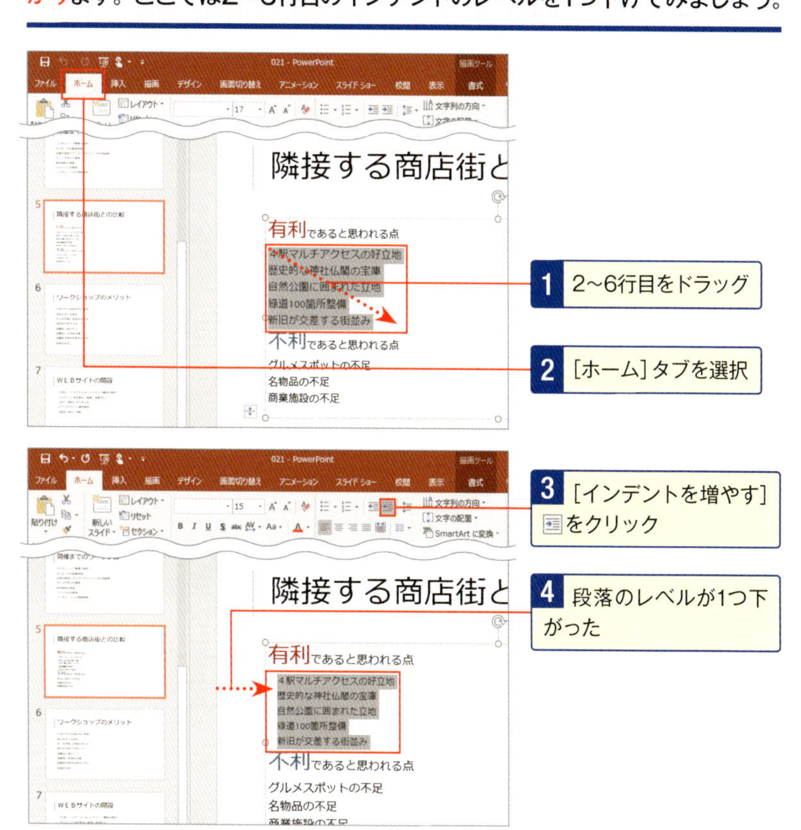

スキルアップ 箇条書きの行のレベルを元に戻すには

段落のレベルを左へ移動するには、リボンの[ホーム]タブにある[インデントを減らす]をクリックします。

No.130 箇条書きの行頭文字は「●」だけじゃない！ 記号もOK

箇条書きの行頭文字は、いろいろ用意されています。「●」はよく使いますが、「■」「◆」「□」「・」などさまざまです。雰囲気に合わせて変えてみましょう。

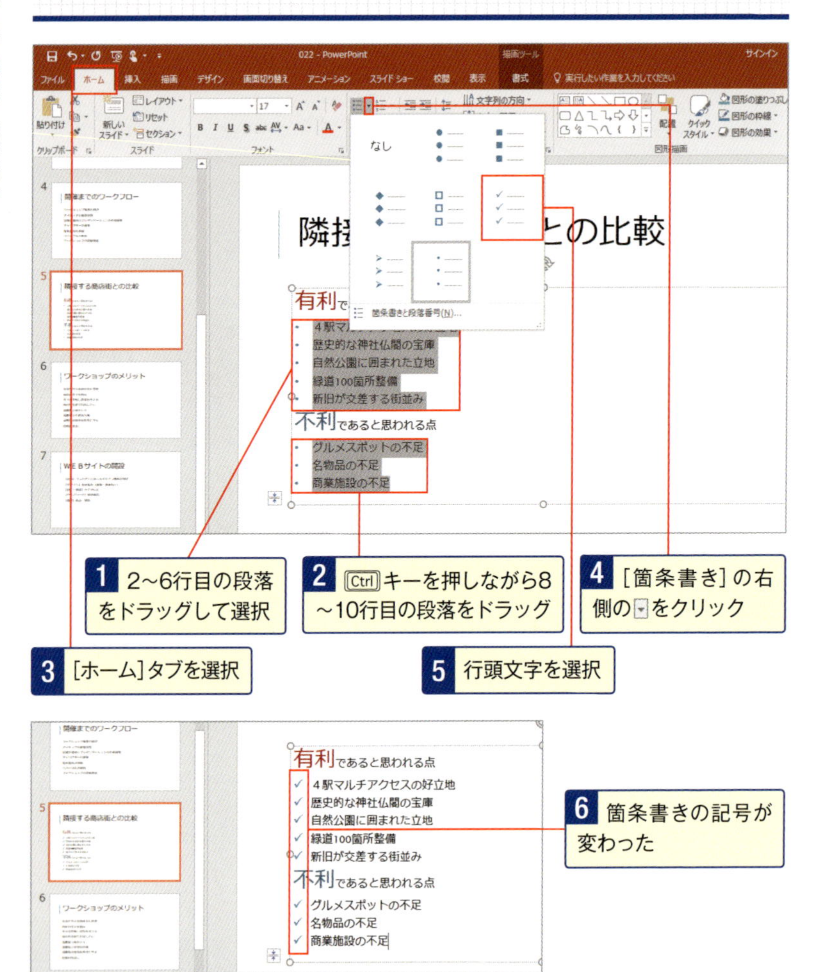

No. 131 段落が増えると勝手にフォントが小さくなるのはヤメテ～！

PowerPointは、段落が多くなると、プレースホルダーに収まるよう**自動的に文字が小さく**なります。便利なときもありますが、小さくしたくない場合もよくあります。そんなときは**[自動調整オプション]ボタンからオフに**しましょう。

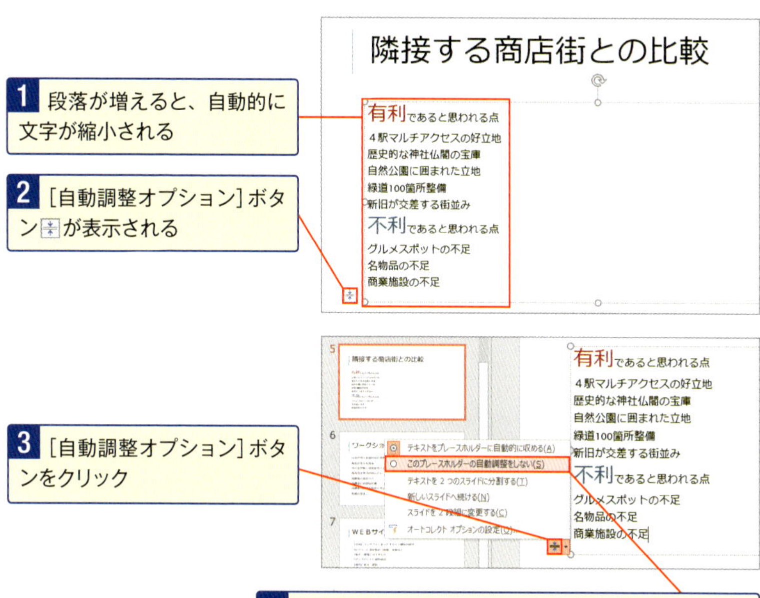

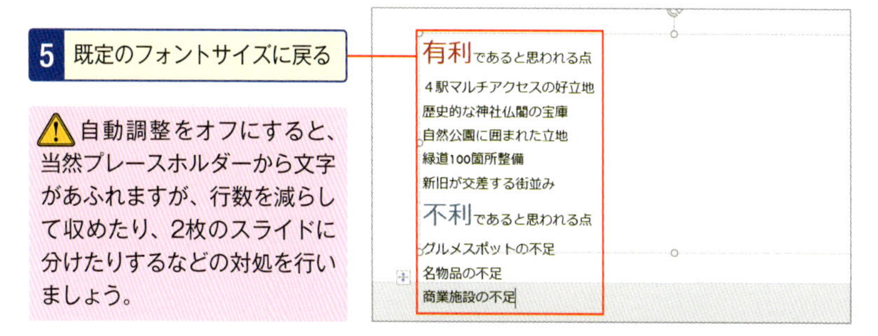

⚠ 自動調整をオフにすると、当然プレースホルダーから文字があふれますが、行数を減らして収めたり、2枚のスライドに分けたりするなどの対処を行いましょう。

No.132 行頭文字のサイズや色を変更するワザ

行頭文字のサイズや色は、文章と同じがいいとは限りません。小見出しと同じ色にしたり、行頭文字だけあえて大きくしたりして目立たせたりすることもできます。工夫して印象的な設定にしてみましょう。

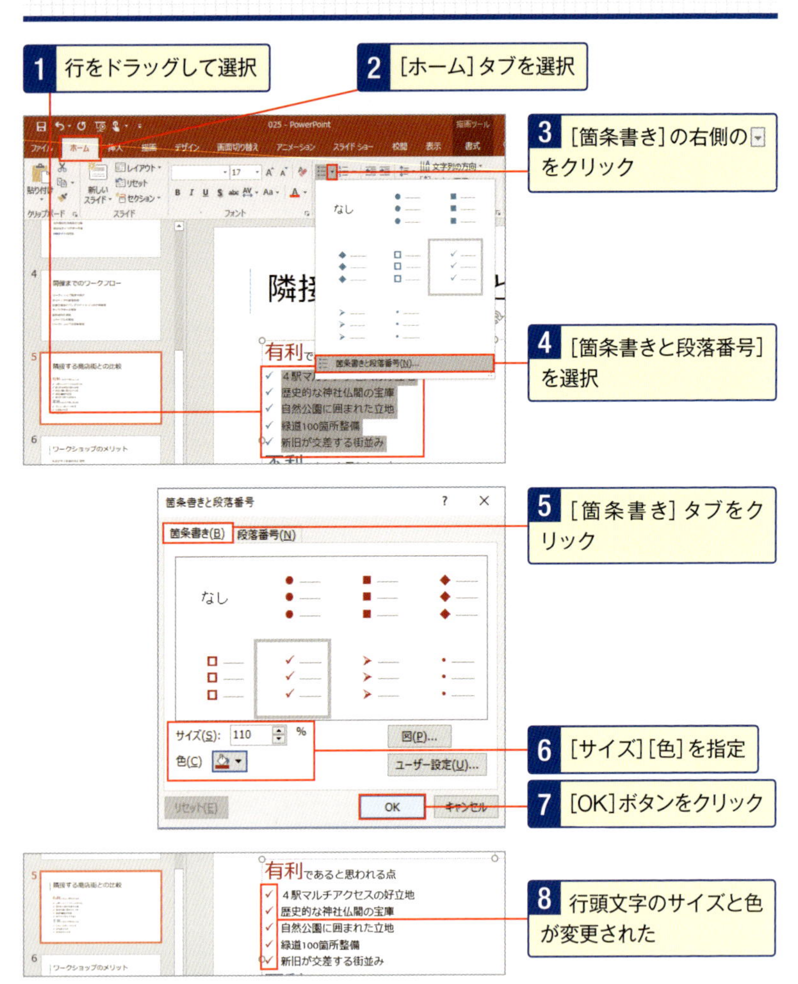

No. 133 行の途中で文字位置を揃えたい

スペースを入力して行の途中の余白を調整してしまうと、文字を修正するたびに余白も調整しなければなりません。行の途中で文字を揃えたい場合は、タブとルーラーを利用します。

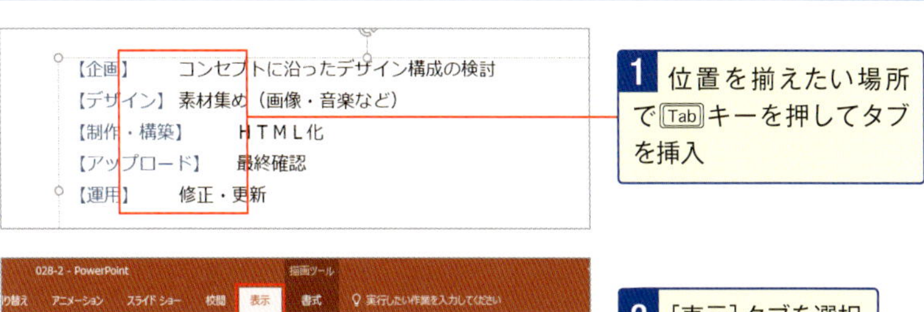

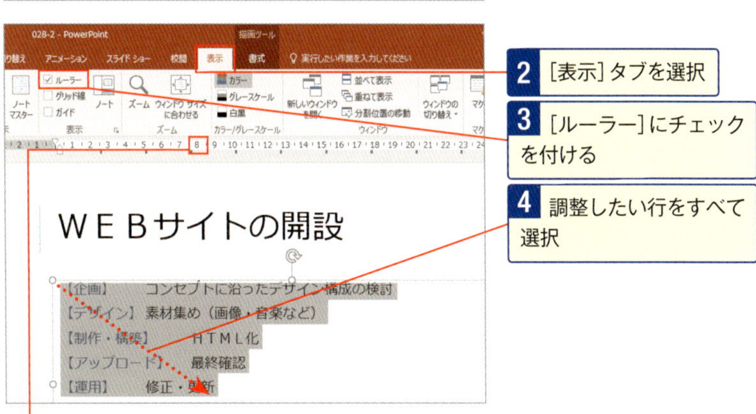

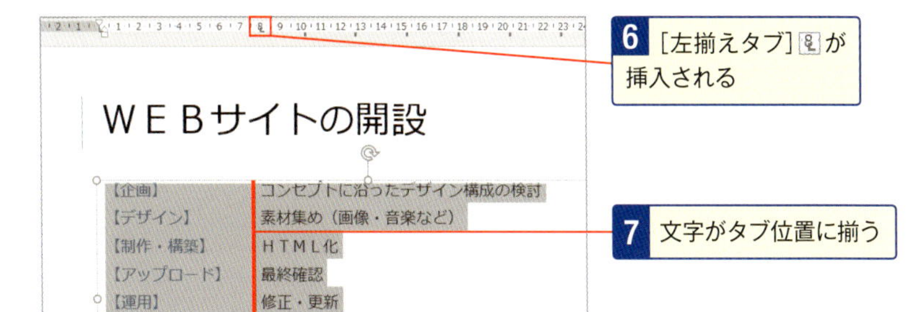

No.134 段落の前後は行間隔を空けぎみが見やすい

行間隔は自動で設定されますが、小見出しや段落の前後は空けぎみにすると、文字の固まりが見やすくなり、構成がひと目でわかるようになります。いろいろと工夫して、より見やすいスライドを作りましょう。

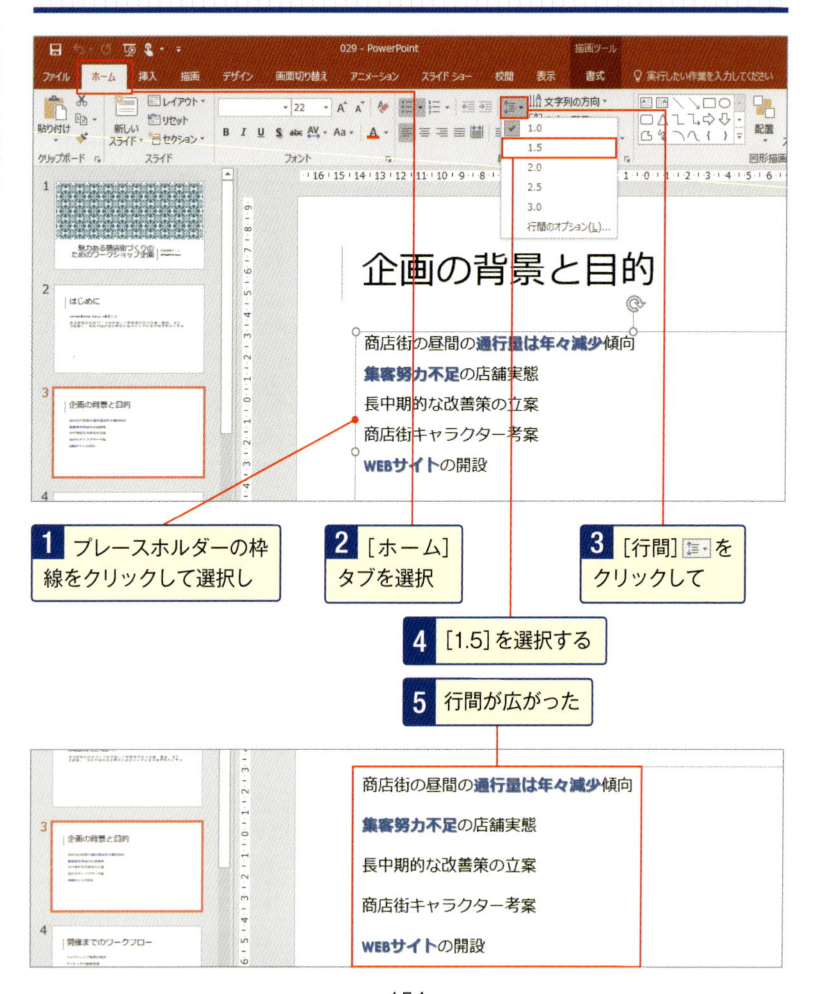

No.135 キーワードは書式のコピーで瞬時に強調

単語や文章の書式は、コピーして他の文字に貼り付けられます。この機能は、何度も同じ書式を設定する場合や、書式を統一しなければならない場合に便利です。

1 書式を設定した文字列をドラッグして選択

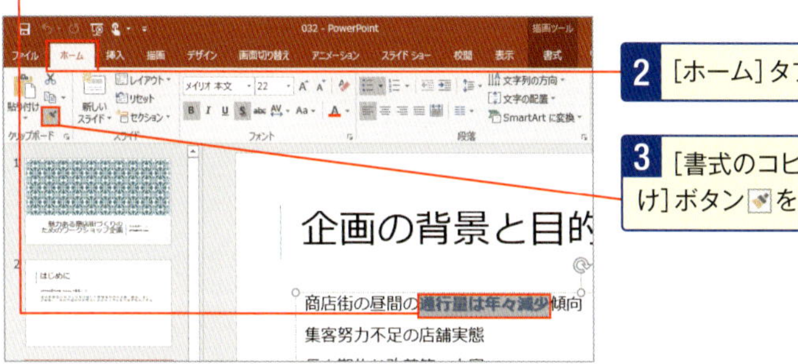

2 [ホーム] タブを選択

3 [書式のコピー/貼り付け] ボタンをクリック

商店街の昼間の通行量は年々減少傾向
集客努力不足の店舗実態
長中期的な改善策の立案
商店街キャラクター考案
WEBサイトの開設

4 ポインターの形が に変わる

5 別の文字列をドラッグすると書式が適用される

商店街の昼間の通行量は年々減少傾向
集客努力不足の店舗実態
長中期的な改善策の立案
商店街キャラクター考案
WEBサイトの開設

[書式のコピー/貼り付け] ボタンをクリックしたあとに操作を中断するには、Escキーを押します。

スキルアップ　コピーした書式を、複数の箇所に連続して貼り付けるには

[ホーム] タブの [書式のコピー/貼り付け] ボタンをダブルクリックすると、書式を貼り付けた後でも、連続して同じ書式を貼り付けることができます。操作を終了する場合は、Escキーを押します。

No. 136 構成を作るには「アウトライン」が便利

「アウトライン」モードでは、プレースホルダーに入力された文字のみを階層的に表示します。そのため、プレゼン全体の流れや構成を組み立てるのに適しています。ここでは、アウトライン表示でテキストを入力してみます。

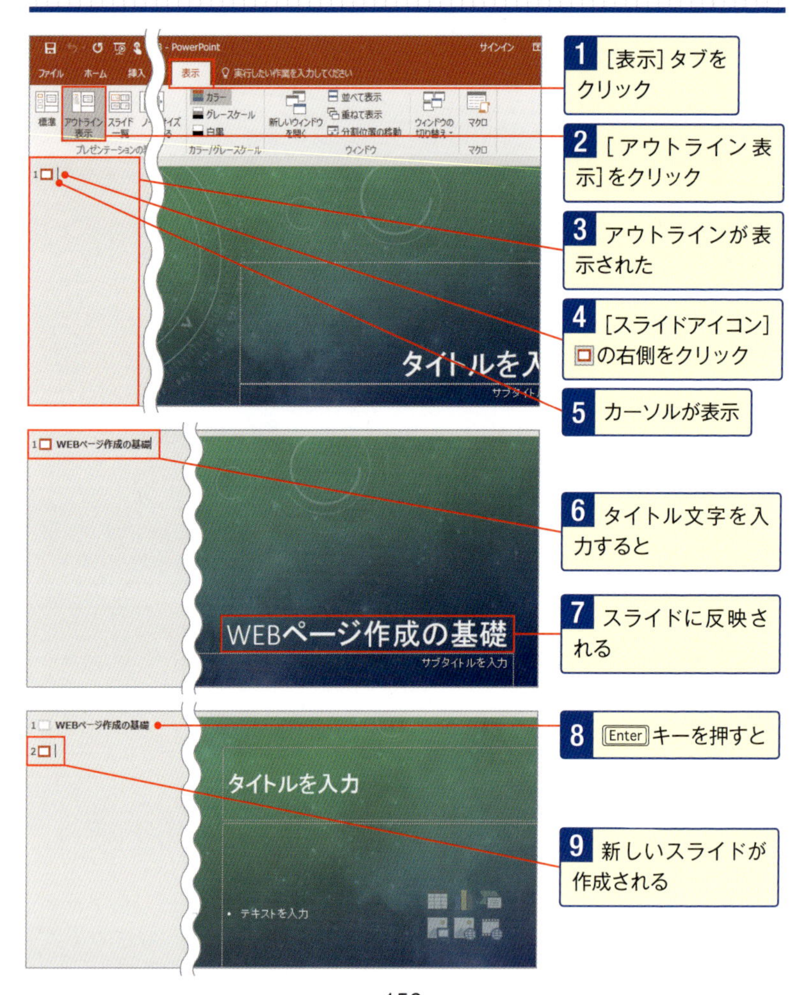

No.137 プレゼンの原稿を書いておく専用の場所がある

プレゼンの原稿は何に書いておけばいいでしょうか？　アンチョコ？　カンペ？　いえいえ、PowerPointには専用のメモ書きスペース「ノートペイン」が用意されています。緊張しがちな方は、挨拶やしぐさも書いておくと安心ですね。

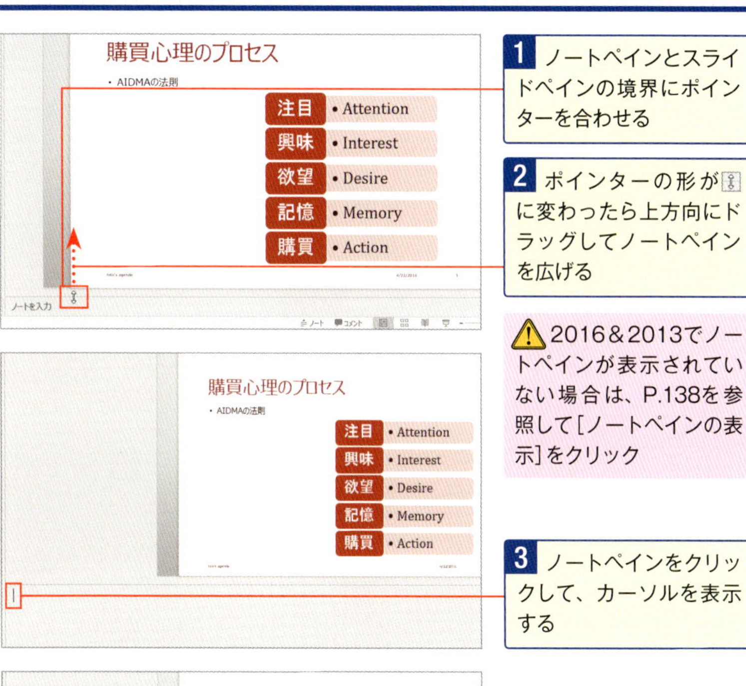

1 ノートペインとスライドペインの境界にポインターを合わせる

2 ポインターの形が に変わったら上方向にドラッグしてノートペインを広げる

⚠ 2016&2013でノートペインが表示されていない場合は、P.138を参照して[ノートペインの表示]をクリック

3 ノートペインをクリックして、カーソルを表示する

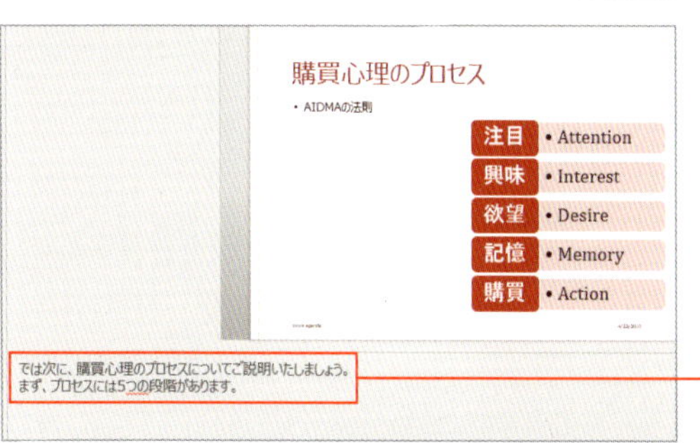

4 ノートペインに文字を入力する

No.138 タイトルスライドの背景に画像を入れたら効果的

プレゼンのイメージに合う画像がある場合、タイトルスライドの背景に入れると効果的です。タイトルスライドは文字が少ないので邪魔になりませんし、プレゼンへの期待感も増します。

No.139 スライド番号を入れておくと万一のときに役立つ

スライド番号は念のため入れておきましょう。スライド中に何枚目かがわかりますし、トラブルにより途中で止めた場合でも、スライド番号をたよりに再開できます。スライド番号は[ヘッダーとフッター]ダイアログボックスで挿入します。

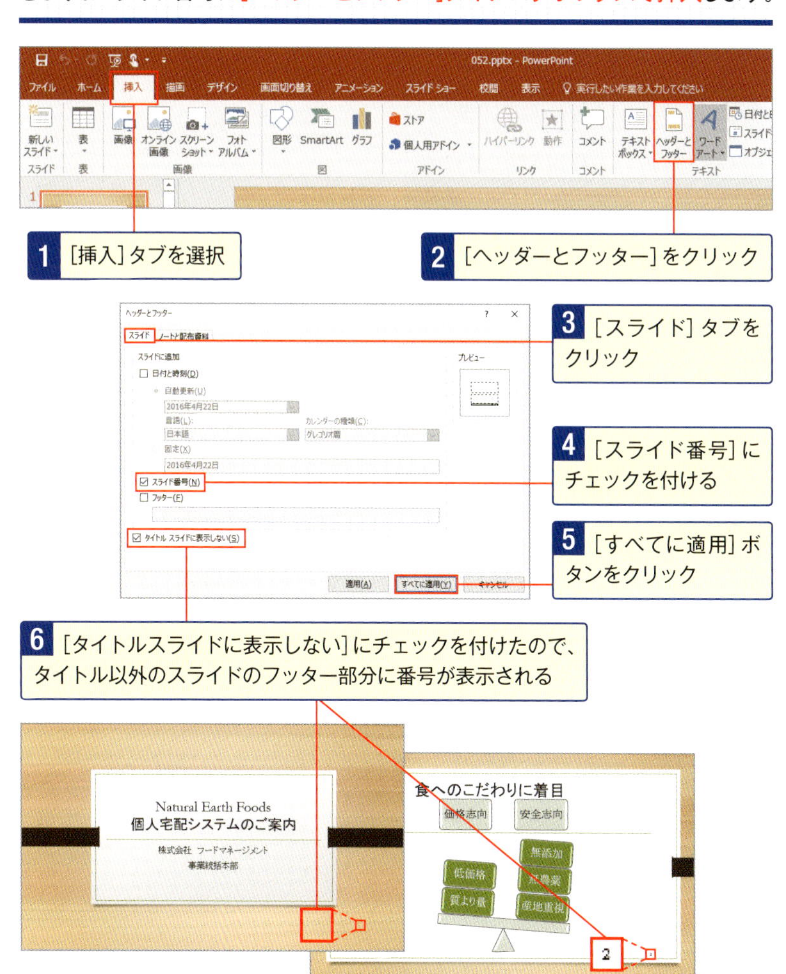

No.140 タイトルスライドには番号は入れたくない！

前ページで説明したように、スライド番号は入れておいたほうがいいのですが、タイトルスライドには入れないほうがスマートです。ここではタイトルスライドの番号は非表示にして、2枚目のスライドから「1」と表示されるように設定しましょう。

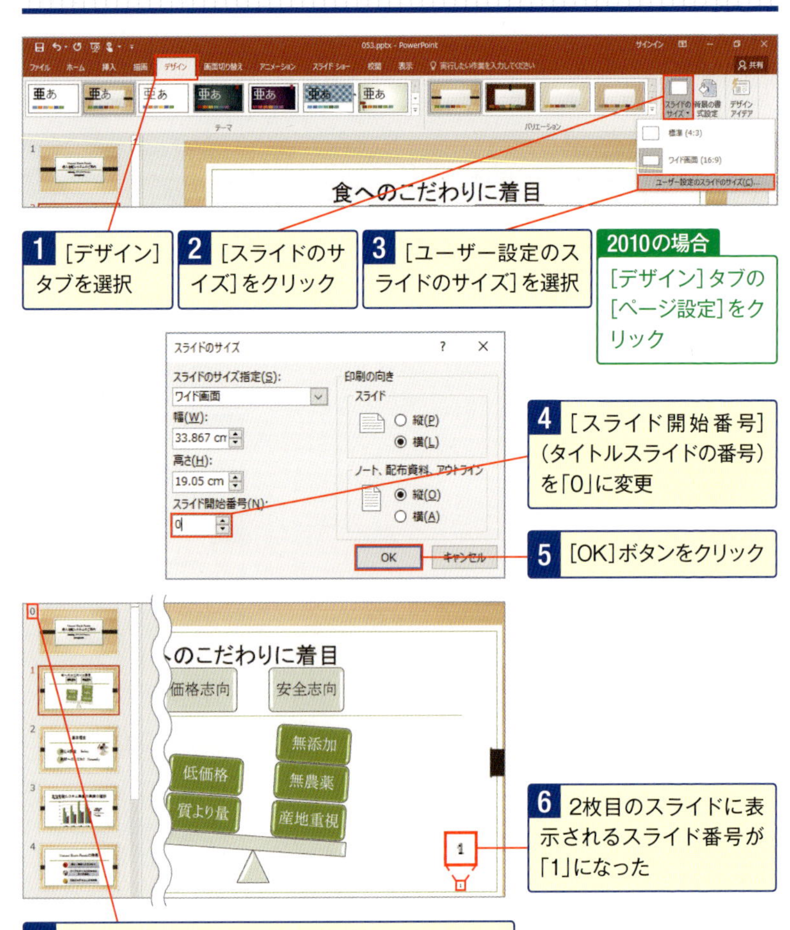

No.141 全スライドに会社のロゴマークを入れるには？

スライドの全ページに会社のロゴマークが入っているデザインはよくあります。1ページごとにロゴを挿入していたら手間がかかりますので、スライドマスターにロゴ画像を配置すれば、自動的に全ページに入ります。

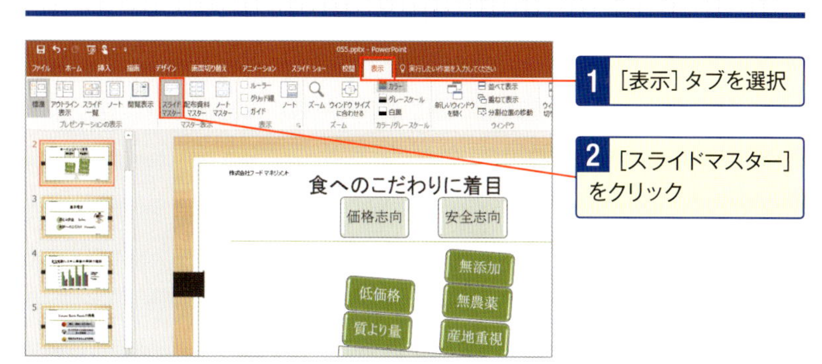

1 ［表示］タブを選択

2 ［スライドマスター］をクリック

3 スライドマスターを選択

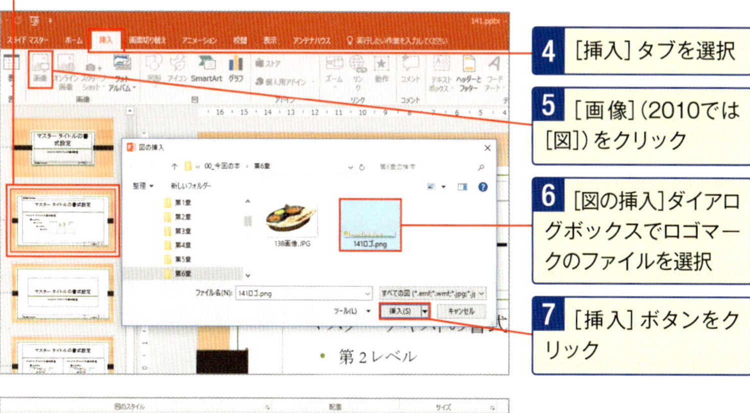

4 ［挿入］タブを選択

5 ［画像］(2010では［図］)をクリック

6 ［図の挿入］ダイアログボックスでロゴマークのファイルを選択

7 ［挿入］ボタンをクリック

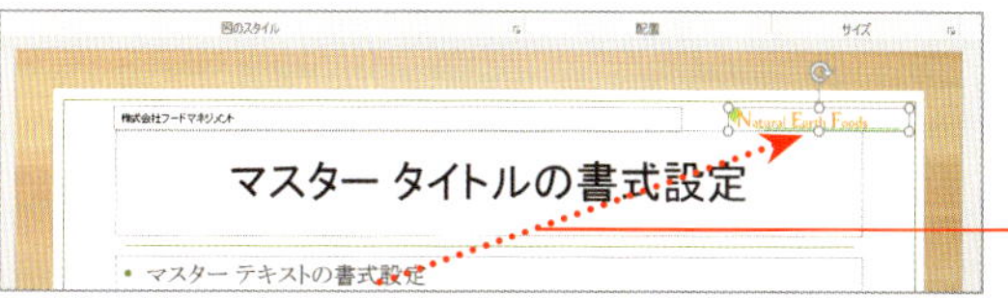

8 挿入されたロゴマークを任意の位置までドラッグ

No.142 タイトルスライドだけロゴマークを非表示にしたい

前ページで説明したように全ページに会社のロゴマークを入れた場合でも、タイトルスライドのデザインによってはロゴマークを入れないほうがすっきりする場合もあります。[スライドマスター]タブにある[背景を非表示]にチェックを付けます。

1 [表示]タブにある[スライドマスター]をクリックして、スライドマスターを選択

2 スライドにあるロゴマークを確認する

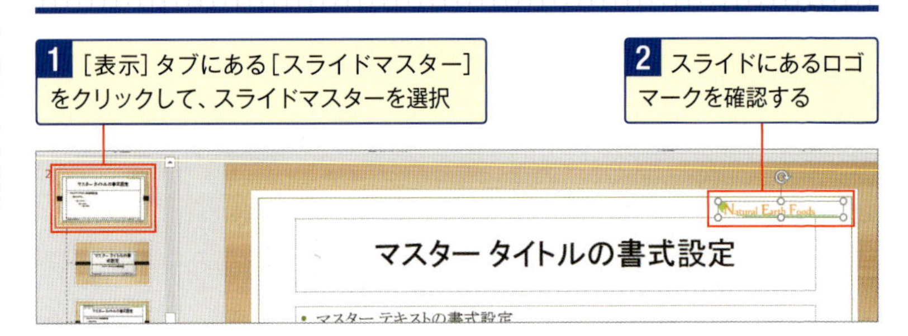

3 2番目に表示されている[タイトルスライドレイアウト]を選択

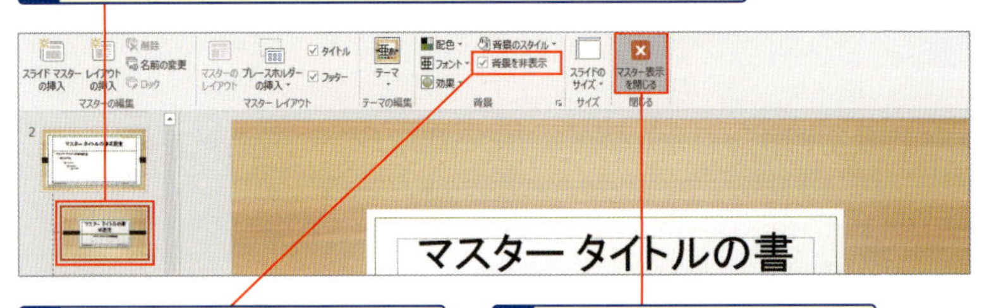

4 [スライドマスター]タブにある[背景を非表示]にチェックを付ける

5 [マスター表示を閉じる]をクリックして、マスターを閉じる

6 タイトルスライド以外のスライドにロゴマークが表示される

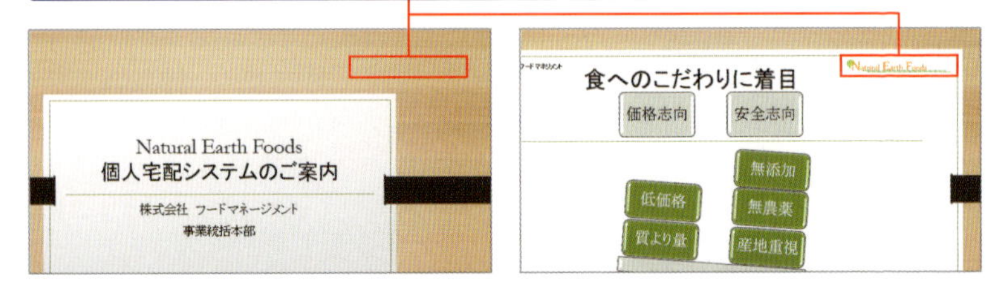

第7章

図形でカンタン視覚化ワザ

スライドで重要な「情報の視覚化」のためには、図形を避けて通るわけにはいきません。絵がヘタで図形なんか描けないよ、という人も、あらかじめ用意されている図形を組み合わせるだけなら簡単です。

No. 143 シンプルな図形でスッキリ! 複雑な図形は絞ってポイントに

スライドで情報を伝える際は、「図形を作成して、図形内に文字入力」は当たり前の操作です。ただし複雑な図形を多用するとスライド全体が煩雑な印象になり、「見やすさ」「読みやすさ」を損なう恐れがあります。

- ◉複雑な図形の多用はNG! 意味が伝わりづらい!
- ◉基本図形(直線、丸、三角、四角)だけでも十分!
- ◉複雑な図形はポイントで使ってアイキャッチに!

図形の選び方で情報の見やすさは異なります。基本は、丸、四角、三角、線や、それに準じたシンプルな図形を選ぶようにします。シンプルな図形はスライド内に数多く描いても複雑にならず、すっきりと見せることができます。複雑な図形はポイントで効果的に使いましょう。

Before

動きのある複雑な図形を活用したスライド
吹き出しの種類もバラバラで、ポイントがすっきりと伝わってこない

After

NATURAL EARTH FOODS
当たり前をおろそかにしないこだわり

1 産地直送 — 生産者の顔が見える野菜 / 農薬散布回数の明記

2 無添加 — 素材の味を引き出すこだわり / 着色せずに色もそのままで

3 健康食肉 — 山形県の厳選牧場 / 食べるエサもナチュラルにこだわる

シンプルな基本図形を活用したスライド
読みやすく見やすい

基本図形からシンプルな図形を選ぶ

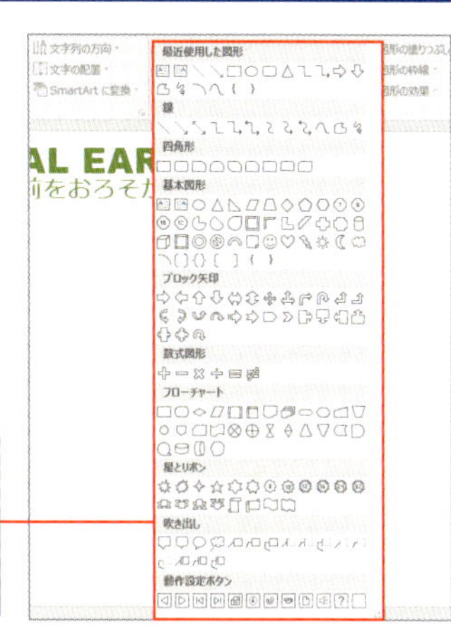

1 ［ホーム］タブの［図形描画］にある［その他］ボタンをクリック

2 描画できる図形がカテゴリ別に一覧で表示され、描きたい図形を選択できる

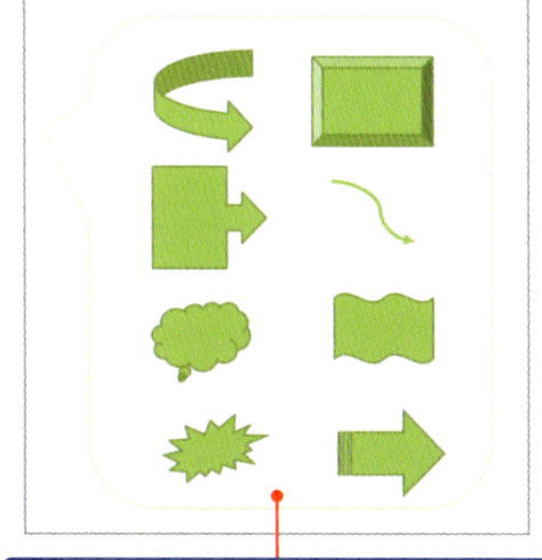

3 シンプルな図形のサンプル。数多く使用しても煩雑にならない

4 複雑な図形のサンプル。数が多すぎるとスライド全体の印象が複雑で煩雑になりやすい

スキルアップ　複雑な図形はポイントで使うと効果的

形状が複雑な図形は、ポイント利用が効果的です。多用は禁物ですが、複雑な図形を用いることでアイキャッチ効果が高まります。彩度の高い色にするなどで、さらに見るべきポイントを明らかにできます❶。

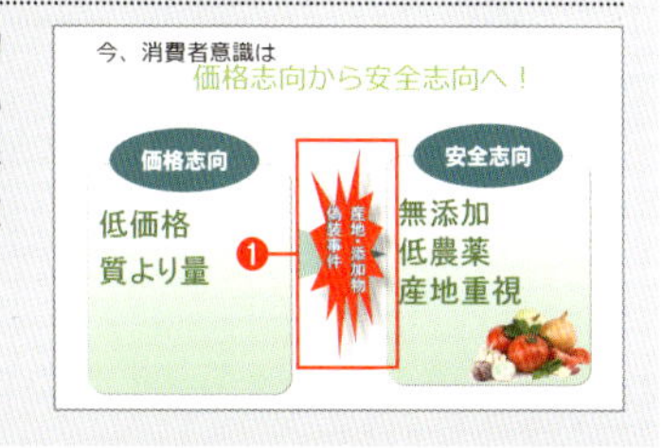

No. 144 サイズと配置は必ず揃えて！ バラバラな図形は「雑」な印象

図形は種類だけでなく、大きさや配置も整えることで統一感が生まれます。「何となく同じ」「何となくそろっている」スライドでは、中途半端な印象を与えてしまいます。

- ◉「バラバラ」感は、図形サイズと配置に問題アリ！
- ◉大きさを揃えたい図形は幅と高さを数値で指定せよ！
- ◉上や左に配置を揃えるとすっきりと見やすくなる！

種類が同じでも図形の大きさが異なる理由は、図形内に入力する文字数で大きさを決めてしまうことにあります。図形内の文字数に左右されることなくサイズを揃えることで、見やすさだけでなく統一感が生まれます。

Before

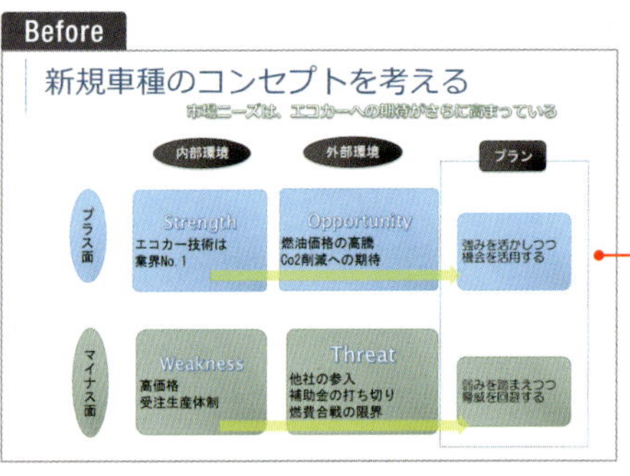

図形の大きさや配置がバラバラなため、中途半端な印象

After

新規車種のコンセプトを考える
市場ニーズは、エコカーへの期待がさらに高まっている
内部環境
外部環境
プラン
プラス面
マイナス面
Strength
エコカー技術は
業界No. 1
Opportunity
燃油価格の高騰
Co2削減への期待
強みを活かしつつ
機会を活用する
Weakness
高価格
受注生産体制
Threat
補助金の打ち切り
燃費合戦の限界
弱みを踏まえつつ
脅威を回避する

同レベルの情報が描かれている図形のサイズが同じで、配置も揃っているため、不自然さがなく統一感がある

図形の縦横サイズを数値で指定し揃える

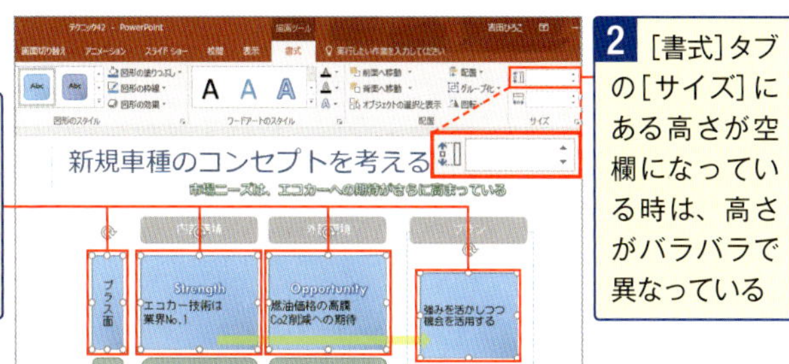

1 複数の図形の高さを揃えるにはCtrlキーを押しながらすべてをクリック

2 [書式]タブの[サイズ]にある高さが空欄になっている時は、高さがバラバラで異なっている

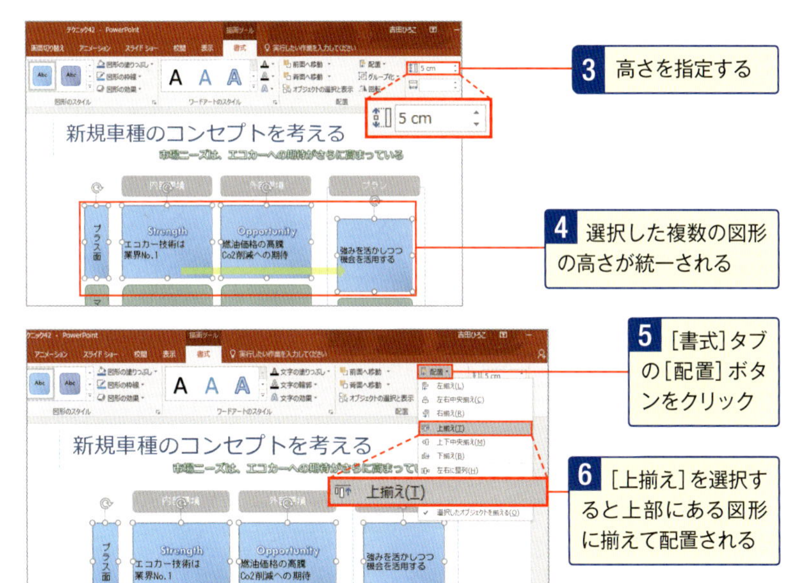

3 高さを指定する

4 選択した複数の図形の高さが統一される

5 [書式]タブの[配置]ボタンをクリック

6 [上揃え]を選択すると上部にある図形に揃えて配置される

スキルアップ　メインとなる図形は「幅」「高さ」ともにサイズを統一する

スライドの中で特に重要で、メインとなる複数の図形は❶、「幅」と「高さ」ともにサイズを指定して揃えると統一感が増します❷。

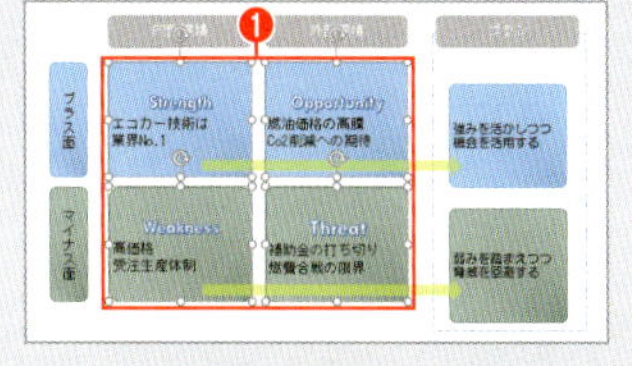

No.145 図形の整列は「等間隔」がキモ 整列機能で整然と並べる

プロセスなどを図解する場合は、文字を入力した図形を複数コピーして内容を修正する操作を行うことが多いでしょう。この時、等間隔に配置する操作も忘れずに行うことが大切です。

"魅せる"法則

- ◉図形と図形の「スキマ」がバラバラだと雑な印象!
- ◉同じ図形を連続して並べるには「整列」機能でスッキリと!

複数の図形を並べる場合は、図形と図形の間の「スキマ」が異なると配置の詰めが甘く残念な印象です。しっかり「整列」することで整然と情報を見せることができます。[整列]機能を使えば、簡単な操作で等間隔に並びます。

「整列」は複数の図形間の「スキマ」を同じにする便利機能

1 複数の図形を左右に等間隔に配置するには、図形を複数選択

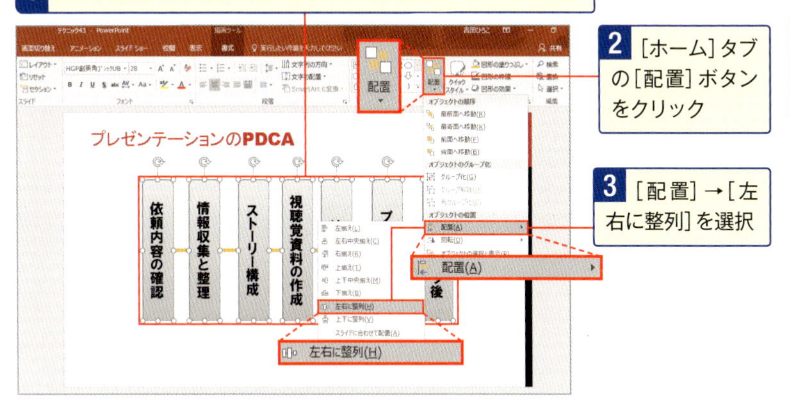

2 ［ホーム］タブの［配置］ボタンをクリック

3 ［配置］→［左右に整列］を選択

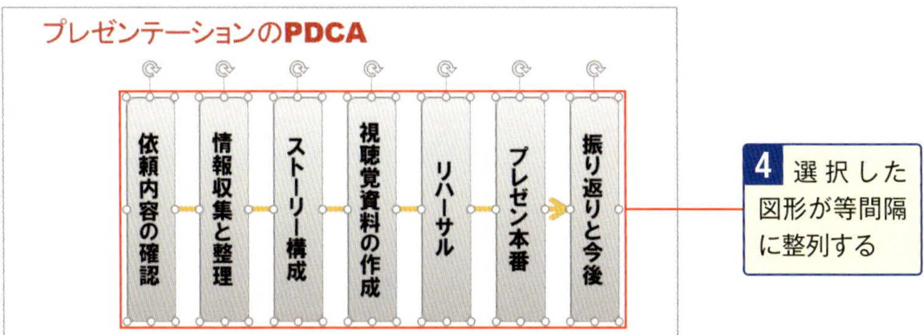

4 選択した図形が等間隔に整列する

スキルアップ 引き出し線付きの図形は始点を統一する

引き出し線の付いた図形を整列すると、線の始点がずれてわかりにくい場合があります❶。引き出し線の始点をドラッグし、同じ位置を示す線がまとまるように調節すると、グッと見やすくなります❷。

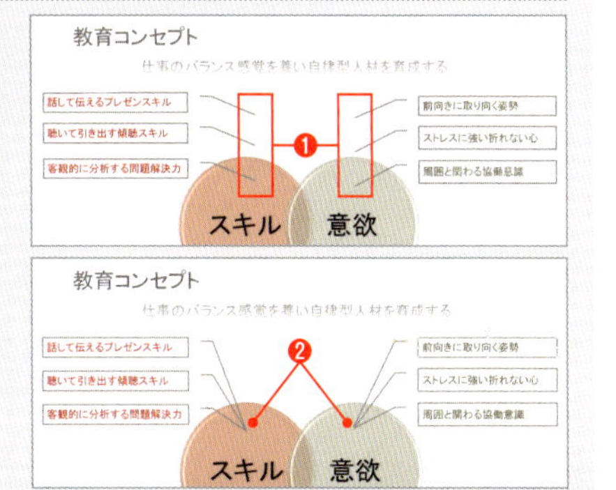

No. 146 すべては基本図形の組み合わせ！四角形、丸、線を描く

四角形、丸、線などの基本的な図形は、［図形］一覧に用意されていますので、ドラッグだけで描けます。だいたいの図は基本図形で事足りますし、少し複雑な図でも、基本図形の組み合わせで描けます。

1 ［ホーム］タブを選択

2 図形の［その他］をクリック

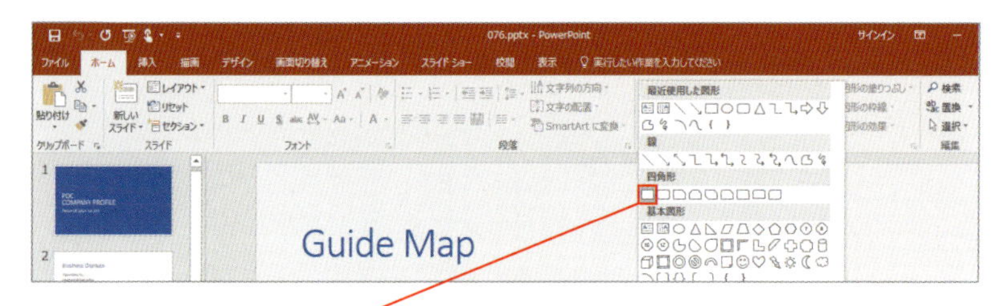

3 目的の図形（ここでは［正方形/長方形］）を選択

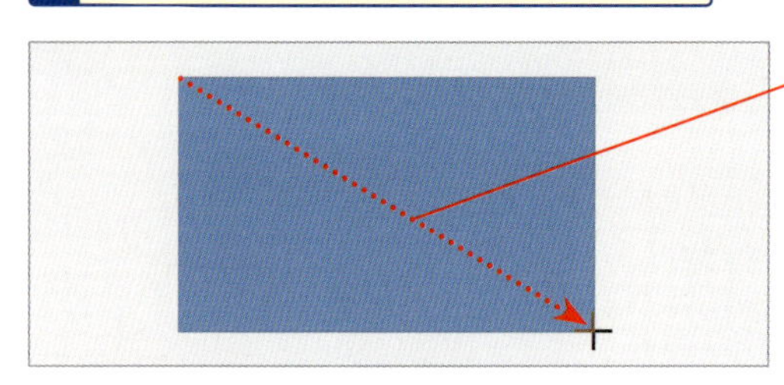

4 四角形の始点（左上）から終点（右下）へドラッグすると、図形が描ける

正方形を描くには Shift キーを押しながらドラッグします。

スキルアップ 水平線や垂直線を描く

リボンの［ホーム］タブにある［図形］をクリックして、［線］グループの中から［直線］または［矢印］を選択します。Shift キーを押しながら左右または上下にドラッグすると水平線や垂直線を描けます。また、45度の斜線を描くには Shift キーを押しながら斜め方向にドラッグします。

No.147 同じ図形はCtrl＋Shift＋ドラッグで水平・垂直コピー

図解では、同じ図形を3つ並べたりなど、同じ図形を必要とする場合は多いものです。Ctrlキー＋ドラッグで簡単にコピーできますし、さらにShiftキーを加えると水平または垂直にコピーできます。

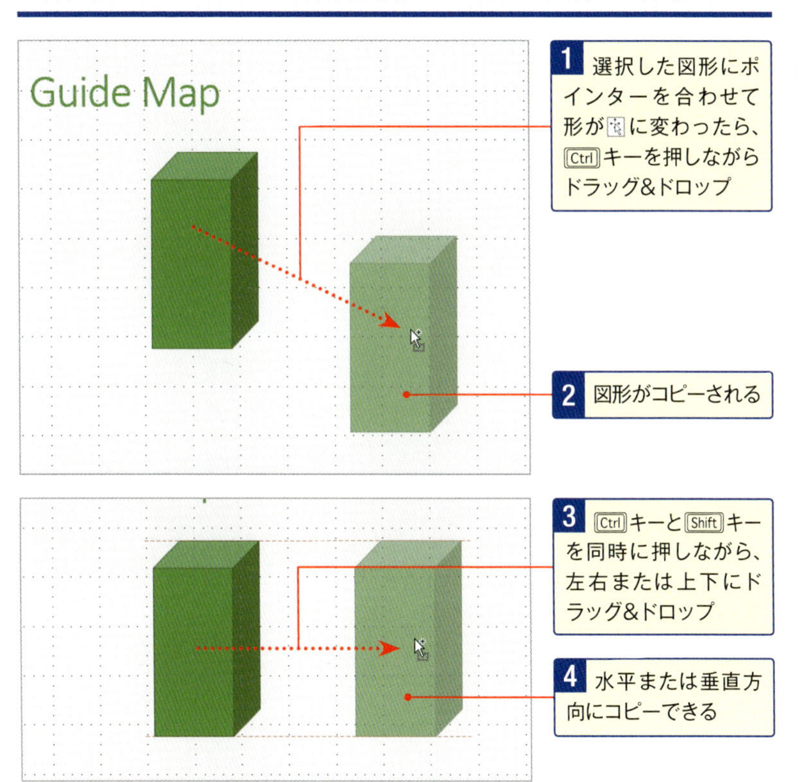

スキルアップ 図形を移動するには

図形を移動するには、図形にポインターを合わせての形になったら、そのままドラッグ&ドロップします。Shiftキーを押しながら左右または上下方向にドラッグ&ドロップすると、水平または垂直方向に移動できます。

第7章

図形でカンタン視覚化ワザ

No. 148 吹き出しの飛び出た部分や矢印の軸の太さを変えたい

吹き出しの飛び出た部分は、スライドの構図によって出したい方向が違いますよね。でも、基本図形では左下に飛び出た吹き出ししかありません。「調整ハンドル」をドラッグすれば簡単に位置を変えられます。

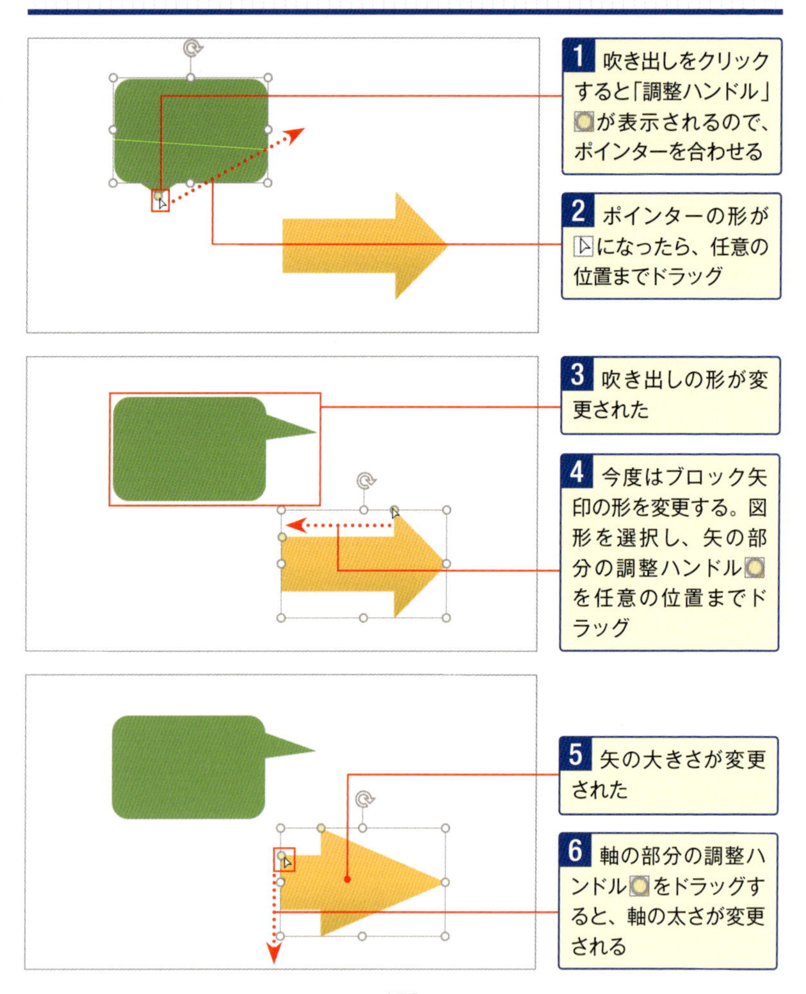

No. 149 矢印の向きを変えるなど、図形を自由に回転するには？

矢印は、基本図形の右向きだけでなく、左向きや下向きや斜めなど自由に向きを変えたいですね。そんなときは「回転ハンドル」をドラッグすれば、好きな角度に変えられます。

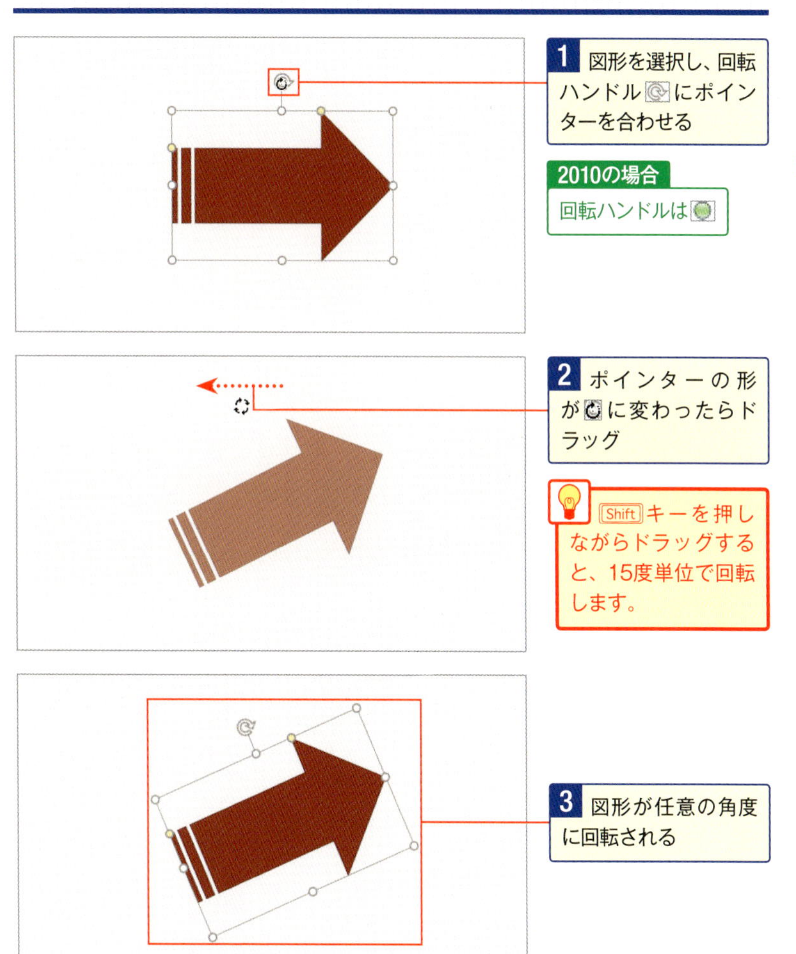

No. 150 一瞬で右矢印を左矢印に！ 図形を上下左右に反転

右向き矢印を左向きにしたい場合、前ページのように図形を回転してもできますが、ぐるっと回さないといけないので時間がかかります。そんなときは「反転」させれば、一瞬でできます。

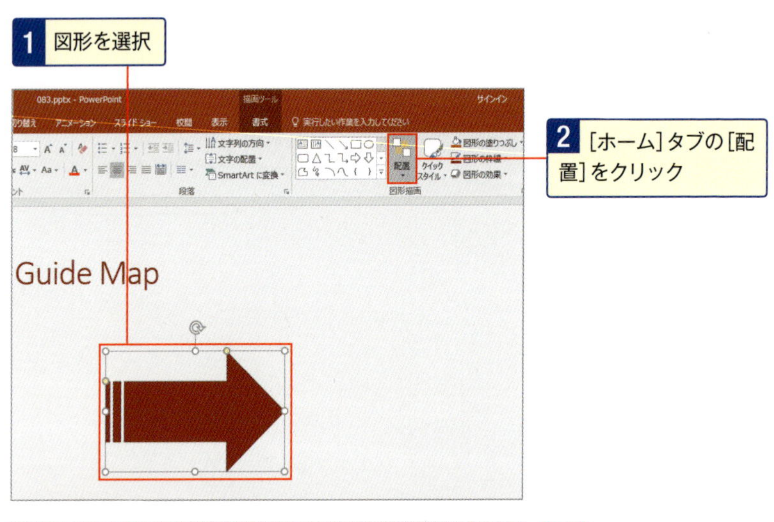

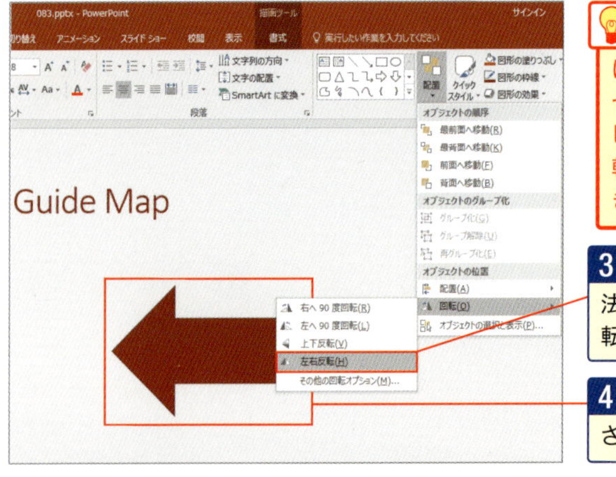

反転方法の項目にポインターを合わせると、ライブプレビュー機能により回転後の図形を確認できます。

3 ［回転］から反転方法（ここでは［左右反転］）を選択

4 図形が左右に反転される

No. 151

複数の図形を目立たせるワザ！背景を描いて重なり順を変更

図形を組み合わせて作った図表を目立たせたい場合、図形1つ1つに効果を設定していては時間もかかりますし、かえって見づらくなります。そんなときの簡単ワザは楕円を作成して重なり順を変更し、背景に配置することです。

1 背景にする図形を選択

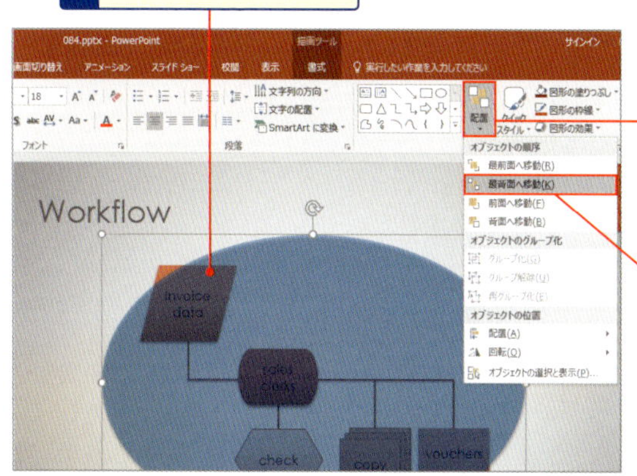

2 ［ホーム］タブの［配置］をクリック

3 ［最背面へ移動］を選択

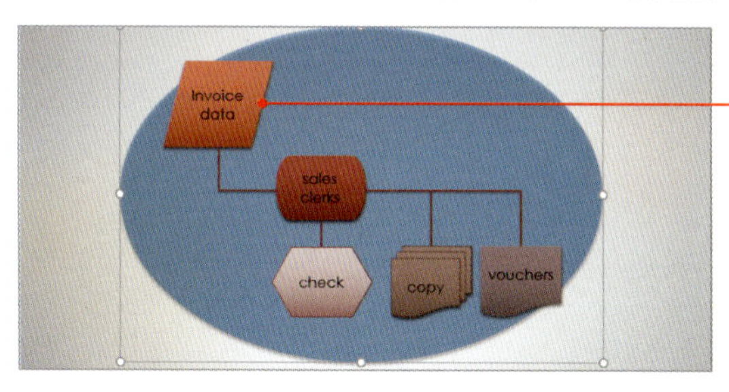

4 背景の図形が背面へ移動し、図形が前にきた

スキルアップ 図形の順序を表示して重なり順を変更するには

任意の図形を選択して［描画ツール］の［書式］タブを選択し、［オブジェクトの選択と表示］をクリックします。［オブジェクトの選択と表示］作業ウィンドウが表示され、スライド内の図形が前面に配置されているものを一番上にして順に表示されます。［前面へ移動］ボタン▲または［背面へ移動］ボタン▼で重なり順を変更します。

No.152 情報の視覚化の基本！図形内に文字を入力

プレゼンで最も重要な「情報の視覚化」は、基本的には文字情報を図形の中に入れて関係性を視覚的に表すことです。その第一歩、図形内に文字を入力する操作を覚えておきましょう。

横書きの文字を入力する

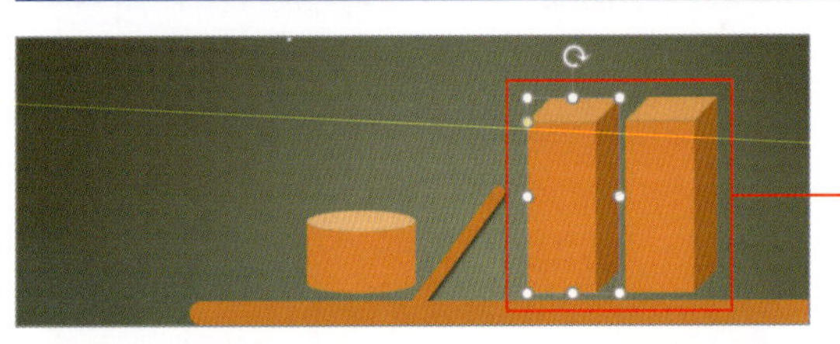

1 図形を選択すると、図形の周囲に実線の枠が表示される

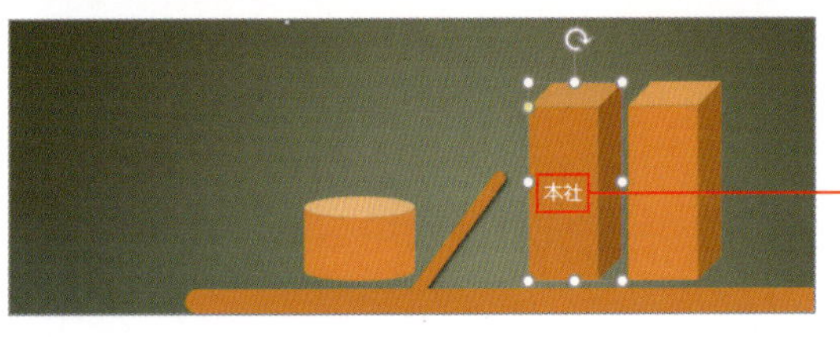

2 図形内に文字をキーボードで入力できる

文字色を変える

1 図形を選択

2 [ホーム] タブを選択

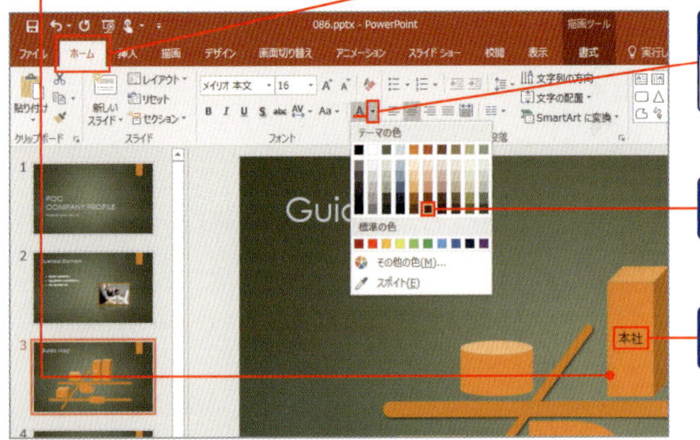

3 [フォントの色] の右側の▾をクリック

4 色を選択

5 文字色が変わる

No.153

図をある程度完成させたらグループ化は必須

複数の図形を1つにまとめることを「グループ化」といいます。グループ化された図形は1つの図形と同じように移動や拡大縮小などができます。図形を作成した際は、ある程度のまとまりごとに必ずグループ化しておきましょう。

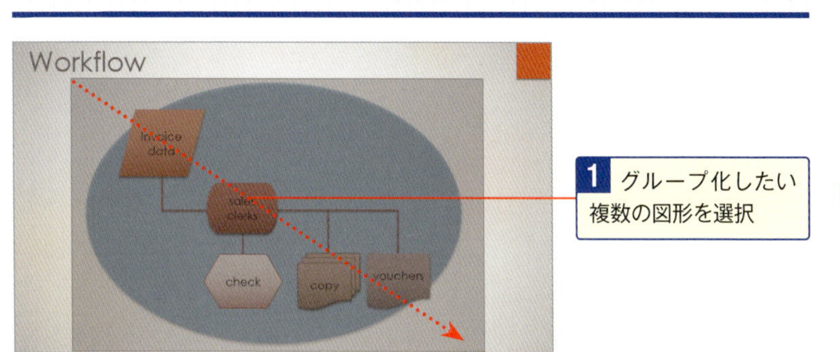

1 グループ化したい複数の図形を選択

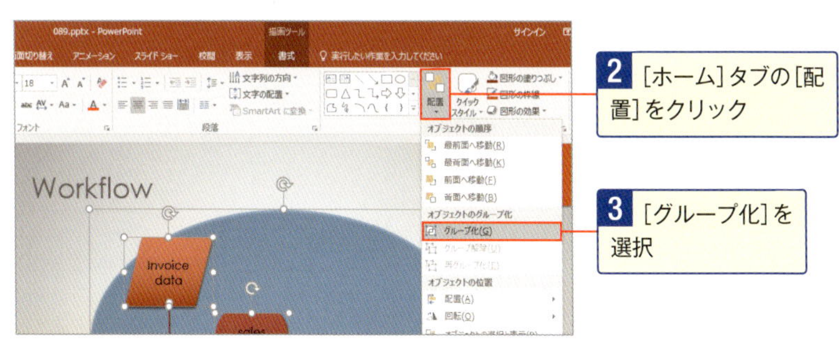

2 [ホーム]タブの[配置]をクリック

3 [グループ化]を選択

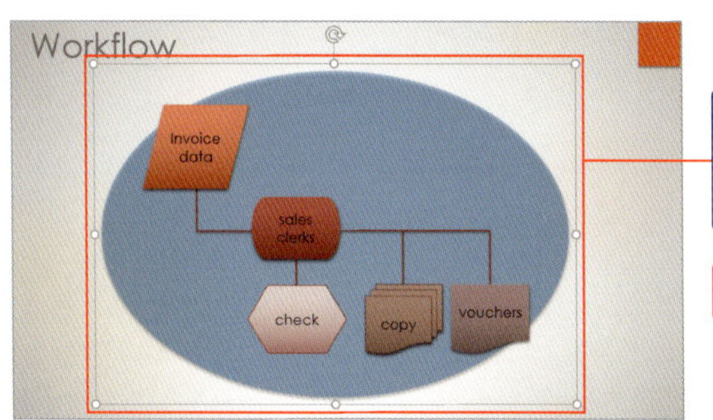

4 選択した図形がグループ化され、1つの図形として扱える

この状態でも各図形を個別に選択して書式を変更できます。

No.154 図形を一瞬で洗練された印象にする半透明ワザ

図形を簡単に洗練された雰囲気にするには、「半透明」が便利です。ちょっとしたあしらいが欲しいとき、図形を重ねてから半透明にしてみましょう。簡単なのにとても役立つワザです。

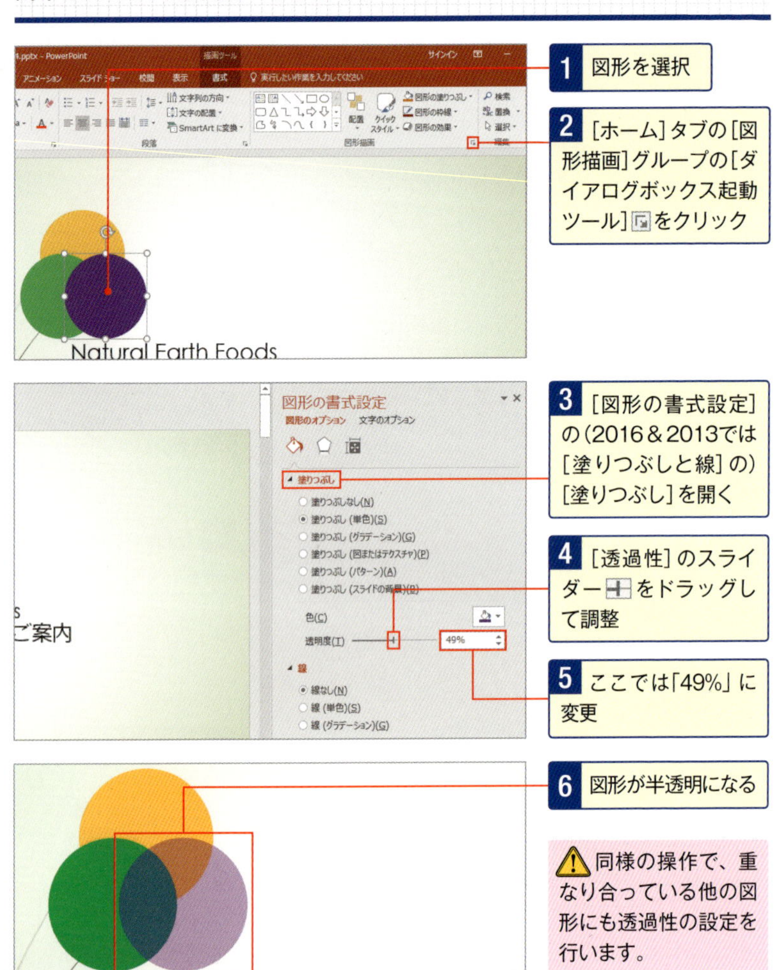

⚠同様の操作で、重なり合っている他の図形にも透過性の設定を行います。

No.155 プレゼンといえば図解！一瞬で図表を作成するワザ

スライドの基本は「情報の視覚化」ですが、普通のビジネスマンが視覚化のために図表を作成するのは難しいですよね。「SmartArtグラフィック」を使えば、「リスト」「手順」「循環」など8種類から選択するだけで図表が作成できます。

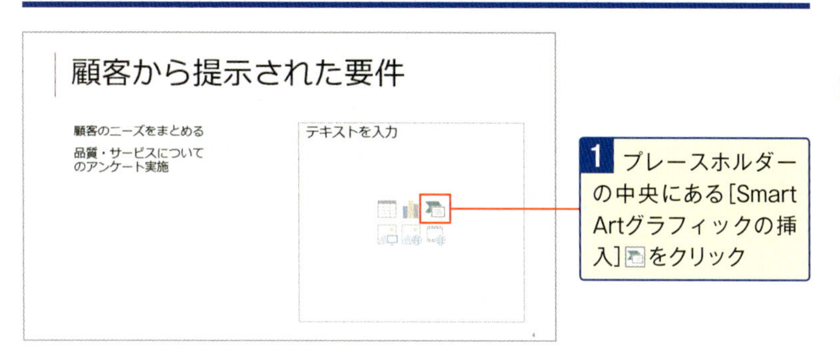

1 プレースホルダーの中央にある[SmartArtグラフィックの挿入]をクリック

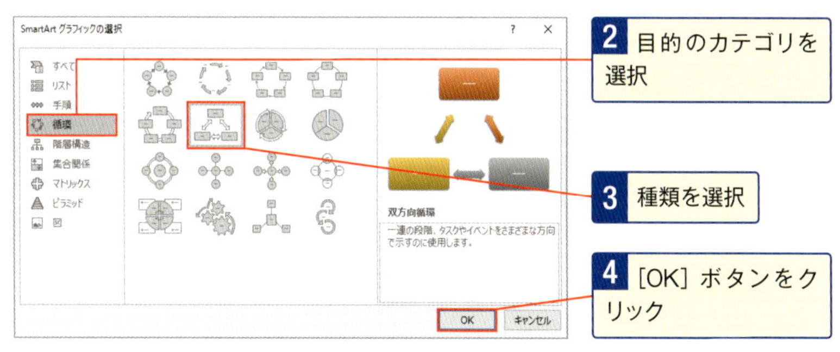

2 目的のカテゴリを選択

3 種類を選択

4 [OK] ボタンをクリック

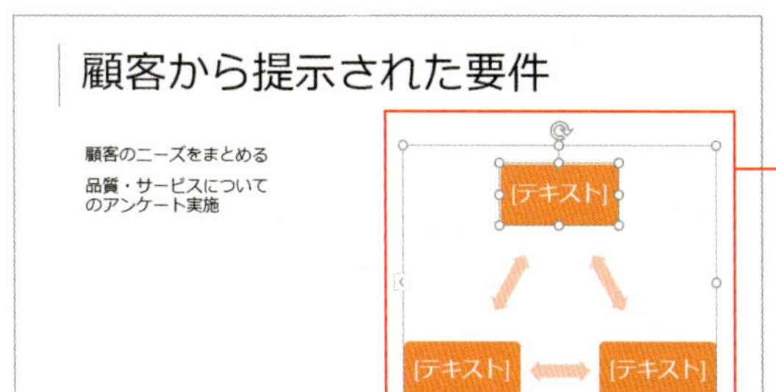

6 スライドにSmartArtが挿入された

⚠ SmartArtの種類によっては[テキストウィンドウ]が表示されることもあります。

No. 156 箇条書きはとにかくいったんSmartArtに変換してみる

スライド作成の基本は「情報の視覚化」です。つい文章の箇条書きで済ませがちですが、単調です。箇条書きはとにかくいったんSmartArtに変換してみましょう。その際、その情報同士の関係性から図表を選ぶのがポイントです。

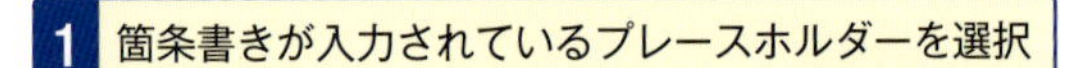
1 箇条書きが入力されているプレースホルダーを選択

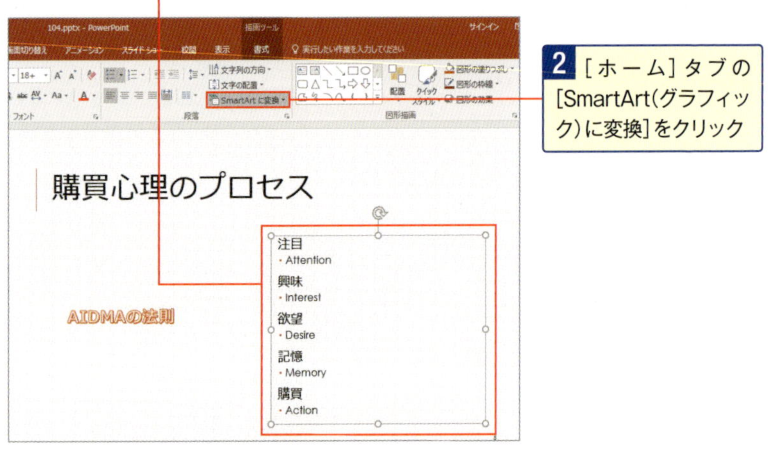

2 ［ホーム］タブの［SmartArt（グラフィック）に変換］をクリック

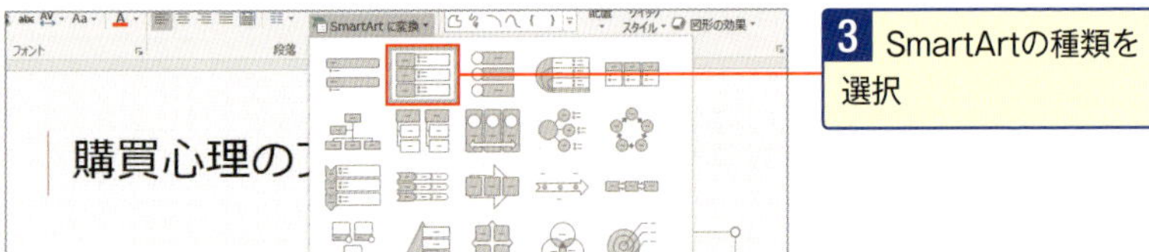

3 SmartArtの種類を選択

4 箇条書きがSmartArtグラフィックに変換された

第8章

伝達性をアップ！表とグラフを魅せるワザ

この章では、スライドで表とグラフを魅力的に見せる方法について紹介していきます。表とグラフは視覚的に重要な要素ですから、積極的に使っていきましょう。PowerPointの標準機能で挿入される表やグラフにひと手間加えて、より見やすく調整しましょう。

No.157 「比較」を見せるには一覧性を高めた表が最適

情報を見やすく一覧性を高めて伝える手法に「表」があります。活用の幅が広く、編集操作も比較的容易です。箇条書きで書けることでも、表にしてみると比較しやすくなることが多いので、積極的に活用しましょう。

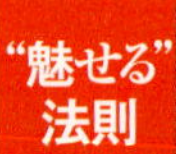

◉一覧性を高め、比較して見せたい時は表が最適！
◉表デザインは「スタイル」一覧からワンクリックで選択すれば一瞬で完成！

表を活用する目的は、一覧性を高めることによって、「比較する」「推移をみる」等の見せ方ができる点にあります。また、表を活用した場合、罫線を強調しすぎず、すっきりしたデザインにすることで、より見やすくなります。

Before

ライフスタイルに合わせたコース選択

子育て世代・こだわり派・バリキャリ派も、NEFなら納得！

▶ PAKUPAKUクラブ（年会費：500円　会員数15,000世帯）
- 安心・安全・リーズナブルな食材を提供。食べざかりの子供を抱える家庭をターゲット

▶ 雅～MIYABI～（年会費：1,000円　会員数2,500世帯）
- 高級食材や産地指定のこだわり食材を扱い、お取り寄せ感を演出。質を重視するこだわり世代をターゲット

▶ Apple（年会費：800円　会員数8,000世帯）
- 献立ごとに必要な食材を必要な量だけパッケージ。単身者や働く主婦をターゲット

表にしない例
平凡に見えるだけでなく、本来の目的である「比較」効果が弱く、単なる概要説明として見える

After

ライフスタイルに合わせたコース選択

子育て世代・こだわり派・バリキャリ派も、NEFなら納得！

コース名	概要	年会費	年間会員数（見込）
PAKUPAKUクラブ	安心・安全・リーズナブルな食材を提供。食べざかりの子供を抱える家庭をターゲット。	500円	15,000世帯
雅（MIYABI）	高級食材や産地指定のこだわり食材を扱い、お取り寄せ感を演出。質を重視するこだわり世代をターゲット。	1,000円	2,500世帯
apple	献立ごとに必要な食材を必要な量だけパッケージ。単身者や働く主婦をターゲット。	500円	8,000世帯

表を利用して一覧性を高めた例
3つのコースの概要を含め、年会費や会員数などを比較することが容易

表のデザインにスタイルを適用する

1 表を挿入しセル内に情報を入力したら、[デザイン]タブの[表のスタイル]にある[その他]ボタンをクリック

挿入した表には、選択しているテーマに合わせたスタイルが自動的に適用されています。色やデザインを調節するには図の要領でスタイルを選びます。

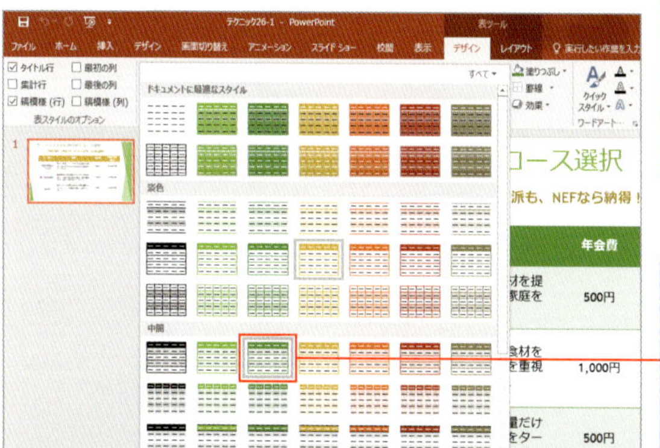

2 一覧から、任意のスタイルをポイントする。プレビューで確認しながらスタイルを選択

スキルアップ スタイルのオプションを使いこなす

スタイルの設定を終えたら、必要に応じてオプションを調節しましょう。[デザインタブ]の[表スタイルのオプション]でオン・オフを設定できます。たとえば[最初の列]にチェックを付けると❶、表内の左側の列のみ書式が変更されます❷。その他の項目もチェックしておきましょう。

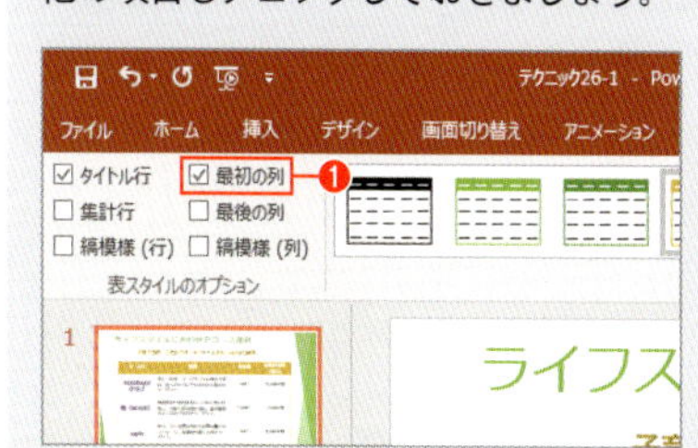

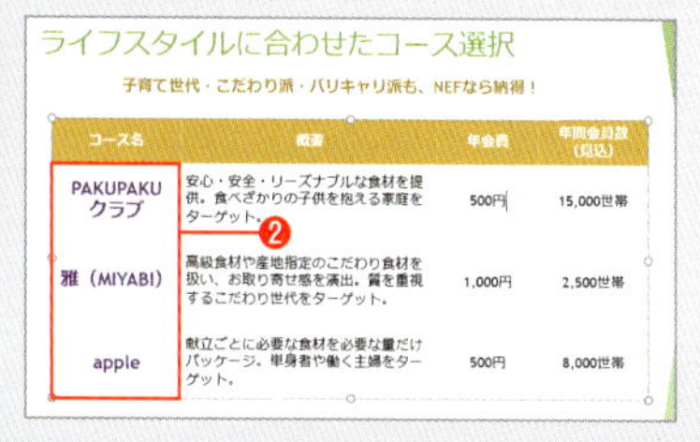

No.158 キーワードは中央、文章は左、数字は右が配置の鉄則!

表を活用した際、セル内の情報の配置によって見やすさはぐんと変わります。キーワード、文章、数値など情報の種類によってどのような配置が見やすいかを覚えておきましょう。また、効率的な設定のコツも紹介します。

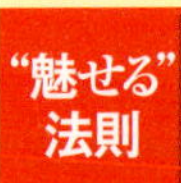

◎キーワードは中央、文章は左、数字は右が基本!
◎表全体を上下中央揃えにしてから、個別の配置を指定する操作が効率的!

セル内の情報をすべて中央揃えにすると一見すっきりした印象になります。ですが、文章は、最終行の開始位置がバラバラで読みづらいなどの弊害もありますので左揃えがオススメです。また、数値情報は「桁」を揃えるのが基本です。情報の種類によって最適な配置にしましょう。

Before

ライフスタイルに合わせたコース選択

子育て世代・こだわり派・バリキャリ派も、NEFなら納得!

コース名	概要	年会費	年間会員数(見込)
PAKUPAKU クラブ	安心・安全・リーズナブルな食材を提供。食べざかりの子供を抱える家庭向け	500円	15,000世帯
雅(MIYABI)	高級食材や産地指定のこだわり食材を扱い、お取り寄せ感を演出。質を重視するこだわり世代向け	1,000円	2,500世帯
apple	献立ごとに必要な食材を必要な量だけパッケージ。単身者や働く主婦向け	500円	8,000世帯

すべての情報を中央揃えにした例
文章は、最終行の開始位置まで中央になるため、読みづらい

After

ライフスタイルに合わせたコース選択

子育て世代・こだわり派・バリキャリ派も、NEFなら納得!

コース名	概要	年会費	年間会員数(見込)
PAKUPAKU クラブ	安心・安全・リーズナブルな食材を提供。食べざかりの子供を抱える家庭向け	500円	15,000世帯
雅(MIYABI)	高級食材や産地指定のこだわり食材を扱い、お取り寄せ感を演出。質を重視するこだわり世代向け	1,000円	2,500世帯
apple	献立ごとに必要な食材を必要な量だけパッケージ。単身者や働く主婦向け	500円	8,000世帯

情報の種類に応じて配置を整えた例
項目は「中央揃え」、文章は「左揃え」で読みやすく、数値は「右揃え」で桁を揃えており、全体に見やすくまとまっている

表全体を上下中央揃え→個別の配置を指定する

セル内で情報の配置を設定する際、効率よく配置設定の操作を行うには、まずは表全体を選択して［上下中央揃え］にします。そのあと、セル内の情報の種類によって、範囲選択してから「左揃え」「中央揃え」「右揃え」のいずれかに設定します。

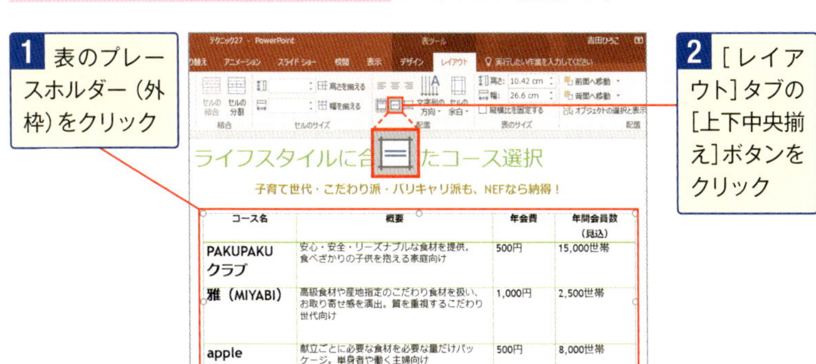

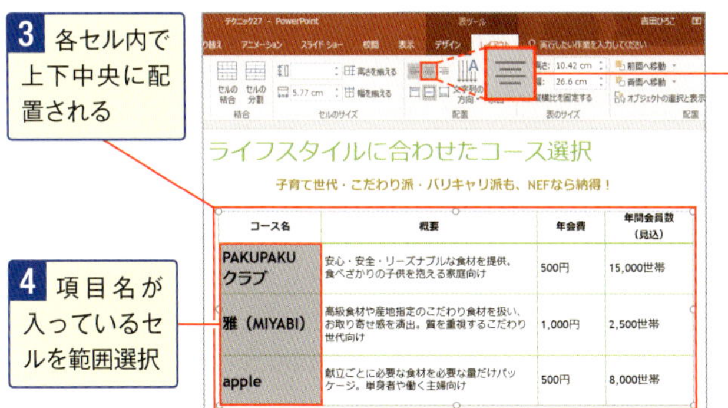

5 ［中央揃え］ボタンをクリック

6 文章のセルはそのまま

7 数値が入っているセルを範囲選択したあと、［右揃え］ボタンをクリックして、桁を揃える

No.159 ExcelやWordの表を使ったらその後の「魅せる編集」は必須

スライドに使う表は、ExcelやWordの表をコピーして貼り付けることもあります。ここで大切なのが、貼り付けた後に行う魅せるための編集です。スタイルを利用すると、スライドのデザインに合う表に整います。

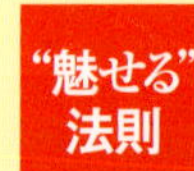

◉ExcelやWordの表はコピー＋貼り付けでカシコク使いまわせ！
◉貼り付けは、スライドテーマの書式で違和感ゼロ！

ExcelやWordで作成済みの表がある場合、コピーして使うと作成の手間が省けますが、表のデザインは整える必要があります。［表のスタイル］機能を利用すれば、PowerPointで作った表と同じく多彩なデザインを利用できます。

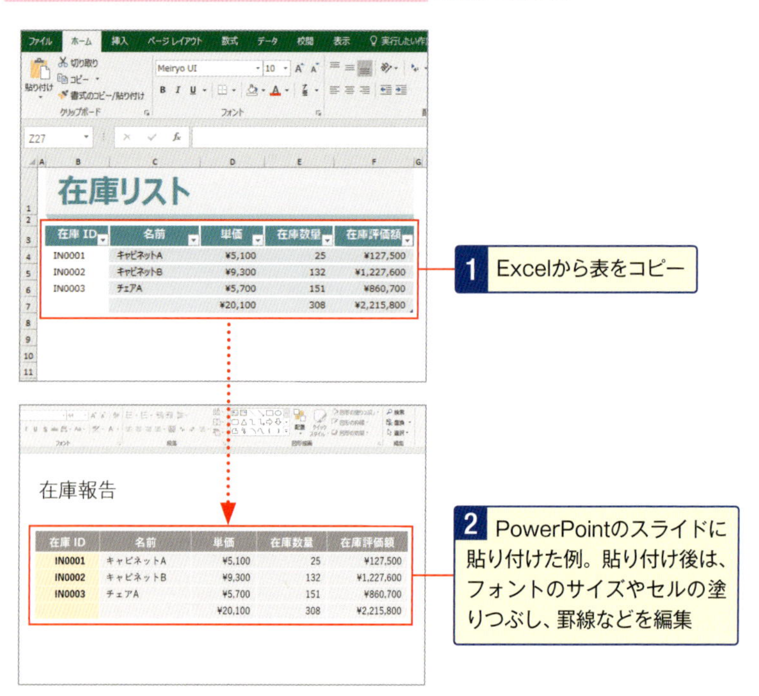

1 Excelから表をコピー

2 PowerPointのスライドに貼り付けた例。貼り付け後は、フォントのサイズやセルの塗りつぶし、罫線などを編集

貼り付けた表に[表のスタイル]を適用する

1 Excelでコピーの対象となるセルを範囲選択

2 [ホーム]タブの[コピー]ボタンをクリック

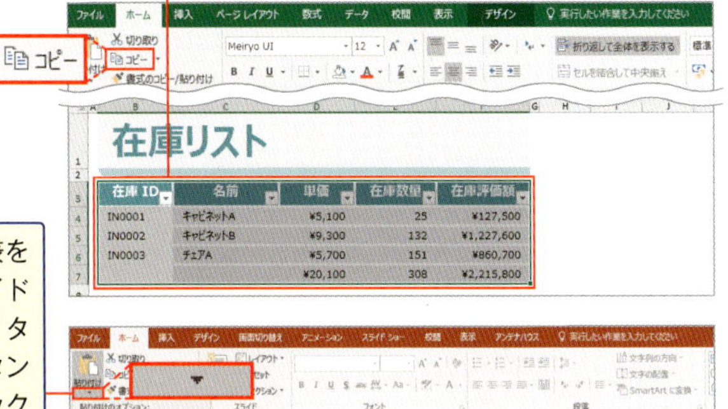

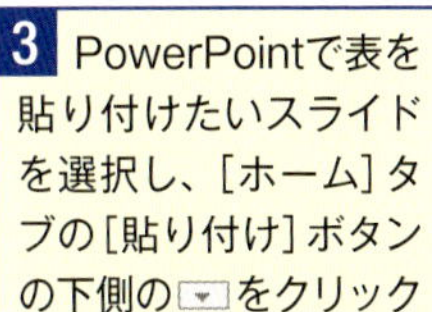

3 PowerPointで表を貼り付けたいスライドを選択し、[ホーム]タブの[貼り付け]ボタンの下側の[▼]をクリック

4 貼り付けのオプション一覧から[貼り付け先のスタイルを使用]を選択

5 スライドに適用されているスタイルで表が貼り付けられた

6 表のサイズを拡大し、セル内のフォントサイズも拡大

7 [デザイン]タブの[表のスタイル]一覧からスタイルを変更することもできる

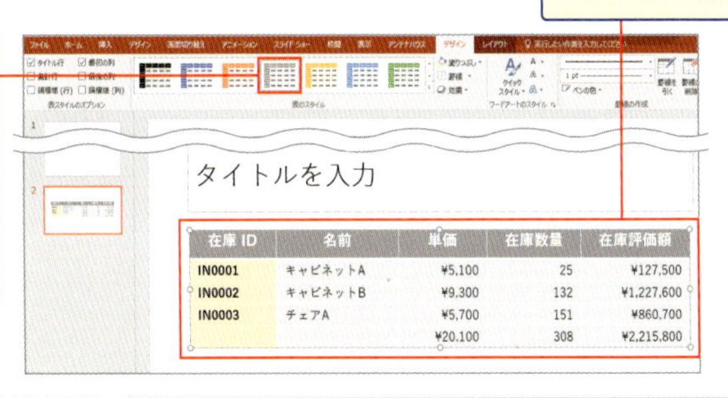

8 [レイアウト]タブにある、配置用のボタンを使い文字の配置を設定

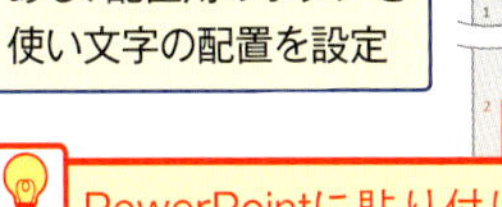

PowerPointに貼り付けるとき[埋め込み]を選ぶと、貼り付け後も数値の変更などが行えます。

No.160 視覚化のスタンダード「表」をカンタン作成

箇条書きのレイアウトではわかりにくかったりするものや、数値情報などは「表」にするとカンタンに視覚化できます。集計値や項目を整列して、見やすく配置できます。

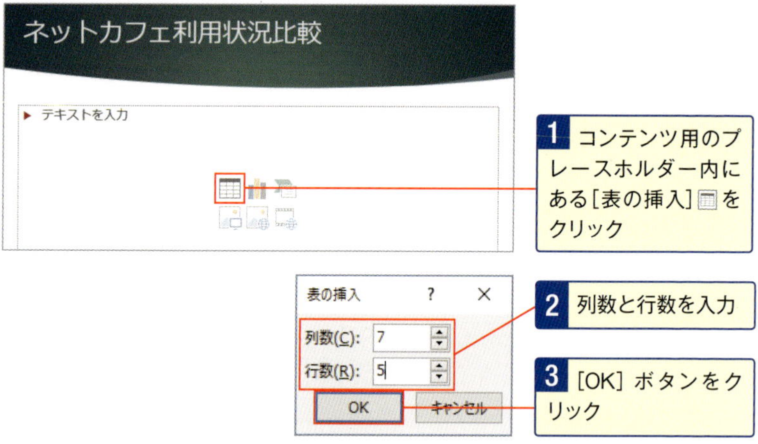

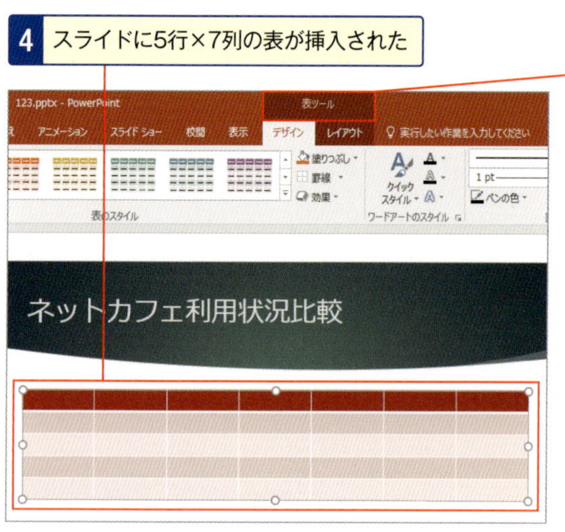

5 表を編集するための機能が集められた[表ツール]が追加された

No.161 プレースホルダーがない場所でも表を挿入

コンテンツのプレースホルダーには表のアイコンがありますが、ない場所に表を作りたい場合、[挿入]タブにある[表]をクリックしましょう。行列のマス目を必要な数だけクリックするのがポイントです。

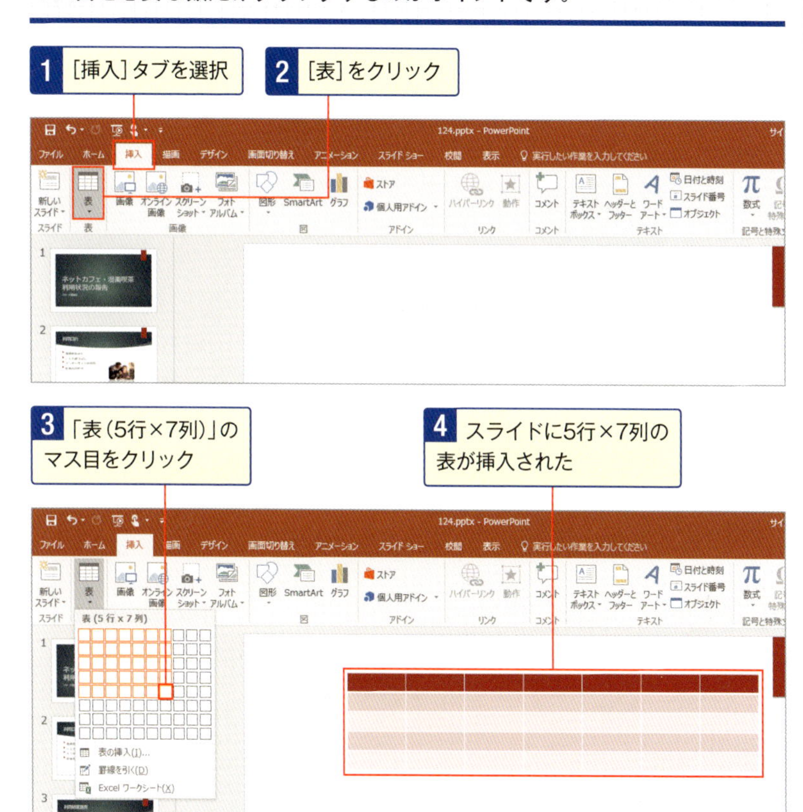

トラブル解決 表を削除するには

表を削除するにはポインターを表の外枠に合わせ、形が⇳に変わったところでクリックし、表全体を選択します。この状態でDeleteキーを押すと、表が削除されます。

No.162

タイトル行や最初の列は強調が鉄則

あらかじめ「表のスタイル」に用意された表デザインは、タイトル行は強調されますが**最初の列と最後の列**は強調されません。これが**見出し列や集計列の場合、必ず強調**しておきましょう。

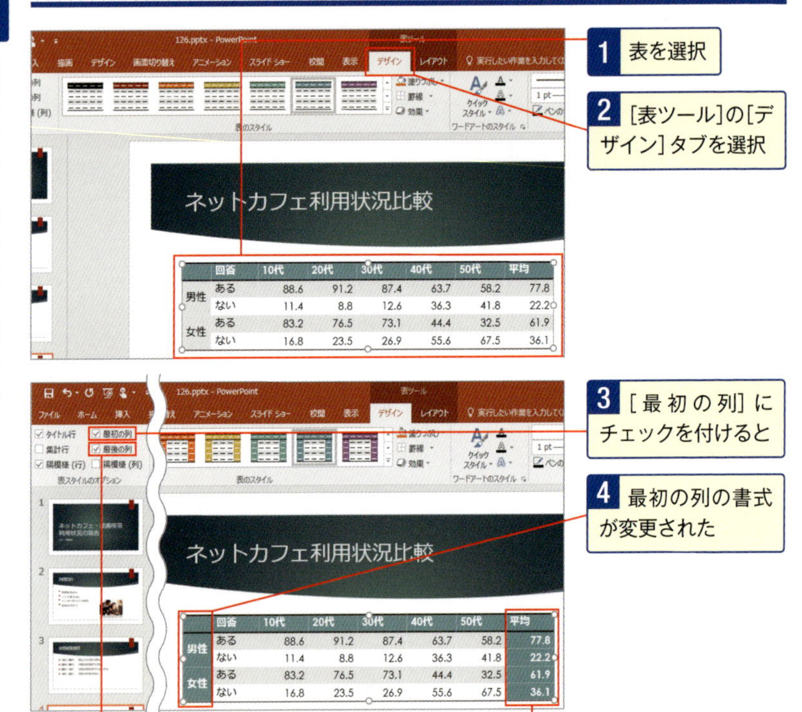

トラブル解決 [タイトル行]にチェックを付けてもタイトル行のセルの色が変わらない

タイトル行や最初の列の書式は、適用されている表のスタイルに依存しています。このため[タイトル行]にチェックを付けてもセルの色は変わらず、行の文字が太字に変更されるだけのスタイルもあります。用途に応じて使い分けるとよいでしょう。

No. 163 表の罫線には意味が隠れている

表の境界線は何となく引いているようでいて、実は意味があります。見出しと項目の間は太い線にして目立たせたり、逆に同じ見出し内での境界線は、細くして目立たなくしたりすると見やすさがアップします。

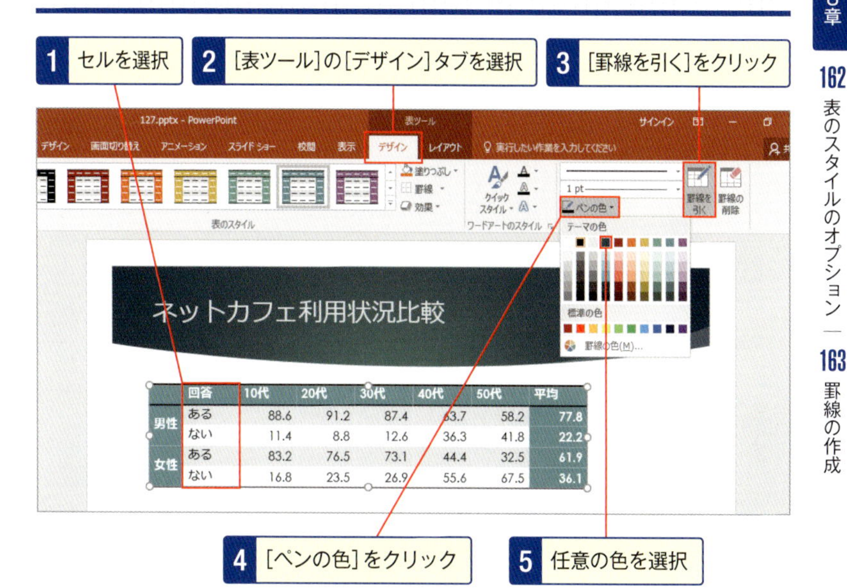

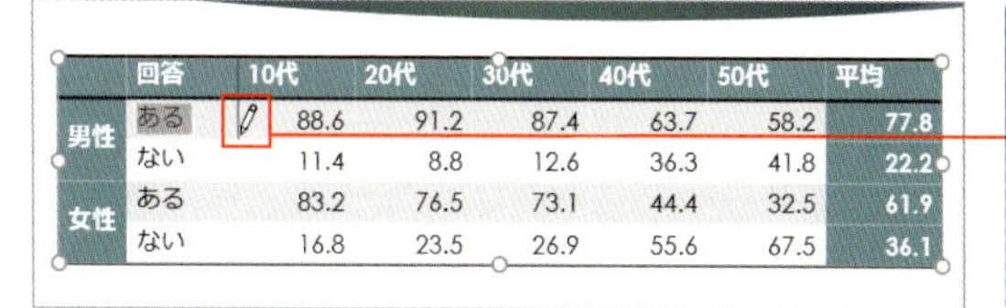

	回答	10代	20代	30代	40代	50代	平均
男性	ある	88.6	91.2	87.4	63.7	58.2	77.8
	ない	11.4	8.8	12.6	36.3	41.8	22.2
女性	ある	83.2	76.5	73.1	44.4	32.5	61.9
	ない	16.8	23.5	26.9	55.6	67.5	36.1

7 罫線が追加された

No. 164

セルの斜線ってどうやって引くの？

一番外側の行と列の交差したところは、たいてい使わないセルですよね。よく見る書式ですが、このセルには斜めの線を引いておきましょう。総当たり戦の同じチームが当たるところも斜めの線で消しておきます。

1 セルをクリックして選択

2 [表ツール]の[デザイン]タブを選択

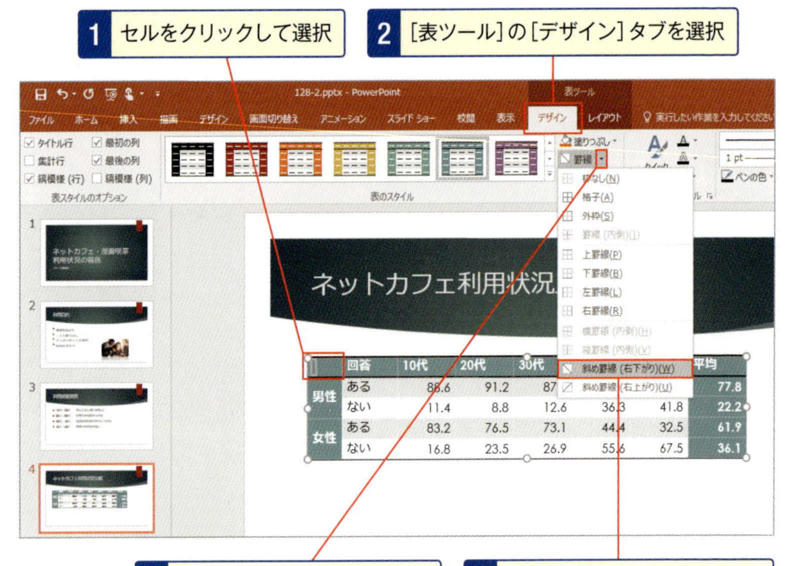

3 [罫線]の右側の をクリック

4 [斜め罫線(右下がり)]を選択

5 右下がりの斜線が引ける

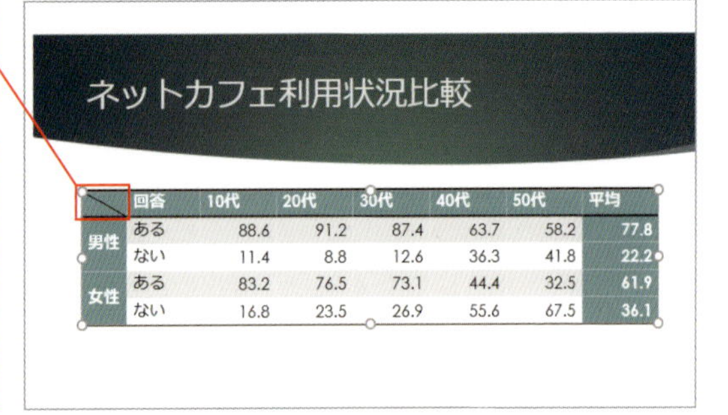

	回答	10代	20代	30代	40代	50代	平均
男性	ある	88.6	91.2	87.4	63.7	58.2	77.8
	ない	11.4	8.8	12.6	36.3	41.8	22.2
女性	ある	83.2	76.5	73.1	44.4	32.5	61.9
	ない	16.8	23.5	26.9	55.6	67.5	36.1

[ペンの色][ペンのスタイル][ペンの太さ]いずれかをクリックして、セルを斜めにドラッグしても斜線が引けます。

No. 165
表のこの罫線だけをどうしても消したい！

罫線を削除するには、[表ツール]の[デザイン]タブにある[罫線の削除]をクリックして消しゴムアイコンにしてから、罫線をクリックします。不用意に消すとセルが結合されることもあるので、注意してください。

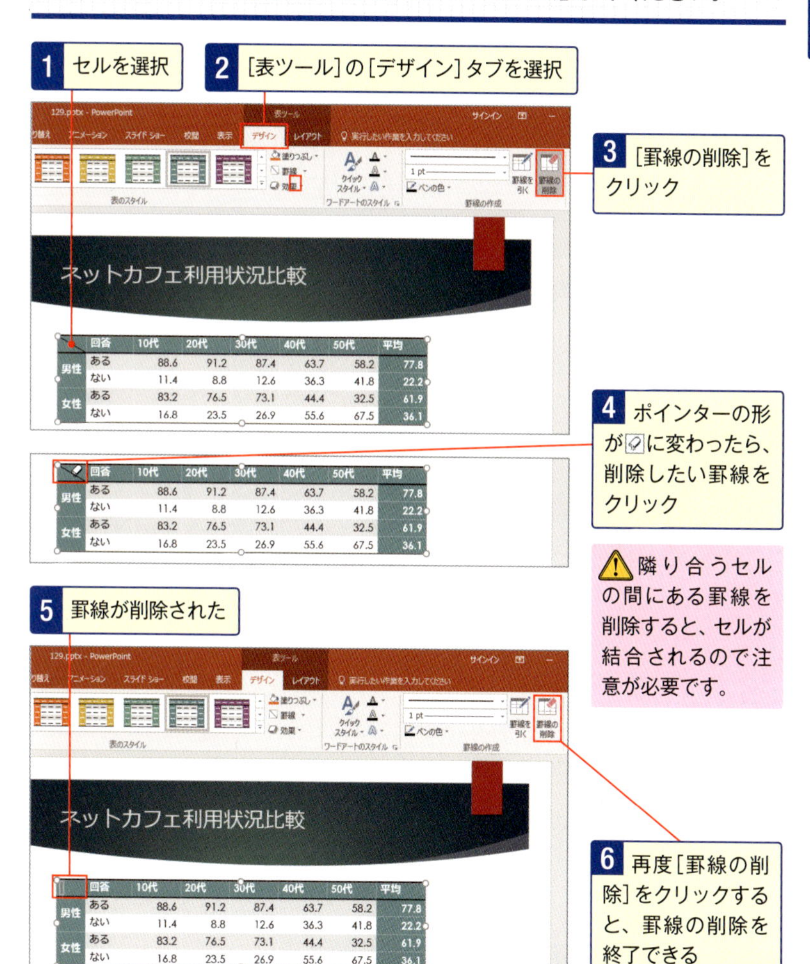

	回答	10代	20代	30代	40代	50代	平均
男性	ある	88.6	91.2	87.4	63.7	58.2	77.8
	ない	11.4	8.8	12.6	36.3	41.8	22.2
女性	ある	83.2	76.5	73.1	44.4	32.5	61.9
	ない	16.8	23.5	26.9	55.6	67.5	36.1

⚠ 隣り合うセルの間にある罫線を削除すると、セルが結合されるので注意が必要です。

No.166 表を作った後から行や列を挿入するには？

表の行や列を後から増やすには、[表ツール]の[レイアウト]タブから行います。増やしたい場所のセルをクリックして、その上／下／左／右に挿入するかを選びます。選択したセルから見てどちらに挿入されるかがわかりやすいですね。

1 任意のセルをクリックしてカーソルを表示

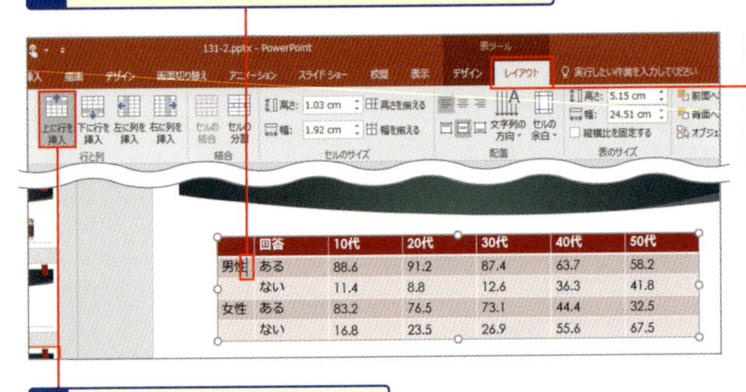

2 [表ツール]の[レイアウト]タブを選択

⚠ 列を挿入したい場合は[左に列を挿入]か[右に列を挿入]をクリックします。

3 [上に行を挿入]をクリック

	回答	10代	20代	30代	40代	50代
男性	ある	88.6	91.2	87.4	63.7	58.2
	ない	11.4	8.8	12.6	36.3	41.8
女性	ある	83.2	76.5	73.1	44.4	32.5
	ない	16.8	23.5	26.9	55.6	67.5

4 セルの上に新しい行が挿入された

スキルアップ 行や列を削除するには

削除したい行または列のセルを選択して❶、[表ツール]の[レイアウト]タブの[削除]をクリックします❷。表示されたメニューから、行を削除したい場合は[行の削除]を、列を削除したい場合は、[列の削除]を選択します❸。

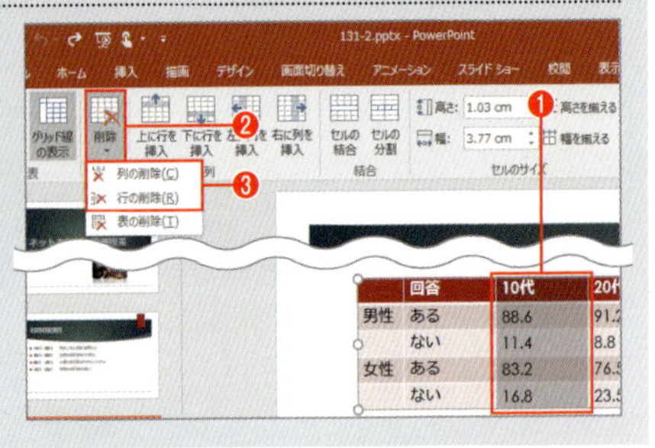

No. 167

複数セルの見出しはていねいに結合しよう

見出しの階層が2つ以上ある場合、上の見出しは結合して下の見出し全体を覆うようにしておくとわかりやすいです。つい忘れがちですが、ていねいに結合しておくと、ぐんと見やすさがアップします。

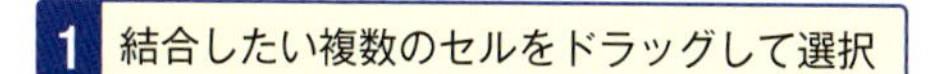

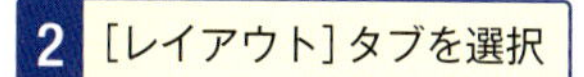

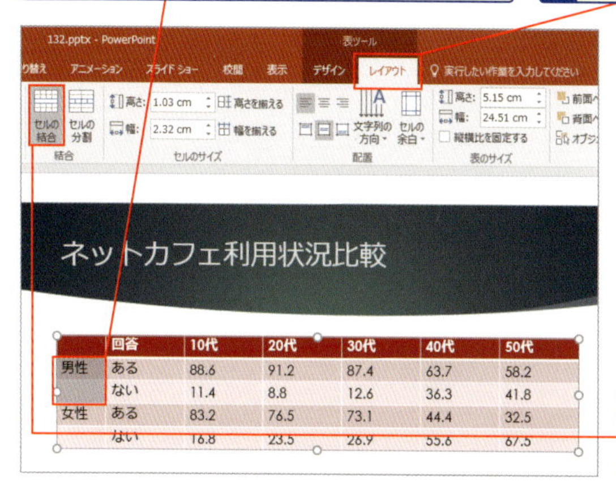

	回答	10代	20代	30代	40代	50代
男性	ある	88.6	91.2	87.4	63.7	58.2
	ない	11.4	8.8	12.6	36.3	41.8
女性	ある	83.2	76.5	73.1	44.4	32.5
	ない	16.8	23.5	26.9	55.6	67.5

スキルアップ セルを分割するには

分割したいセルをクリックしてカーソルを表示し、[表ツール] の [レイアウト] タブにある [セルの分割] をクリックします。表示される [セルの分割] ダイアログボックスでは、例えば上下に2分割したいなら [列数] に「1」、[行数] に「2」を指定し、左右に2分割したいなら [列数] に「2」、[行数] に「1」を指定します。

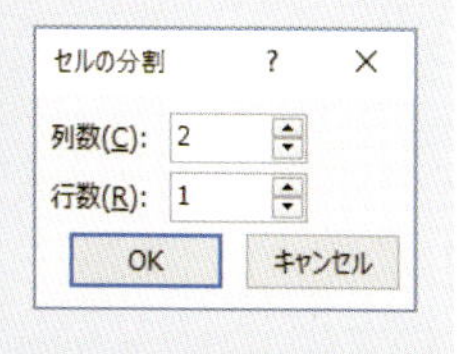

No.168

同じグループの行や列の境界線は点線で弱める

見出しや項目など、同じ要素の境界線は、点線や破線にして弱めておきましょう。[ペンのスタイル]から線の種類を選択すると、簡単に点線や破線に変更できます。

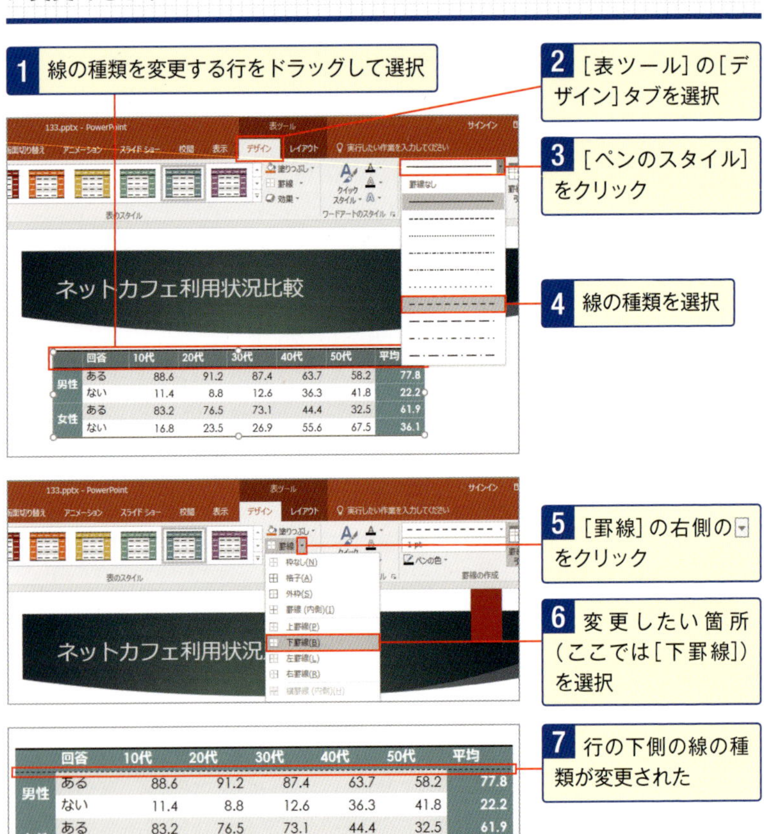

	回答	10代	20代	30代	40代	50代	平均
男性	ある	88.6	91.2	87.4	63.7	58.2	77.8
	ない	11.4	8.8	12.6	36.3	41.8	22.2
女性	ある	83.2	76.5	73.1	44.4	32.5	61.9
	ない	16.8	23.5	26.9	55.6	67.5	36.1

[罫線を引く]をクリックし、ポインターの形が🖉の状態で罫線を追加したい部分をドラッグしても線の種類を変更できます。

No. 169

見出しの色は行と列で変えたほうがベター

P.190の「強調」で見出しの色を変更すると、テーマによっては行の見出しと同じ色になります。これではあまり見やすい表とはいえません。デザインにもよりますが、行と列の見出しはどちらかを違う色にしておいたほうがよいでしょう。

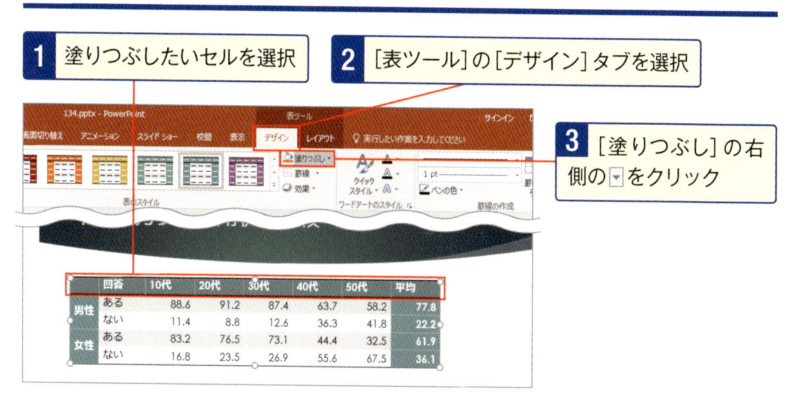

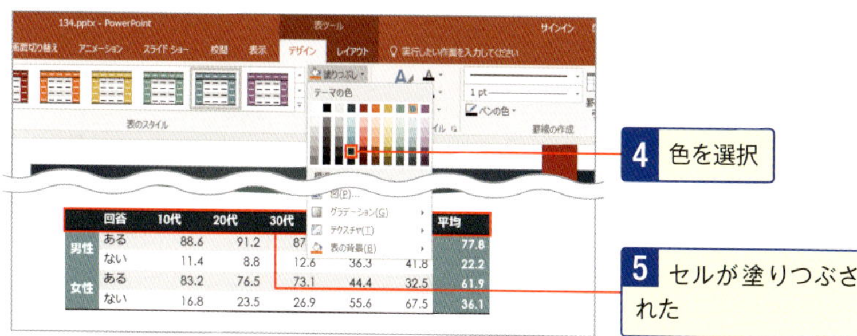

スキルアップ [グラデーション] 効果を設定する

メニューから [グラデーション] をポイントして❶、任意のバリエーションを選択すると❷、セルにグラデーション効果が設定できます❸。

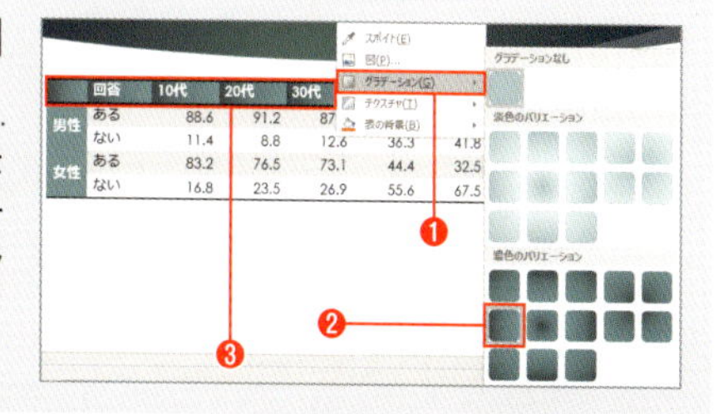

No.170 結合したセル内の文字は中央に配置すべし

P.195のように結合したセル内の文字は、基本的には中央に配置するのが見やすいです。[表]ツールの[レイアウト]タブにある[中央揃え]をクリックすれば簡単に中央に配置できます。

1 セルを選択

2 [表ツール]の[レイアウト]タブを選択

3 [中央揃え] をクリック

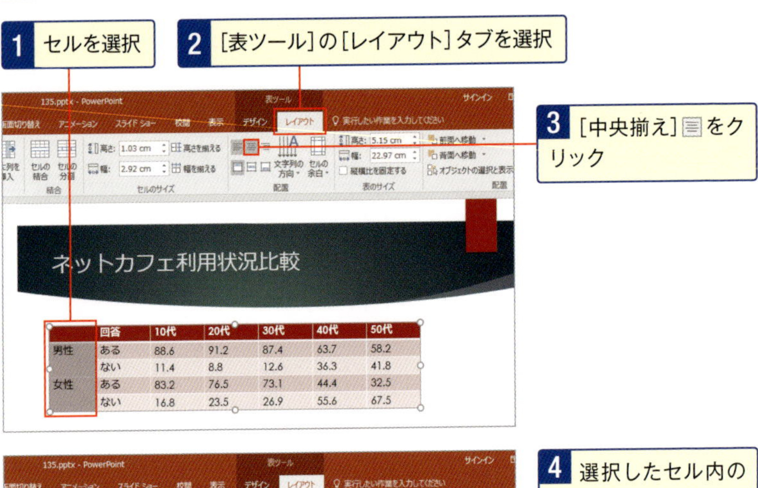

4 選択したセル内の文字列が、水平方向で中央に配置された

5 そのまま[上下中央揃え] をクリック

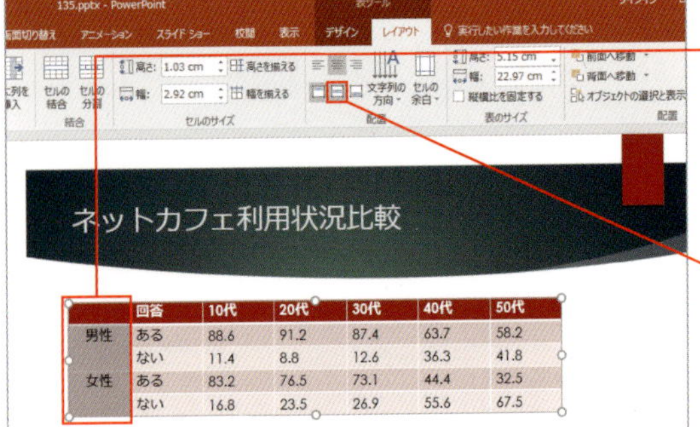

	回答	10代	20代	30代	40代	50代
男性	ある	88.6	91.2	87.4	63.7	58.2
	ない	11.4	8.8	12.6	36.3	41.8
女性	ある	83.2	76.5	73.1	44.4	32.5
	ない	16.8	23.5	26.9	55.6	67.5

6 セル内の文字列が、垂直方向でも中央に配置された

No.171 文字を縦書きにするだけで見やすさアップ

表の文字は横書きのままにしてしまいがちですが、結合などで縦長になったセル内の文字は縦書きにしておいたほうが見やすいでしょう。[表]ツールの[レイアウト]タブにある[文字列の方向]をクリックするだけです。

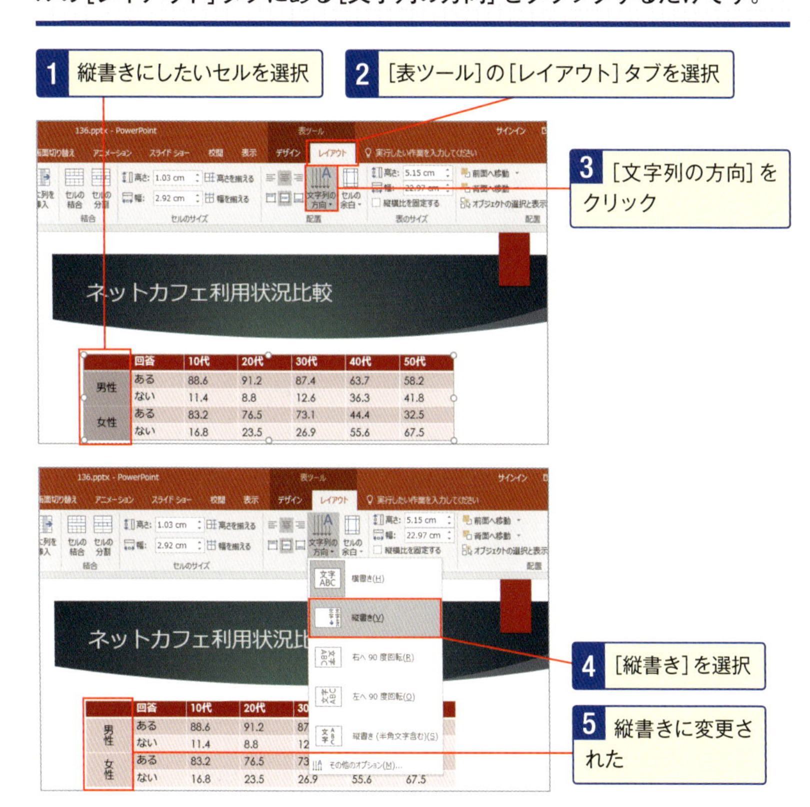

トラブル解決 半角英数字が寝転んでしまったら

縦書きにした際、半角英数字が90度回転して表示されることがあります。そのような場合は[文字列の方向]をクリックし、[右へ90度回転][左へ90度回転][縦書き(半角文字含む)]を選択します。

No.172 棒グラフの最小値は「0」禁止 変化をダイナミックに見せる

棒グラフは数や量の比較や、変化を可視化する場合に活用します。情報を「どう見せたいのか」「何を強調したいのか」にこだわって編集しましょう。数値の変化をダイナミックに見せるには、最小値の変更が効果的です。

◎**変化**を**大**きく**見**せたい**時**は「**最小値**」を**変**えよ！
◎「**数値軸を非表示**」にすれば**変化**は**強調**できる！
◎グラフスタイルで**魅せ度大幅**アップ！

たとえば業績の大きな伸びをグラフで表したい時、既定値のままの棒グラフでは変化が小さく見えてしまうことがあります。これは「0」を最小値としてグラフ化しているためです。数値軸の最小値を変更すると、本来の目的である「変化を大きく見せる」ことができます。なお、図のように最小値を半端な数にした場合、数値軸を消し、グラフ内にデータラベルを表示するとより自然に仕上がります。

Before

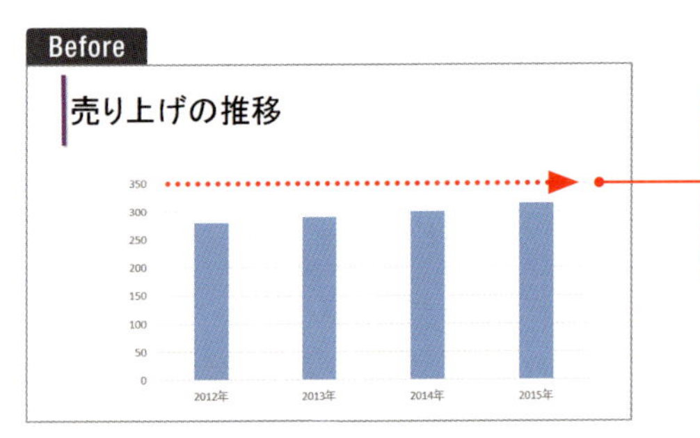

通常の棒グラフのままでは、年度ごとに伸びていくことはわかるが、変化は小さく見える

After

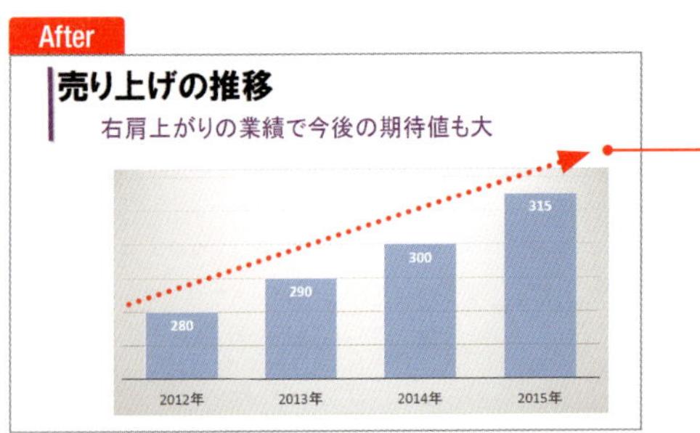

数値軸の最小値を変更すると、伸びが大きく見える。ここでは、数値軸の最小値を260に変更して、グラフ内にデータラベルが表示されるスタイルを選択した

数値軸の最小値を「0」にしないで変化を強調する

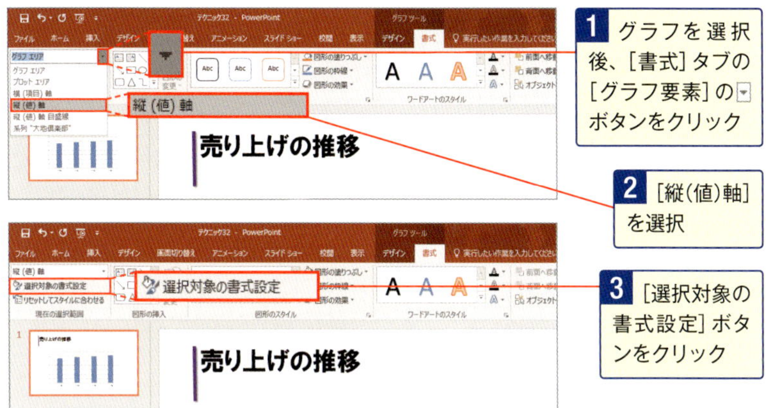

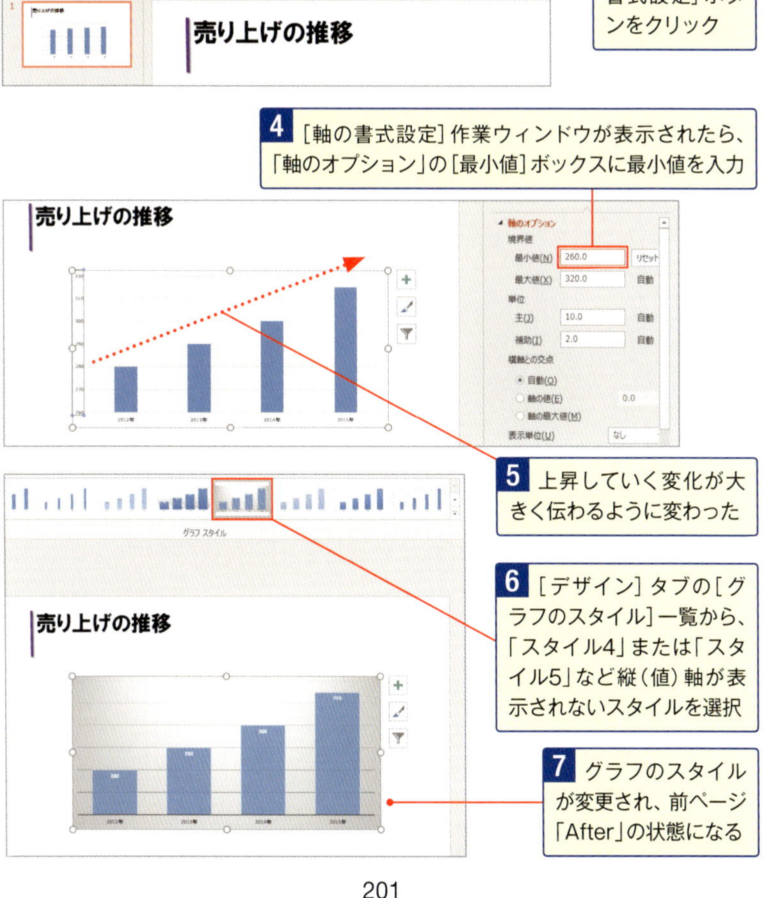

No.173 折れ線グラフは線種がキモ! 主役は太い実線、脇役点線

折れ線グラフは時系列で変化や推移を見せる場合に利用しますが、「線」で描かれているため、系列が多いと主役となるデータを探すのも一苦労です。線の色以外も編集することで、主役と脇役のメリハリを付けましょう。

- ◉どの系列に注目させるのかを明らかにすべし!
- ◉主役は線を太く、色も彩度も上げることで目立つ!
- ◉脇役は線を細く、点線にすると主役をジャマしない!

折れ線グラフで特定の系列だけを見せたい場合は、線の「太さ」と「線種」の変更が効果的です。主役は太い実線を選び、脇役は細い点線を選びます。このひと手間で「伝わる」グラフに変化します。

Before

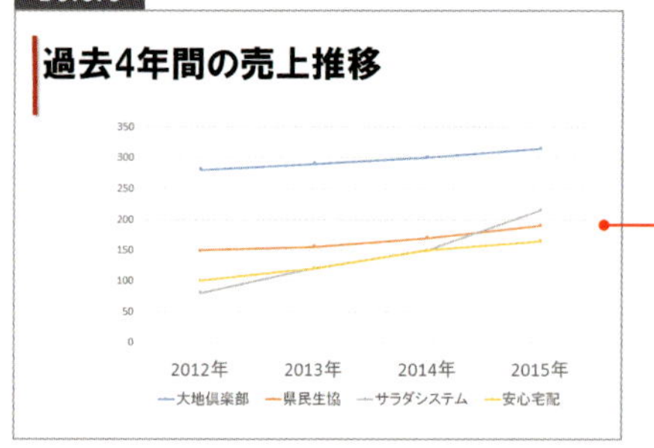

折れ線グラフ作成直後は、細い実線で色は基本色パターン
この状態では、見るべき系列は目立っていない

After

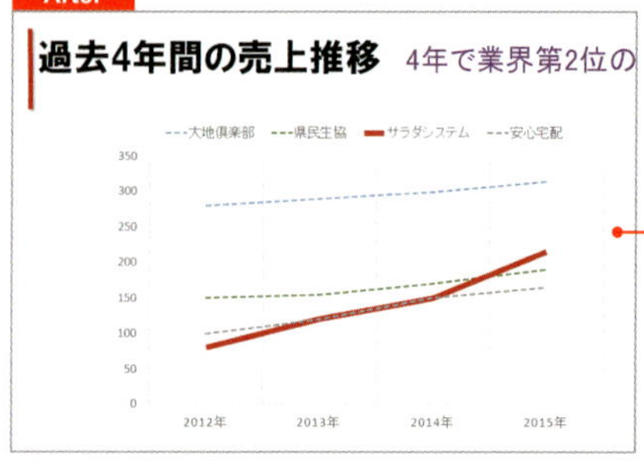

注目させたい系列の線を太くして、他の系列は細い点線に設定を変更したサンプル
主役となる系列が目立っている

魅せワザは色・太さ（幅）・線種の変更で

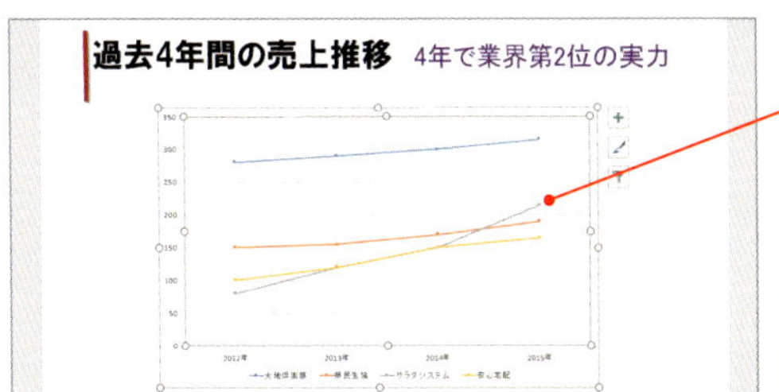

1 目立たせたい系列（ここでは「サラダシステム」）をダブルクリック

2 [塗りつぶしと線] ボタンをクリック

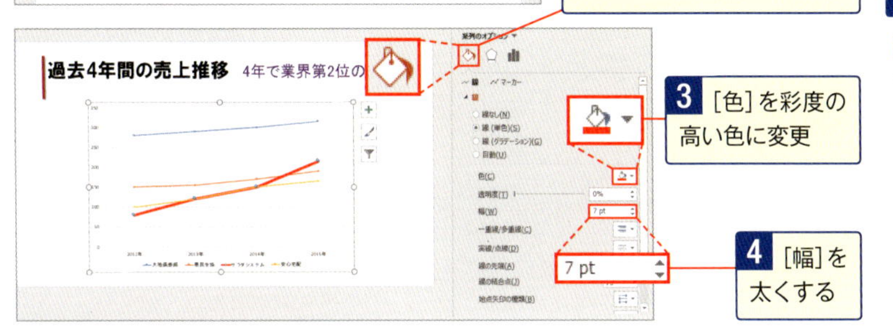

3 [色] を彩度の高い色に変更

4 [幅] を太くする

5 目立たせたくない系列を選択

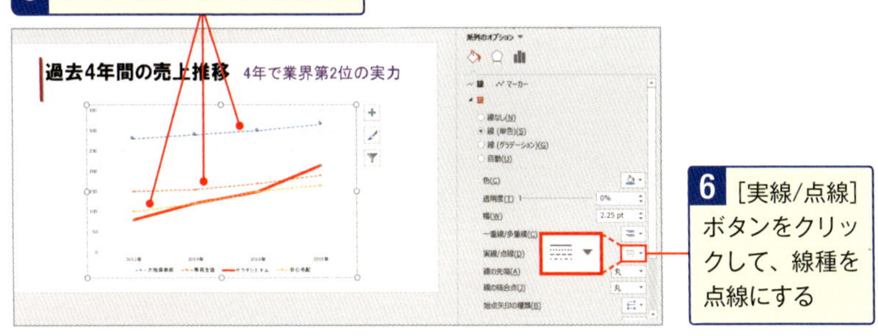

6 [実線/点線] ボタンをクリックして、線種を点線にする

スキルアップ　マーカーをなくしてさらにすっきりと見せる

折れ線グラフにマーカーがついている場合は、マーカーを「なし」にすることで、さらに推移をすっきりとシンプルに見せることができます。設定は[データ系列の書式設定] ウィンドウから行います。[塗りつぶしと線] ボタンをクリックして❶、[マーカー] をクリック❷。[なし] を選択しましょう❸。

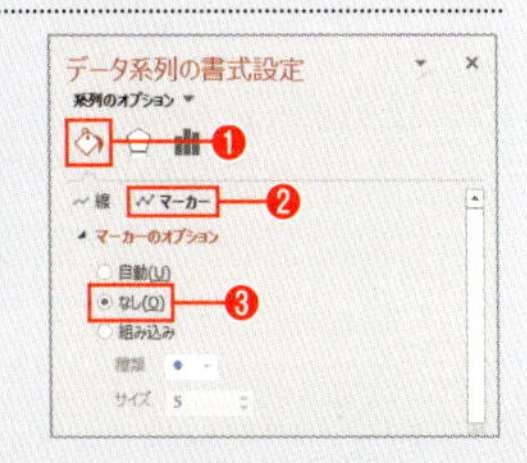

No.174 帯グラフがない…!? 100%積み上げ横棒で代用

全体に対する構成の推移を見せたい場合は、「帯グラフ」を活用するのが一般的ですが、Officeではグラフの種類に「帯グラフ」がありません。このような場合、「100%積み上げ横棒」を編集して帯グラフを利用できます。

"魅せる"法則

- ◉帯グラフには「100%積み上げ横棒」を使うべし！
- ◉そのままではNG！ 帯の幅や区分線を必ず変更！

下の2つのグラフを比べてみると、「Before」は年度ごとにどの系列が最も多いかを見ることはできますが、推移は捉えにくい状態です。一方「After」の帯グラフは、データ量だけではなく、構成比や推移を同時に見せることができる最適なグラフです。PowerPointでは「100%積み上げ横棒」をアレンジして作れます。

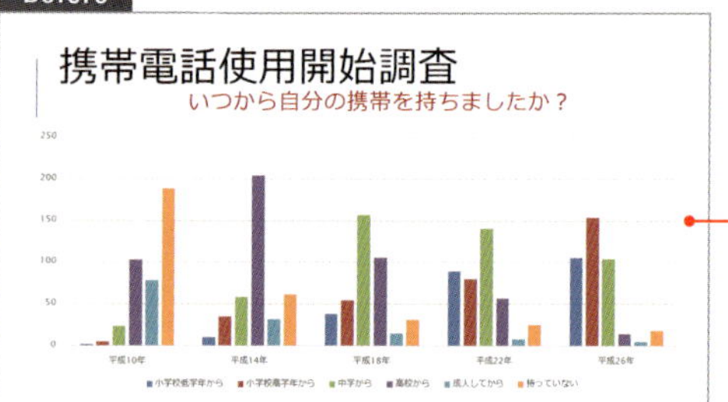

集合縦棒では、グラフの意図が伝わりづらい

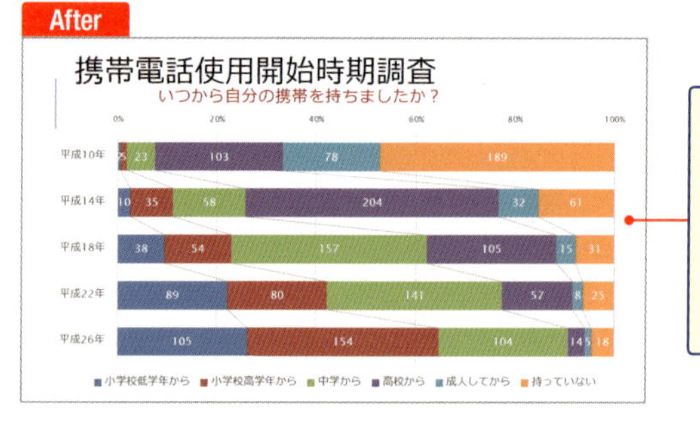

帯グラフを利用したサンプル。各データの推移が分かりやすい。区分線や帯の太さも変更し、元が横棒グラフであるとは思えない仕上がりになっている

グラフの種類を変更・調節して帯グラフ化する

1 グラフを選択して、[デザイン]タブの[グラフの種類の変更]ボタンをクリック

2 [横棒]を選択

3 [100%積み上げ横棒]をクリック

4 [OK]をクリックするとグラフの種類が変わる

5 [デザイン]タブの[グラフ要素を追加]ボタンをクリック

6 [線]を選んで、さらに[区分線]を選択

7 [書式]タブの[グラフ要素]ボックスで[縦(項目)軸]を選ぶ

8 [選択対象の書式設定]をクリック

9 [軸を反転する]にチェックを付ける

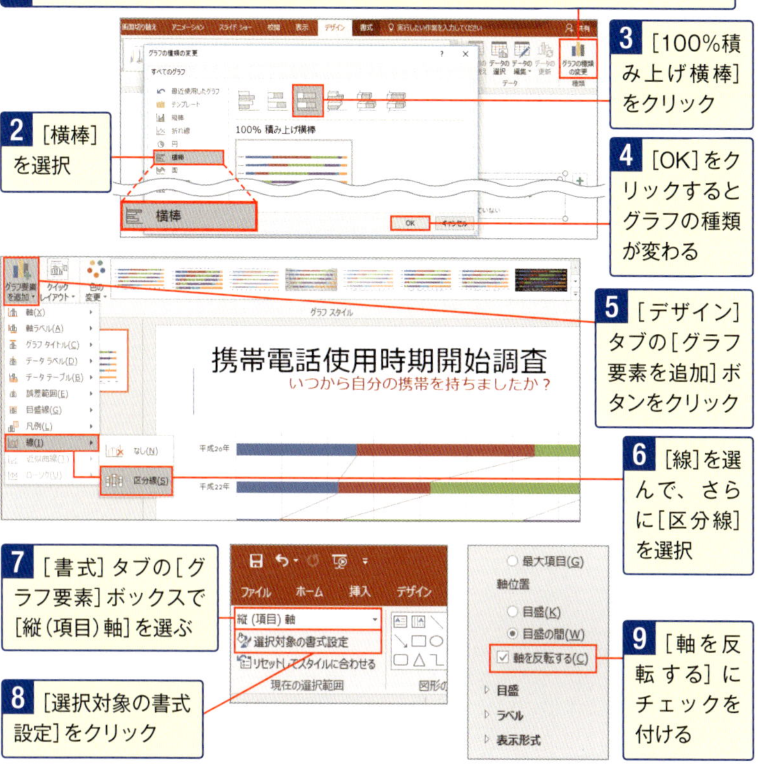

10 グラフ内の任意の系列を選択

11 [系列のオプション]一覧にある[要素の間隔]の数値を小さくすると幅が太くなる

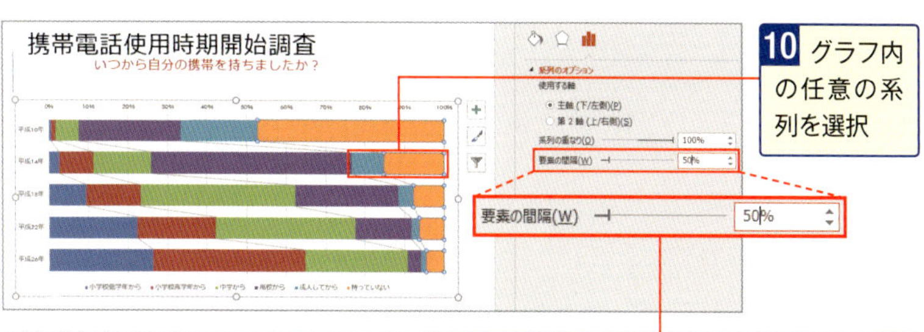

⚠ 系列上に値を表示するには、[デザイン]タブから[グラフ要素を追加]→[データラベル]を選択します。

No. 175 数値の表は一歩進んでグラフにしよう

数値の表は、さらに視覚化するためにグラフにするとワンランク上のスライドになります。数値の比較や傾向のアピールなどの目的に合わせて、グラフの種類（棒、折れ線、円グラフ）を選んで使い分けます。

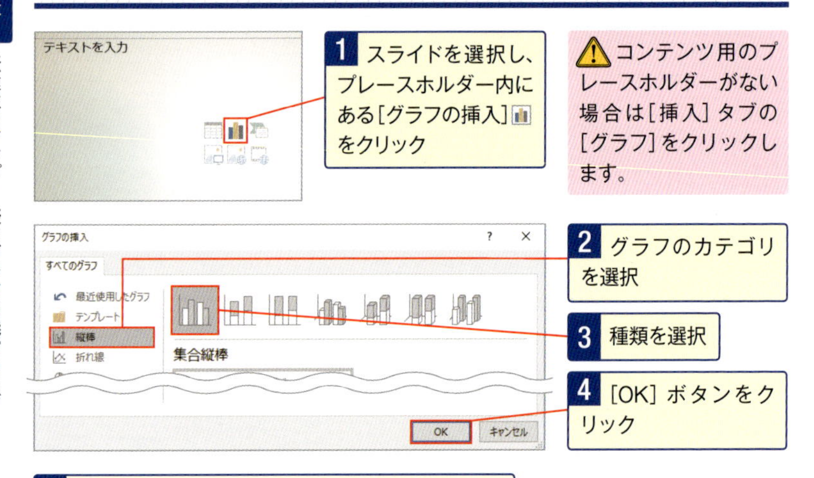

⚠コンテンツ用のプレースホルダーがない場合は[挿入]タブの[グラフ]をクリックします。

5 サンプルのグラフが表示され、Excelが起動する

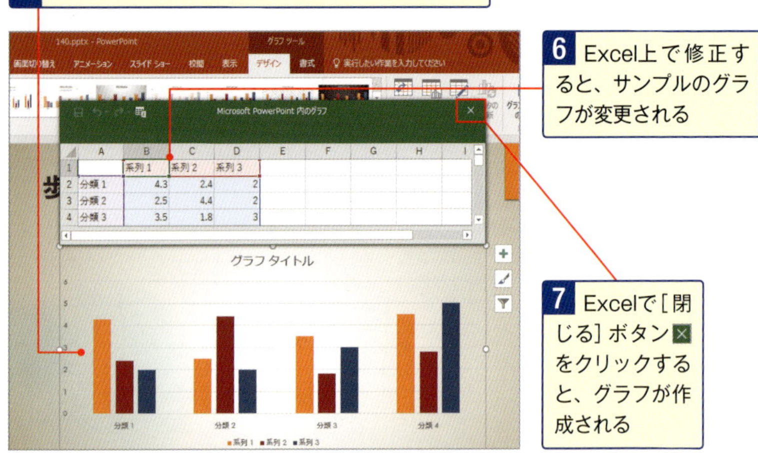

	A	B	C	D
1		系列 1	系列 2	系列 3
2	分類 1	4.3	2.4	2
3	分類 2	2.5	4.4	2
4	分類 3	3.5	1.8	3

No. 176 グラフ作成後にデータを編集するには

グラフにしたあとでも、いつでもデータを編集できます。[データの編集]を選択すると、PowerPoint内でスプレッドシートが表示されるので、セルをクリックして修正しましょう。

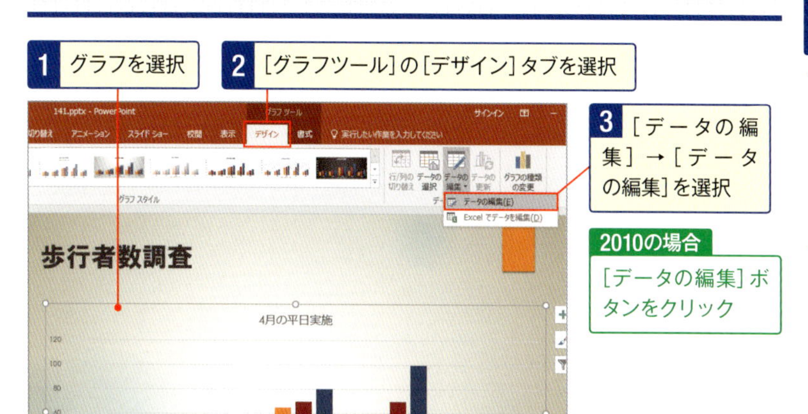

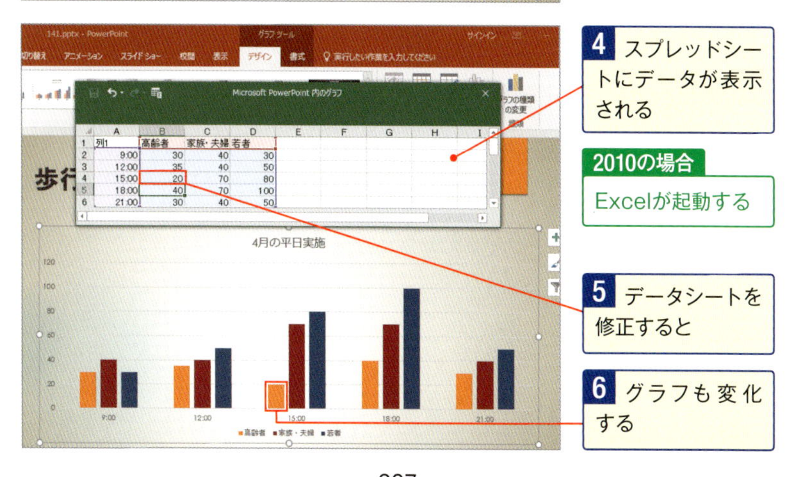

No. 177 グラフのタイトル付けは忘れちゃならない

グラフのタイトルは付けたほうが断然わかりやすくなります。スライドタイトルで代用もできますが、プレゼンは相手に何かを伝えるためのもの。スライドタイトルには主張を込め、タイトルはグラフの側に置きましょう。

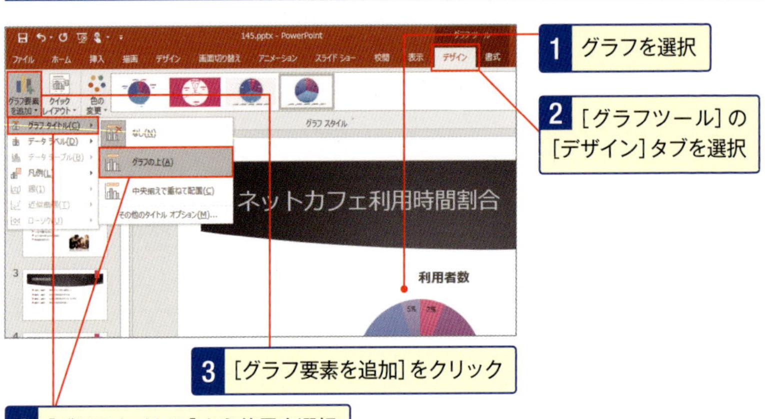

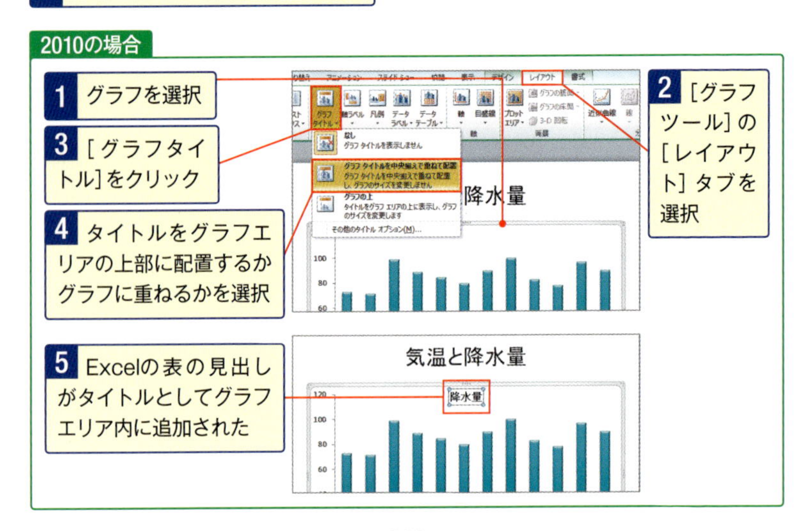

No. 178

合計も同じグラフに含めるには 複合グラフ

合計付きの表をグラフにすると、合計の棒グラフだけが高くなって、比較しにくいグラフになります。他にも、単位が違うデータや、比較と推移のような意味合いが違う情報を同時に表すには「複合グラフ」を使います。

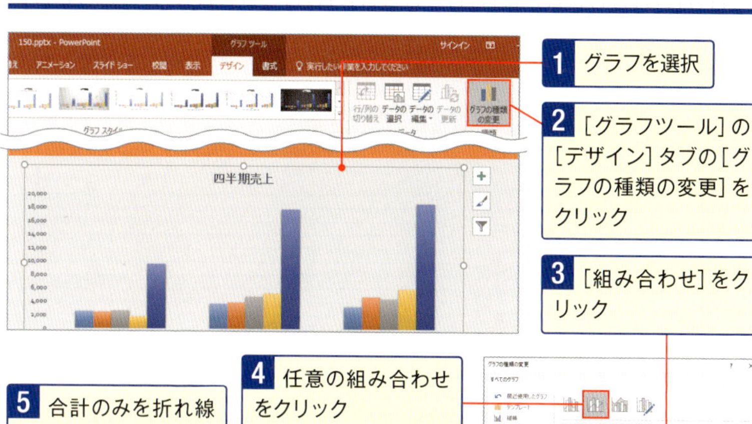

1 グラフを選択

2 [グラフツール]の[デザイン]タブの[グラフの種類の変更]をクリック

3 [組み合わせ]をクリック

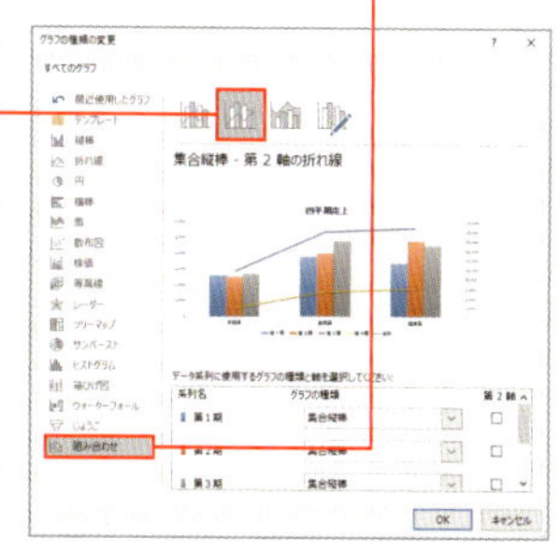

4 任意の組み合わせをクリック

5 合計のみを折れ線にするため、下の[第4期]の[グラフの種類]を[集合縦棒]に変更

6 [第2軸]のチェックを外す

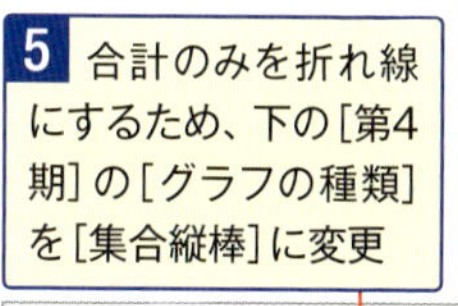

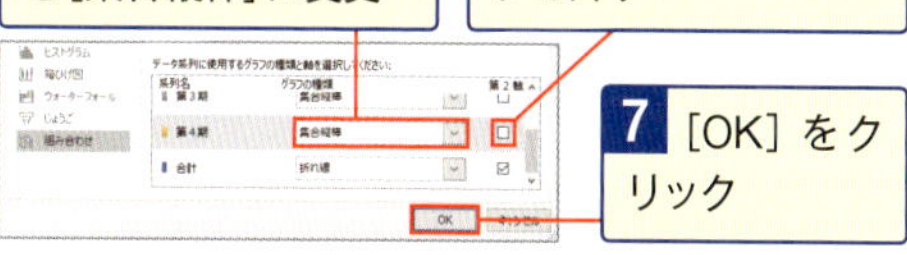

7 [OK]をクリック

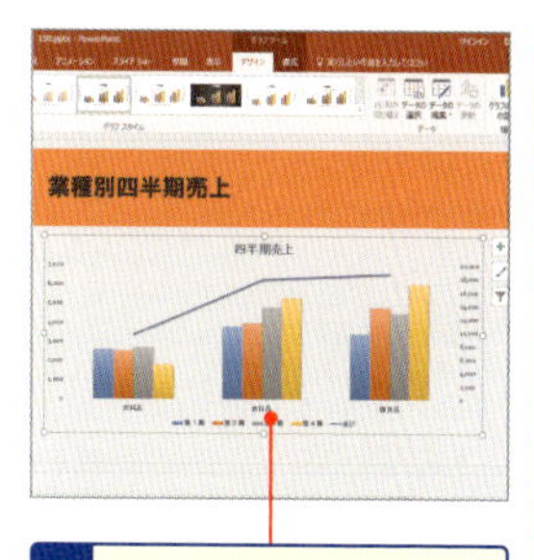

8 複合グラフが完成した

2010の場合

グラフの種類を変更するデータ系列を選択し、[グラフツール]の[デザイン]タブの[グラフの種類の変更]をクリックします。任意の種類を設定しましょう。さらに、変更したデータ系列の数値軸を別にします。変更したデータ系列をクリックし、[グラフツール]の[レイアウト]タブにある[選択対象の書式設定]をクリックし、[系列のオプション]で、[使用する軸]の[第2軸]をクリックして[OK]をクリックすると、数値軸が別になって見やすくなります。

No. 179 Excelグラフはそのまま貼り付けOK

Excelで作成したグラフをスライドに挿入できます。挿入したグラフは、PowerPointのテーマに基づいたスタイルになります。編集する場合は、[デザイン]タブにある[データ編集]をクリックすると、Excelが起動します。

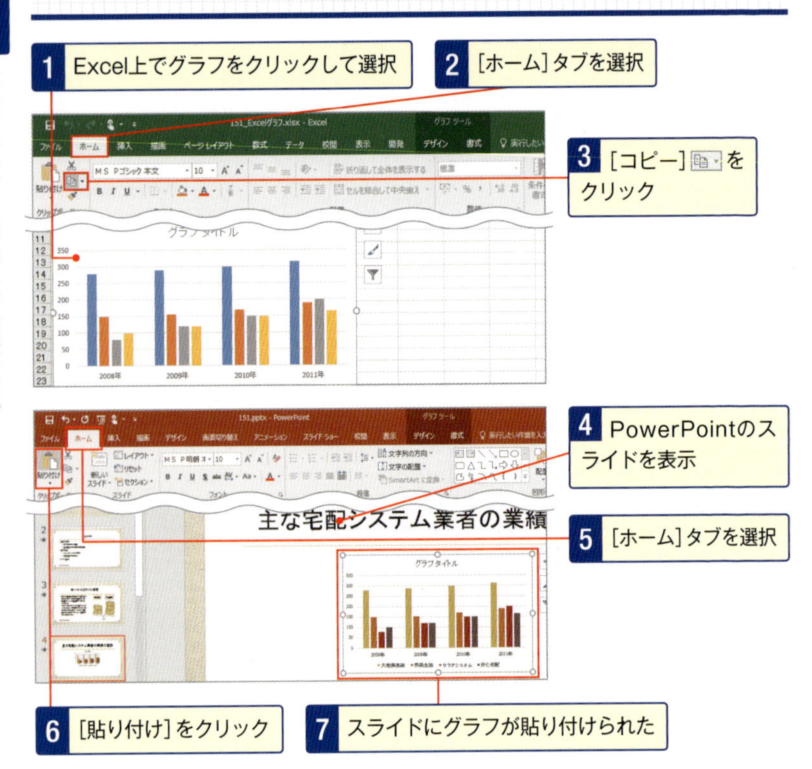

スキルアップ Excelにリンクしないでグラフを埋め込むには

Excelのグラフを貼り付けると、[貼り付けのオプション] (Ctrl) が右下に表示されます。クリックして、[貼り付け先のテーマを使用(しブックを埋め込む)] を選択すると、埋め込みデータとしてグラフを貼り付けることができます。この場合は、元のExcelの表やグラフとは切り離されたExcelオブジェクトとして貼り付けられます。

第9章

スマートにキメよう！ プレゼンワザ

スライドを完璧に作っても、プレゼンで失敗してしまったら、せっかくの努力が水の泡になってしまいますね。ここでは、スマートにプレゼンを行うためのいくつかの機能を紹介します。本番の前に練習をして、スムーズに操作できるようにしておきましょう。

No.180 発表者ビューでスマートに！ ジャンプや別アプリ起動もOK

バージョン2013以降のPowerPointでは、スライドショー時に「発表者ビュー」が利用できます。特定のスライドへのジャンプなどの操作も過程を見せることなく行え、スマートなプレゼンが実現できます。

◎プレゼンター側の操作を見せないためには「発表者ビュー」を利用すべし！
◎プレゼン中に別アプリを起動して確認もできる！

「発表者ビュー」の便利な点は、プレゼン本番時に操作する過程を見せずに済む点です。これまでは、特定のスライドにジャンプする場合などにスクリーン上で操作の過程そのものが見えていましたが、発表者ビューを活用すると、プレゼンターの画面だけで操作できるため、スマートなプレゼンが実現できます。

スライドショーを実行すると、プレゼンターのパソコン画面は「発表者ビュー」に切り替わる

スクリーンにはスライドが最大化して表示される

スキルアップ

発表者ビューの表示方法

発表者ビューは、スライドショー実行中にポインターを画面左下に移動して、⋯ボタンをクリックし、[発表者ビューを表示]を選択して表示します。

スライドショー中にタスクバーから別のアプリを起動

1 スライドショー中に、タスクバーのアプリをクリック

⚠ 発表者ビューにタスクバーが表示されていないときは、画面上部の[タスクバーの表示]をクリックして表示できます。なおこのタスクバーは、スクリーンには表示されません。

2 アプリが起動して内容を確認したり、操作したりできる

順番をとばして別のスライドへ一気にジャンプ

1 [すべてのスライドを表示]ボタンをクリック

2 すべてのスライドが表示される(この時スクリーンにはすべて表示されず変化はない)

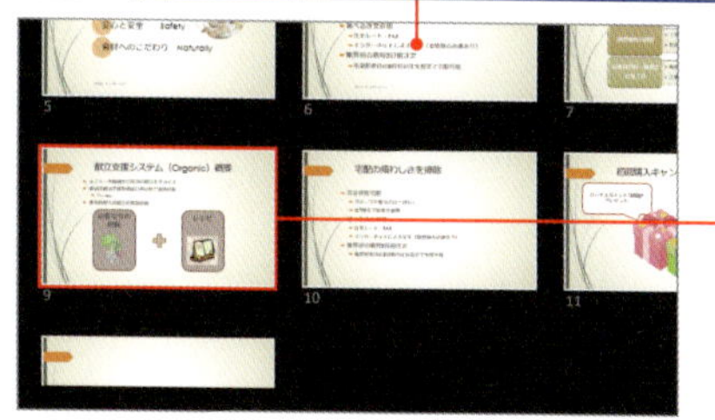

3 一覧からジャンプ先のスライドをクリック

4 目的のスライドが表示され、スクリーンにもジャンプ先のスライドが表示される

No.181

説明箇所を大きく見せたい！ 発表者ビューで簡単ズーム

発表者ビューには、見せたい箇所だけを拡大する機能があります。特に文字や詳細な図解は拡大することで見る側の理解の手助けになります。拡大エリアを移動したり、元のサイズに戻したりすることも簡単にできます。

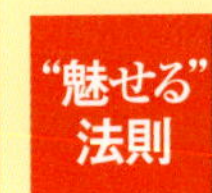

◎スライド内の情報が多い場合は、ズームを使うべし！
◎ズームにより「今どこを説明しているか」が明確になる！
◎発表者ビューで「ズーム」ボタンをクリックすればOK！

印刷を前提とした提案書などでは、そのままスライドショーをしても詳細すぎて見えないことが多くあります。「ズーム」はスライド内の任意の箇所を拡大して表示する機能です。大きく見えるメリットの他に、「今どこを説明しているのか」も明確になります。「発表者」ビューのズームボタンで操作します。

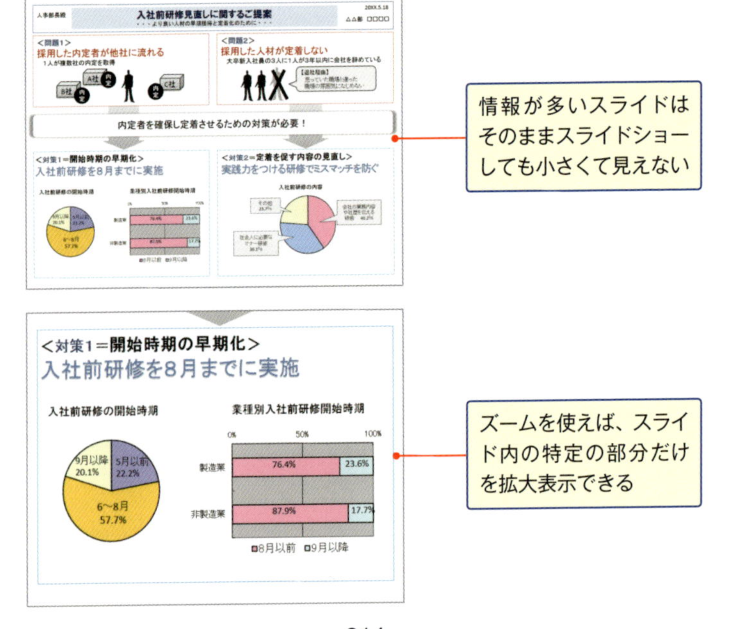

ズームボタンで特定のエリアをフォーカスする

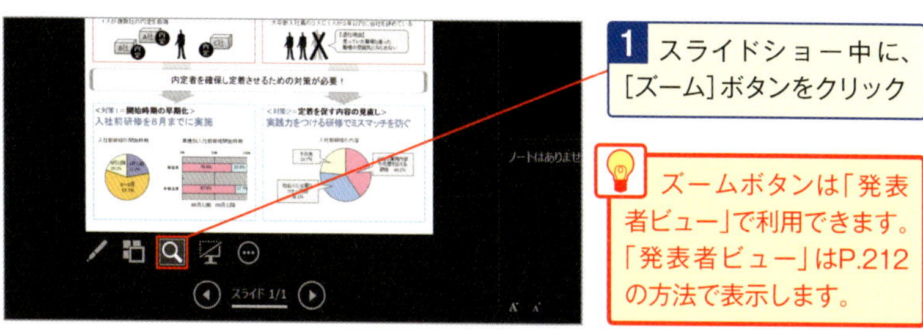

1 スライドショー中に、[ズーム]ボタンをクリック

ズームボタンは「発表者ビュー」で利用できます。「発表者ビュー」はP.212の方法で表示します。

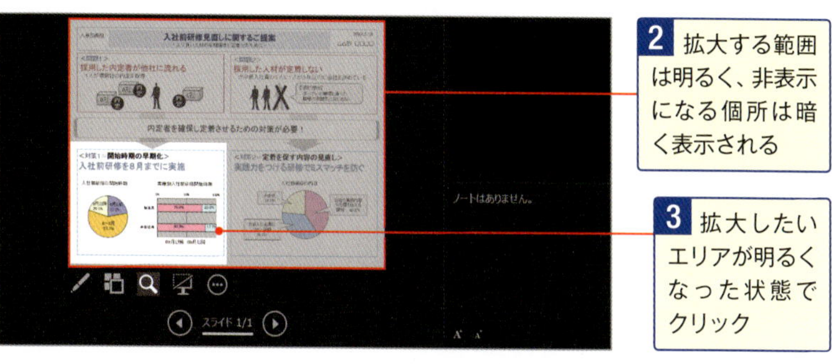

2 拡大する範囲は明るく、非表示になる個所は暗く表示される

3 拡大したいエリアが明るくなった状態でクリック

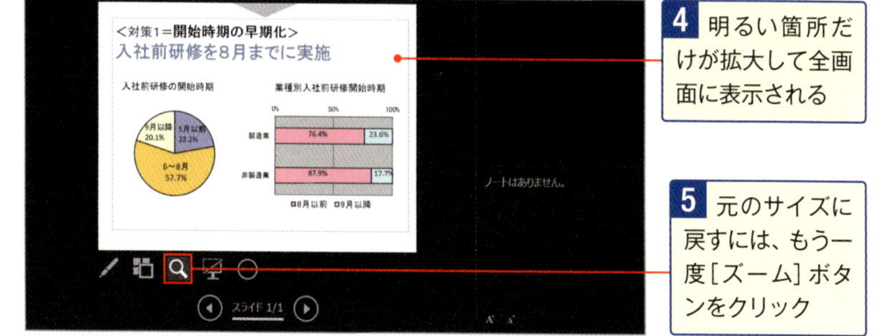

4 明るい箇所だけが拡大して全画面に表示される

5 元のサイズに戻すには、もう一度[ズーム]ボタンをクリック

スキルアップ　拡大箇所を移動する

拡大中に拡大箇所を移動するには、ズーム実行中にエリア内をドラッグします❶。

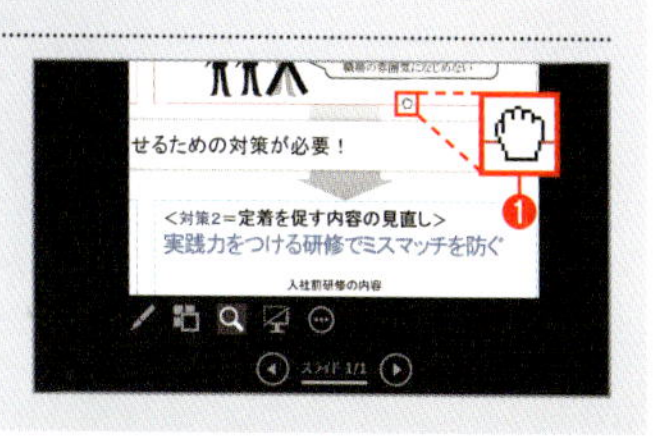

No. 182

プレゼンはスタートが肝心！スライドショーの実行

プレゼンは最初が肝心です。スライドショーの実行がスムーズでないと、プレゼン全体が手際の悪い印象になってしまいます。何度も練習して、スマートに実行できるようにしておきましょう。

1 ［スライドショー］タブを選択

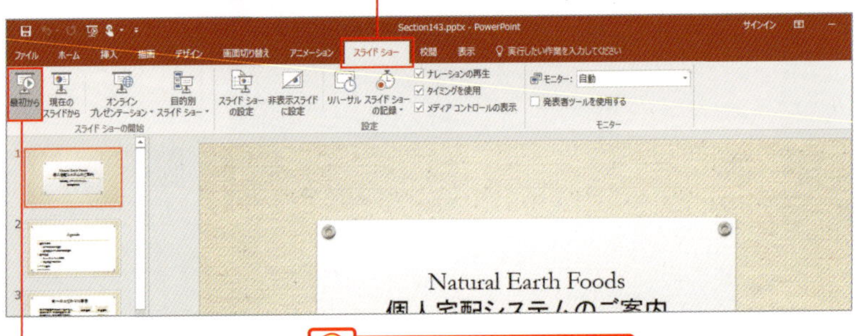

2 ［最初から］をクリック

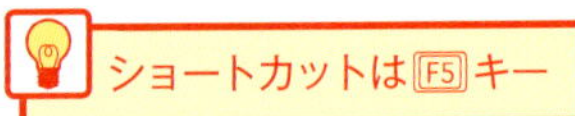

3 どのスライドを選択していても、最初からスライドショーが始まる

クイックアクセスツールバーに表示される［先頭から開始］ボタンでもスライドショーが実行できます。

トラブル解決 スライドショーが最初から実行されない

スライドショーが最初のスライドから実行されないときは、［スライドショー］タブにある［スライドショーの設定］をクリックします。［スライドショーの設定］ダイアログボックスの［スライドの表示］で［すべて］が選択されていることを確認します。

No. 183

トラブル後の再開時には、選択したスライドから実行

何らかのトラブルで、スライドショーを一時的に中止することはどうしてもあります。そんなときは、途中のスライドから実行するワザを確実に覚えておきましょう。

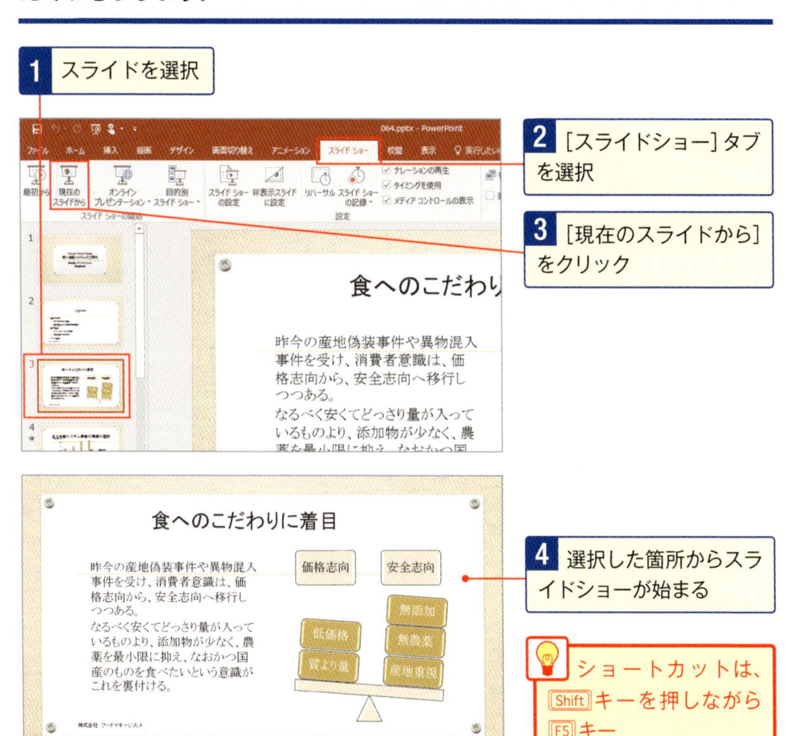

ショートカットは、Shift キーを押しながら F5 キー

スキルアップ [表示モードの切り替え] で [スライドショー] ボタンをクリックする

スライドを選択して、ウィンドウの右下にある [表示モードの切り替え] の [スライドショー] ボタンをクリックしてもスライドショーを実行できます❶。

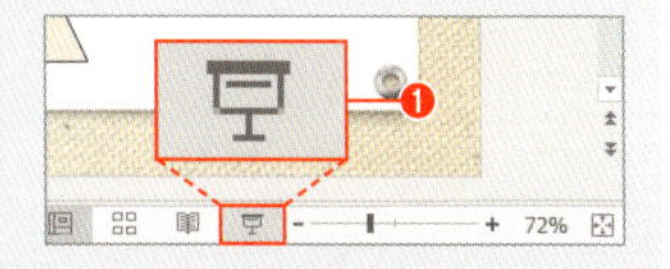

No. 184 スライドショーを途中で終了するワザはトラブル時に役立つ

何らかのトラブルで、スライドショーを途中で中止することはどうしてもあります。慌てて操作すると格好悪いですが、涼しい顔で行うとあまり目立ちません。

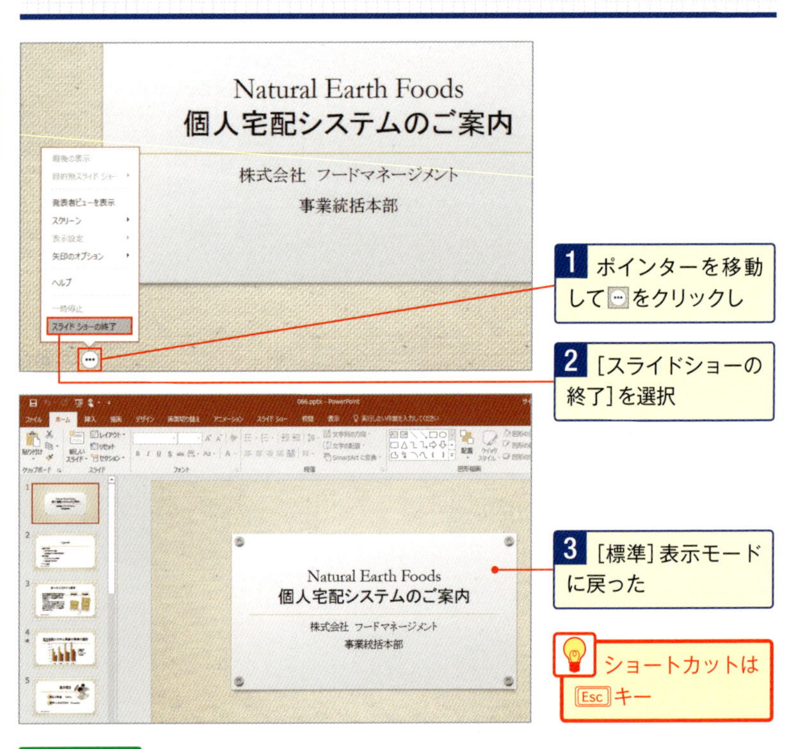

ショートカットは Esc キー

2010の場合

2010ではスライドショーを実行中にポインターを画面左下に移動すると、ショートカットツールバーが表示されます。ショートカットツールバーの ボタンをクリックして❶、[スライドショーの終了]を選択してもスライドショーを終了できます❷。

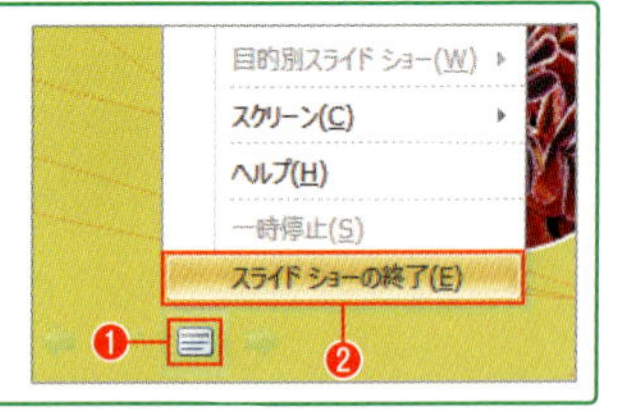

No.185 ショートバージョン作成に便利！ 目的別スライドショー

同じプレゼンを5分バージョン、10分バージョンの時間別や、A社用、B社用のクライアント別など、何通りにも使いたい場合に便利なのが「目的別スライドショー」です。別ファイルにしてしまうと、共通部分に修正が入った時に面倒です。

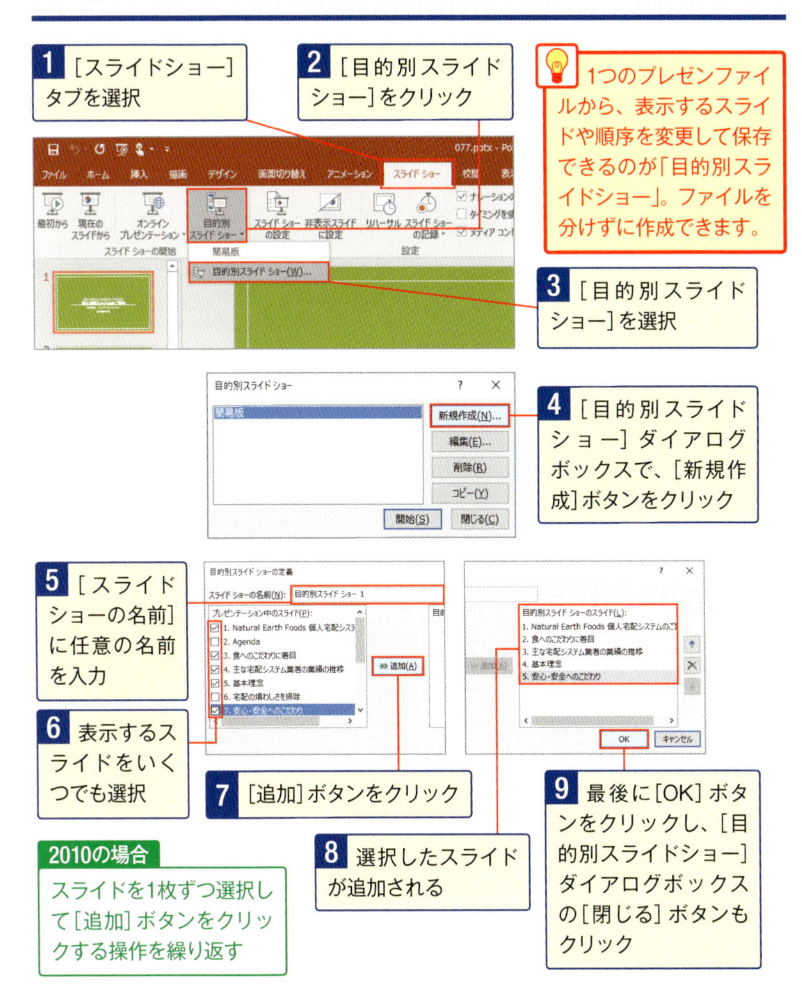

1 ［スライドショー］タブを選択

2 ［目的別スライドショー］をクリック

1つのプレゼンファイルから、表示するスライドや順序を変更して保存できるのが「目的別スライドショー」。ファイルを分けずに作成できます。

3 ［目的別スライドショー］を選択

4 ［目的別スライドショー］ダイアログボックスで、［新規作成］ボタンをクリック

5 ［スライドショーの名前］に任意の名前を入力

6 表示するスライドをいくつでも選択

7 ［追加］ボタンをクリック

8 選択したスライドが追加される

9 最後に［OK］ボタンをクリックし、［目的別スライドショー］ダイアログボックスの［閉じる］ボタンもクリック

2010の場合

スライドを1枚ずつ選択して［追加］ボタンをクリックする操作を繰り返す

INDEX ◎索引

Excel

【記号・数字】

$ ……… No.051
＊ ……… No.037
? ……… No.037
' ……… No.003
= ……… No.037
2-D縦棒 ……… No.109
2軸グラフ ……… No.114
3桁の数字 ……… No.003

【A～Z】

AND関数 ……… No.035、No.052
ASC関数 ……… No.062
CONCAT関数 ……… No.064
COUNTBLANK関数 ……… No.045
COUNTIF関数 ……… No.043
DATE関数 ……… No.060
EXACT関数 ……… No.069
Excelのオプション ……… No.007
GETPIVOTDATA関数 ……… No.079
IF関数 ……… No.052
INDEX関数 ……… No.058
INT関数 ……… No.054
LOWER関数 ……… No.063
MIDB関数 ……… No.066
MID関数 ……… No.066
RANK関数 ……… No.051
REPLACE関数 ……… No.067
RIGHT関数 ……… No.065
ROUNDDOWN関数 ……… No.056
ROUNDUP関数 ……… No.055
ROUND関数 ……… No.055
SUBSTITUTE関数 ……… No.028
SUBTOTAL関数 ……… No.042
SUMIFS関数 ……… No.053
SUMIF関数 ……… No.044
SUM関数 ……… No.018、No.046
TODAY関数 ……… No.059
TRIM関数 ……… No.068
VLOOKUP関数 ……… No.057
WEEKDAY関数 ……… No.061

【あ～お】

アクティブセル ……… No.002
ウィンドウ枠の固定 ……… No.021
ウィンドウ枠固定の解除 ……… No.021
円グラフ ……… No.088
オートSUM ……… No.046
オートフィルター ……… No.029
大文字と小文字を区別する ……… No.027
折り返して全体を表示する ……… No.012
折れ線グラフ ……… No.088

【か～こ】

関数のコピー ……… No.050
関数をネスト ……… No.052
行 ……… No.002
行エリア ……… No.070
行の高さ ……… No.008
行ラベル ……… No.082
行列を入れ替える ……… No.009
切り捨て ……… No.056
クイックアクセスツールバー ……… No.001
空白セル ……… No.085、No.032
区分線 ……… No.112
グラフ ……… No.086、No.087
グラフエリア ……… No.087、No.097
グラフタイトル ……… No.091、No.097
グラフツール ……… No.087
グラフのスタイル ……… No.093

グラフの移動……No.092
グラフの種類の変更……No.088
グラフ要素を追加……No.095
グループ……No.001、No.083
[計算の種類] タブ ……No.081
罫線……No.011
系列のオプション……No.106
桁区切りスタイル……No.013
桁数……No.055
検索条件……No.020
検索条件範囲……No.036、No.038
合計……No.040、No.041
降順で並べ替え……No.022
更新……No.084
構成比……No.081

【さ～そ】

最小値……No.102
最優先されるキー……No.024、No.025
シート……No.001
軸のオプション……No.103、No.107
実線/点線 ……No.101
指定……No.078
指定の範囲内……No.034
集計……No.077
集計フィールドの挿入……No.080
詳細設定……No.036
昇順で並べ替え……No.022、No.041
[書式] タブ ……No.087、No.097、No.099、No.100、No.101、No.102、No.105
書式なしコピー……No.050
シリアル値……No.004
数式バー……No.002、No.015
ズームスライダー……No.001
ステータスバー……No.001
絶対参照……No.051
セル……No.002
セル番地……No.002
全角……No.062
選択対象の書式設定……No.099
[挿入] タブ ……No.071、No.087、No.109

【た～と】

ダイアログボックス起動ツール……No.003、No.014
タイトルバー……No.001
縦軸……No.097
縦軸ラベル……No.097
縦棒/横棒グラフの挿入 ……No.087
タブ……No.001
単位……No.015、No.100、No.108
抽出先……No.036
重複するレコードは無視する……No.038
通貨表示形式……No.013
[データ] タブ ……No.022、No.023、No.024、No.025、No.026、No.027
データエリア……No.070
データ系列……No.097
データの対象範囲……No.089
データベース……No.016
データ要素を線で結ぶ……No.117
データラベル……No.097、No.110
テーブルの書式設定……No.039
[デザイン] タブ …No.075、No.087、No.088、No.091、No.092、No.093、No.094

【な～の】

並べ替え……No.023
並べ替えオプション……No.024、No.026
塗りつぶしと線……No.101、No.105

【は～ほ】

破線……No.101
貼り付け……No.009
半角……No.062
凡例……No.096、No.097
引き出し線……No.115
日付……No.004、No.059

日付を逆にする……No.108
非表示……No.010
非表示および空白のセル……No.117
ピボットテーブル……No.070
ピボットテーブルスタイル……No.075
ピボットテーブルのフィールド……No.071、No.073
表示形式……No.015、No.107
[ファイル] タブ……No.001、No.007
フィールド……No.016、No.073
フィールドの設定……No.076
フィールド名……No.016
フィルターオプション……No.036、No.038
フィルハンドル……No.002、No.005
フォーム……No.019
フォントサイズ……No.098
ブック……No.001
プロットエリア……No.097
[分析] タブ……No.076、No.078、No.080、No.084、No.085、No.086
平均……No.040
ページエリア……No.070
棒グラフ……No.088
[ホーム] タブ……No.009、No.010、No.011、No.012、No.013、No.014

【ま～よ】

マーカー……No.113
目盛間隔……No.100
ユーザー設定リスト……No.006、No.024
ユーザー定義……No.003、No.015
要素の間隔……No.106
曜日……No.014、No.061
横軸……No.097

【ら～ん】

ラベルオプション……No.116
リストの項目……No.006
リスト範囲……No.036
リボン……No.001
[レイアウト] タブ……No.087
レコード……No.016、No.019
列……No.002
列の幅……No.008
列ラベル……No.082
ワイルドカード……No.037

PowerPoint

【A～Z】

Excelグラフ……No.179
SmartArtグラフィック……No.155

【あ～お】

アウトライン……No.136
インデント……No.129
上揃え……No.144
閲覧表示……No.121
帯グラフ……No.174
オブジェクトの選択と表示……No.151

【か～こ】

回転……No.149
重なり順……No.151
箇条書き……No.129、No.132
箇条書きと段落番号……No.132
行間……No.134
行頭文字……No.130
均等割り付け……No.128
クイックアクセスツールバー……No.119
区分線……No.174
グラデーション……No.169
グラフ……No.175
グラフの種類の変更……No.178
グループ化……No.153
罫線……No.164
系列のオプション……No.174

【さ～そ】

最小値……No.172
最背面へ移動……No.151
軸のオプション……No.172
自動調整オプション……No.131
集合縦棒……No.178
上下中央揃え……No.158、No.170
書式のコピー……No.135
垂直コピー……No.147
水平コピー……No.147
ズーム……No.119、No.181
図形描画……No.143
ステータスバー……No.119
図の挿入……No.141
すべてのスライドを表示……No.180
[スライド] タブ……No.119、No.139、No.140
スライドショーの終了……No.184
スライドペイン……No.119
スライドマスター……No.123
スライド一覧……No.120
スライド開始番号……No.140
スライド番号……No.139
セルの結合……No.167
選択したスライドの複製……No.127
[挿入] タブ……No.139、No.141

【た～と】

タイトルバー……No.119
縦書き……No.171
タブ……No.119、No.133
中央揃え……No.128、No.158、No.170
調整ハンドル……No.148
直線……No.146
データの編集……No.176
データラベル……No.174
データ系列の書式設定……No.173
[デザイン] タブ……No.138、No.140

【な～の】

塗りつぶしと線……No.173
ノートペイン……No.137

【は～ほ】

背景の書式設定……No.138
背景のスタイル……No.138
配置……No.144、No.145、No.151、No.153
発表者ビュー……No.180
反転……No.150
左揃え……No.128、No.158
表……No.161
[表示] タブ……No.120、No.123、No.126、No.127、No.132、No.134、No.135、No.141
表示モードの切り替えボタン……No.119
表のスタイル……No.157、No.159
表の挿入……No.160
プレースホルダー……No.122
ヘッダーとフッター……No.139
ペンの色……No.163
ペンのスタイル……No.164、No.168
[ホーム] タブ……No.124、No.125、No.128、No.129、No.130、No.132

【ま～ろ】

右揃え……No.128、No.158
目的別スライドショー……No.185
文字列の方向……No.171
矢印……No.146
要素の間隔……No.174
リボン……No.119
リボンとタブの表示切り替え……No.119
両端揃え……No.128
ルーラー……No.133

【問い合わせ】
本書の内容に関する質問は、下記のメールアドレスおよびファクス番号まで、書籍名を明記のうえ書面にてお送りください。電話によるご質問には一切お答えできません。また、本書の内容以外についてのご質問についてもお答えすることができませんので、あらかじめご了承ください。なお、質問への回答期限は本書発行日より2年間(2020年9月まで)とさせていただきます。

メールアドレス:pc-books@mynavi.jp
ファクス:03-3556-2742

【ダウンロード】
本書のサンプルデータを弊社サイトからダウンロードできます。サポートページのURLおよびダウンロードに関する注意点は、本書3ページおよびサイトをご覧ください。

ご注意:サンプルデータは本書の学習用として提供しているものです。それ以外の目的で使用すること、特に個人使用・営利目的に関らず二次配布は固く禁じます。また、著作権等の都合により提供を行っていないデータもございます。

【協力】
●株式会社 オデッセイ コミュニケーションズ
http://www.odyssey-com.co.jp/
●Excel・Excel VBAを学ぶなら「モーグ(moug)」
http://www.moug.net/

速効!ポケットマニュアル
ビジネスこれだけ! Excel データ分析・資料作成&PowerPoint
2016&2013&2010

2018年9月12日　初版第1刷発行

著者 ……… 速効!ポケットマニュアル編集部
発行者 ……… 滝口直樹
発行所 ……… 株式会社マイナビ出版
〒101-0003　東京都千代田区一ツ橋2-6-3　一ツ橋ビル2F
TEL 0480-38-6872(注文専用ダイヤル)
TEL 03-3556-2731(販売部)
TEL 03-3556-2736(編集部)
URL:http://book.mynavi.jp

装丁・本文デザイン … 納谷祐史
イラスト ……… ショーン=ショーノ
DTP ……… 富宗治
印刷・製本 ……… 図書印刷株式会社

ISBN978-4-8399-6754-3
定価はカバーに記載してあります。
乱丁・落丁本はお取り替えいたします。
乱丁・落丁についてのお問い合わせは「TEL0480-38-6872(注文専用ダイヤル)、電子メール:sas@mynavi.jp」までお願いいたします。